人身触电事故防范与处理

RENSHEN CHUDIAN SHIGU

FANGFAN YU CHULI

姜力维　编著

毛青原　主审

中国电力出版社

CHINA ELECTRIC POWER PRESS

◦----------------- 内 容 提 要 -----------------◦

电力在给人类提供动力和光明的同时，其副作用——人身触电亦在所难免，人身触电案件轻者会致人伤残，重者则会夺走生命，造成巨大的肉体、精神和物质损失。本书旨在究其原因，给出防范措施，通过法理和案例分析，引导触电人身损害赔偿案件的正确处理。

本书分三篇：第一篇人身触电事故概述，阐述了人身触电的概念，全方位分析触电事故发生的原因和事故处理存在的问题；第二篇人身触电事故防范，给出了工矿、农村预防触电事故的管理和技术措施；第三篇人身触电案件处理法律实务，阐述了人身触电案件的法律适用，从多角度进行法律分析和分类解读。

本书适合电力企业电力建设施工、电力设施运行维护、电力营销人员以及安监和法律人员阅读并实践，也是社会执业律师和法律工作者不可或缺的一本案例翔实、理论与实务操作相结合的正确处理触电人身损害赔偿案件的参考书，同时也可作为人身触电预防和案件处理的培训教材。

图书在版编目（CIP）数据

人身触电事故防范与处理/姜力维编著. —北京：中国电力出版社，2012.8（2023.4 重印）

（供电企业常见法律风险防范与处理丛书）

ISBN 978 - 7 - 5123 - 2815 - 0

Ⅰ.①人… Ⅱ.①姜… Ⅲ.①电灼伤—预防—基本知识②电灼伤—事故处理—法规—基本知识—中国 Ⅳ.①X928.2②D922.54

中国版本图书馆 CIP 数据核字（2012）第 043711 号

中国电力出版社出版、发行

（北京市东城区北京站西街 19 号　100005　http://www.cepp.sgcc.com.cn）
望都天宇星书刊印刷有限公司印刷
各地新华书店经售

*

2012 年 8 月第一版　2023 年 4 月北京第四次印刷
710 毫米×980 毫米　16 开本　20.5 印张　346 千字
定价 **45.00** 元

◎ 丛 书 序

自《电力法》实施以来，特别是电力体制改革以来，作为公用事业的电力供应单位，从供电局到供电公司，由行政执法官到行政相对人，从政企合一的单位到自主经营、自负盈亏的经济实体和市场主体。角色变了，身份变了，权利和义务变了。打破垄断，引入竞争，依法治企，这是电力改革的大趋势。供电企业面对着——

（1）发改、工商、物价、林木、土地、环保和国资、电监等政府部门和行政事业机构的监管和行政措施，如何加强应对？

（2）客户投诉、天价的触电人身伤亡索赔，怎样应对处理？

（3）电能被窃、电力设施被毁、巨额电费拖欠，如何防范风险和依法维权？

（4）《合同法》、《物权法》、《反垄断法》、《侵权责任法》、《电力监管条例》、《供电监管办法》等法律法规规章的出台，应如何贯彻执行？

在市场经济的大潮中，供电企业的任何决策和经营行为都蕴藏着风险，每个员工都肩负着防范法律风险、保护企业合法权益的责任。为了强化供电企业员工的法律风险防范意识，提高处理各种供电营销纠纷的能力，本套《供电企业常见法律风险防范与处理丛书》将供电企业常见法律风险划分为六大模块，即《电费风险防范与清欠》、《供用电合同实务及纠纷处理》、《人身触电事故防范与处理》、《电力设施保护与纠纷处理》、《违约用电和窃电防治与查处》、《电力客户服务风险防范与纠纷处理》，以法律风险防范和纠纷处理为主干，辅之以管理和技术措施，在各个模块上展开了供电企业常见法律风险防范与处理的分析研讨，并解读了大量实际案例，力求给供电企业营销人员以依法合规、实事求是、思维创新、措施领先的世界观和方法论。

供电营销纷争繁，依法治企方向明。期望本套丛书既是您主动出击解决纠纷的锐利之剑，又是您保护企业合法权益的坚强盾牌！哈哈！看官万勿问我"以子之矛，陷子之楯，如何？"我非新世纪鬻楯与矛者，乃是将法律、管理和技术分拆为攻守两面罢了。

本套丛书的编著过程中，认同并参考了专家和同仁的一些观点或理论。同时，得到了中国电力出版社编辑的指导和帮助。借本套丛书出版之机会，对给我启迪、指导和帮助的各位专家、同仁以及编辑表示由衷的钦佩和诚挚的感谢，并殷切期待各位专家和同仁不吝赐教，多多地批评与指正。

作者邮箱：jzishan@163.com；电话：0532 - 80810956。

姜 力 维

警钟长鸣防触电

十九世纪始用电，仿佛曙光照窗前。
推动科技创辉煌，产输配售大发展。
电力运行高危险，危及人身和财产。
文明、风险两面观，触电损害难避免。
精神痛苦肢体残，生命一去不复还。
依法遵规供用电，如履薄冰保安全。

触电原因多方面，违章操作坏习惯；
缺少防护违规程，线路变台有缺陷；
巡检维修不及时，电力设备留隐患。
郊区农村地偏远，"两低"人群是重点。
文化偏低少培训，安全生产意识淡；
年幼好动智不全，缺少家教和监管。
受害一方原因多，违法行为常招祸。
线下违章建房屋，保护区内开吊车；
未加防护就开工，打井栽树掏鸟窝。
施工作业近电线，稍不留意就触电。
损害赔偿诉电力，沾上电字就要钱。
诉讼时效全不顾，十几年后法庭见。
触电断案天渊别，误导公众诉供电。
连带责任牵电业，行民混淆性质错。
电力企业颇困惑，无端赔偿何其多！
＊　＊　＊
先期未然谓之防，管理、技术都用上。

产权设施分得清，发生事故责任明。
产权分类做登记，专用共用与公用。
登记建档勤管理，实时更新莫放松。
设施代管签协议，纠纷处理无异议。

人身触电因素多，诸多部门要牵涉。
土管、规划和建设，违法批建渎职责。
线下建筑人触电，渎职部门莫逃脱。
安监部门管安全，不合条件不许干，
损坏盗拆毁设施，侦破处理由公安。

违法行为在进行，坚决劝止不放松。
晓法喻理讲危害，苦口婆心动以情。
严防死守不妥协，侵害不止不收兵。
多番苦劝仍无效，即向政府作汇报。
要求停建或拆除，触电后患尽除掉。
报告立档保存好，证明职责已尽到。
遇到后来触电案，书证材料不可少。
工矿管理较规范，技术成熟有经验。
直接触电措施多，绝缘、屏护、间距隔；
间接防护技成熟，保护接地接零线。
百密一疏总有时，杜绝触电难上难。
发现有人已触电，首先正确脱电源。
干燥竹木绝缘棒，拨开电源速救援。

胸外按压口呼吸，心肺复苏效果显。
救命胜过造浮屠，操作技术要熟练。

农村触电重灾区，村民安全意识无。
低压线路连千家，阡陌纵横牵万户。
线路施工依标准，设备材料合规定。
档距高度和拉线，设计施工依规程。
变台防护无缺陷，锁具警示和围栏。
线路变台勤巡视，消除隐患须及时。
危及设施障碍物，送达通知速清除。
堆积倾倒须禁止，导致设施降高度。
线下垂钓甩杆线，经常触及高压线；
划定禁区设警示，经营单位须严管。
线路跨邻居民房，加固加高更安全。
线下线侧倍小心，严谨晒衣竖天线。
暂停变台停供电，既停变台也停线。
废弃变台早拆除，以免攀爬出危险。
弃置危险须担责，侵权法里有条款。

家用电源专业装，电线插座保质量。
闸刀熔丝要规范，莫用铜丝来替换。
线路设备常检查，发烫、漏电即修验。
电动工具移动线，绕折拖拽易漏电。
检查接零和绝缘，穿戴防护保安全。
临时用电要申请，验收合格才送电。
施工完毕就拆除，施工期间专人管。
莫待有时思无时，未雨绸缪早防范。

* * *

千伏以上高压电，侵权责任非一般；
归责原则无过错，高危作业高风险；
竭尽防控和注意，人身触电亦难免。
没有过错也赔偿，法律规定无商量。

倘有过错另担责，双份责任一身驼。
救济死伤法与情，文明进步应赞同。

触电案件法不一，民事、电力有差异；
民法强调无过错，电力法律自担责。
特殊法律优先用，司法断案不执行。
法律位阶作依据，电力法律有如无。
《解释》规定有免责，界定不明难操作。
千伏以下低压电，触电责任属一般；
过错责任为主导，考虑原因力大小。

触电赔偿主体多，产权、作业、经营者。
最难当属产权人，"管理不力""过错"多。
供电用电本平等，同在市场为企业；
客户设备无权管，用电检查被误解。
各家设备自管理，发生触电自担责。
"管理不力"永不老，电力企业无奈何！

雇佣承揽触电案，赔偿主体原告选；
状告雇主和业主，电力企业无关联。
连带责任多牵强，就为解决执行难。
高压触电有多种，各种处理不相同。
行为能力有区分，主观过错不适用。
免责只对成年人，年幼认知不完整。
多因案件多方担，原因大小相关联。
高压设施产权人，无过难逃赔偿关。
违法施工易触电，新建改建和修缮；
无论是否经批准，保护区内禁修建。
错误审批应纠错，审批部门应担过。
恪尽职守除隐患，免责条件来抗辩。

家庭触电事故多，私拉乱接常引祸。

安装施工不规范，电气材料不合格；
残破线路满地爬，随意搭挂乱连接。
产权设施归主人，维护管理乃自我。
电流动作保护器，监测电网误接地。
辅助保护触电人，并非万能保命器。
部门规章说的清，客户安装保运行。
保护范围分三级，跳闸电流殊不同；
中总保护主干线，末端保护防触电；

法规原理都明白，保护不跳自承担。
电力企业无责任，无端赔偿实在冤。
自我保护为上策，怨天尤人成蹉跎。

预防触电人人责，安全健康家家乐。
警钟长鸣防触电，居安思危才平安。
鲜血生命在昭示，麻痹大意招祸患。
一生康宁平安福，人生之花常绚烂！

目录

国法法不一，则有国者不详。

——《周书》

第三章　电力企业对触电案件的困惑 /38

第二篇　人身触电事故防范

一曰防，二曰救，三曰戒。先其未然谓之防，发而止之谓之救，行而责之谓之戒。防为上，救次之，戒为下。

——荀子

> 如果说无事故发生是"零"，应该始终站在"零"的左边。
> ——美国哈里伯顿能源服务公司泰瑞·德里

> 柴刀不磨会生锈，技能不练出纰漏。

绝大多数伤亡发生在战斗的最前线。

第三篇　人身触电案件处理法律实务

多次不公的行动不过弄脏了水流，一次不公的裁判却弄混了水源。

——弗兰西斯·培根

移界石者将受诅咒。

——犹太法谚

> 法官是法律世界的国王，除了法律就没有别的上司。
>
> ——卡尔·马克思

> 君臣上下贵贱皆从法，此谓大治。
>
> ——《管子》

> 法律不能使人人平等，但是在法律面前人人是平等的。
>
> ——英国法学家波洛克

第一篇

人是世间第一可宝贵的。
——毛泽东

人身触电事故概述

　　生命是美丽的，但只有一次。今天生命停止了，就永远见不到明天升起的太阳。今天生命停止了，便永远不能再奉献社会，改造世界。生命，有时是那样的顽强，有时又是那样的脆弱。特别是生命面对强大的、冷酷的自然力时，是那样的不堪一击。电力，就是自然力的一种，人类将其用于生产、生活，亦为其所害。电力运营被《民法通则》、《侵权责任法》和电力法律法规界定为高度危险作业，并对触电人身伤害赔偿处理作出了特别规定。人身触电在人身伤亡事故中占有不可忽视的比例，电力企业作为电力设施产权人或者经营者，要用管理和技术措施进行防控，要减少人身触电身亡事故，就应了解人身触电的现状、原因和法律法规关于人身触电伤亡的规定。

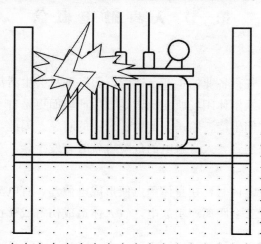

第一章

人力比之于自然力是渺小的、脆弱的。

人身触电现状和特点

截止到 2011 年底，全国电网仅 220 千伏及以上输电线路回路长度已达到 48.03 万千米（超过地球到月球的距离——38.4 万千米），220 千伏及以上变电容量达到 21.99 亿千伏·安。110、35、10 千伏及 220/380 伏线路和供配电设施数量则呈树枝状分支倍增，数量之大、分布之广、管理之难可想而知。尽管电力企业非常注重安全经营生产管理，但从涉诉的触电损害赔偿案件数量上看还间或呈上升趋势。伴随着现代工业化深入，电力的广泛使用，触电事故的原因、案情也愈加复杂。尤其是在中国广大农村，随着经济的发展，电力的普遍应用成为农民生产、生活中不可或缺的消费。电力进入千家万户，涉电纠纷尤其是触电人身损害赔偿案件日益增多，我国每年因触电死亡人数达数千人之多，而大多数事故发生在农村和城郊结合部，发生在供电设备和配电装置上，发生在"两低"人群身上，发生在那些被管理遗忘的角落……

第一节　人身触电概念

一、人身触电

现代文明中，各行各业的生产、运营、服务和社会生活都离不开电。带电体在工作、生活、娱乐休闲场所比比皆是，生产场面更是自不待言，尤其是电力企业，电就是它们生产、输送、配置、营销的对象。因此，人们接触到电的场合随时随地可以遇到，人身触电的危险也就时有发生。

1. 人身触电

当人体接触带电体时，在身体两点便形成电位差，有电流流过人体，或者距高压带电体小于安全距离产生放电，致人体造成伤害或死亡的现象就是人身触电。

当人身体直接接触电气设备的带电部分，或人体不同部位同时接触不同电位时，发生的电流通过人体而引起的病理、生理反应，外在表现为电灼伤、电烙印或皮肤金属化，甚至是电击死亡。接触的带电体有电力线、供电设施、原动机器、工作机器、带电树木，还有两脚站在带电的大地上等。

2. 人身触电的感觉和反应

人体接触带电体，轻者感觉到刺麻、酸痛、有打击感，心肌无规律收缩、心慌、惊恐等；重者则心律不齐、心室颤动、昏迷、心跳呼吸骤停，致使触电者死亡。

二、导致触电者伤亡的主要因素

1. 电流

（1）电流大小：通过人体的电流越大，人的生理反应越强烈，伤害越重，致生命危险越大。通常根据人体不同反应，接触电流分为以下三种。

1）感觉电流，是指使人体有感觉的最小电流。人体对工频电流的感觉，男性为 1.1 毫安，女性为 0.7 毫安。

2）摆脱电流，是指人体触电后能够摆脱的最大电流。平均摆脱工频电流，男性为 16 毫安，女性为 10 毫安。

3）致命电流，是指在较短时间危及生命的最小电流。一般将引起心室颤动的电流定为致命电流。平均工频致命电流，男性为 50 毫安，女性为 30 毫安。

（2）通电时间：根据 $W = Pt$，$P = IU$（式中：W—能量；P—功率；I—电流；U—电压；t—时间），当电压和电流一定时，通电时间越长，积累的能量越大，电流对人体内液体的电解作用越大，人体电阻就越小，触电电流就越大，危险就越大。通常用电流和时间的乘积来反应危害的程度，叫做电击能量。对工频而言，男性能够承受的电击最大能量为 50 毫安·秒，女性为 30 毫安·秒。因此，遇到触电者及时给予脱离电源进行救治至关重要。

（3）电流的种类和频率：男性对交流电流的感觉电流是 1.1 毫安，对直流电流的感觉电流是 5 毫安。很显然，交流电流比直流电流危害更大。50 赫兹的工频电流对人体危害很大，对于高频电流由于集肤效应，电流只有很少部分流过人体内部中心部位，只对人体造成灼伤，而不危及生命。

电流强度对人体的影响，见表 1-1。

表1-1　　　　　　　　　　　电流强度对人体的影响

电流强度（毫安）	电流对人体的影响		
	交　流　电		直　流　电
0.6～1.5	手指开始感觉麻刺		无感觉
2～3	手指强烈麻刺、颤抖		无感觉
5～7	手部痉挛		热感
8～10	手部剧痛、还可摆脱电源		热感增加
20～35	手部迅速麻痹、不能摆脱带电体、呼吸困难		手部开始痉挛
50～80	心室开始颤动		手部痉挛、呼吸困难
90～100	呼吸麻痹、心室经3秒后发生麻痹而停止跳动		呼吸麻痹

2. 电压

在其他条件相同的情况下，电压越高，触电伤害就越严重。其一，电压越高，电流就越大；其二，电压越高对人体体液的电离作用越大，导致人体电阻下降，电流增大，伤害越加严重。

我国终端生活用电压为220伏；日本、韩国为100V；中国台湾、美国、加拿大、古巴等国为110～130伏；英国、德国、法国、新加坡、中国香港（200伏）、意大利、西班牙、希腊、奥地利、荷兰、菲律宾、泰国、挪威、新加坡、印度为220～230伏。一般来说，使用电压低，更趋于安全，但使用较高电压则更经济。

3. 受害人触电时的情况

（1）人体电阻。人体电阻的大小取决于皮肤表面角质层的厚度，一般为0.05～0.2毫米，其电阻值高达$10 \times 10^3 \sim 10 \times 10^4$欧姆，所以人体电阻的差异比较大，一般在1000～2000欧姆之间。天生干性皮肤的人电阻就大，湿性皮肤的人电阻就小。人体电阻还与加在人体的电压有关，施加电压越高，人体电阻值就越小。人体在不同条件下的电阻值见表1-2。

表1-2　　　　　　　　　　　人体电阻的平均值

加于人体的电压（伏）	人体电阻（欧姆）			
	皮肤干燥	皮肤潮湿	皮肤湿润	皮肤浸水
10	7000	3500	1200	600
25	5000	2500	1000	500
50	4000	2000	875	440
100	3000	1500	770	375
250	2000	1000	650	325

由此可见，同样接触了 220 伏的带电体，由于皮肤的特点不同，干燥型皮肤的人可能会没危险，湿润型皮肤的人可能会很危险。例如，接触 220 伏带电体，根据"电流＝电压/电阻"人体干燥时，电流为 220/2000＝0.11 安＝110 毫安；人体浸水时，220/325＝0.677 安＝667 毫安，5 倍之差！在人体处于潮湿的环境、出汗、淋水的情况下会降低电阻。因此，切忌湿手操作或擦拭电器、接电线等；电流大、电压高、作用时间长也会加速角质层的击穿，降低人体电阻值。

（2）人体健康状况。在同等情况下，患有心脏病、高血压的人、其他体弱多病的人和疲劳、醉酒、萎靡不振的人比健康的人受到触电伤害的程度更严重。

（3）性别与年龄。中国神话说女人是水做的，男人是泥做的，这神话不神，的确如此，女人水分大，所以身体电阻小。同样情况下，女性比男性受到的伤害程度更严重；幼儿和儿童比成年人受到的伤害更严重。

三、人身触电分类

1. 按电流对人体的伤害分类

当人体流过电流时，造成的伤害主要有电击和电伤，两种伤害往往同时发生。

（1）电击：是指电流通过人体造成内部器官生理和病理变化，引起内伤，破坏了心肺及其神经系统的正常工作，甚至危及人的生命安全。电流流过呼吸神经中枢导致呼吸停止，流过心脏引起心室颤动，导致血液循环停止，流过胸部可使胸肌强烈收缩，压迫呼吸引起窒息等。人身触电死亡事故，以电击居多。

（2）电伤：也叫电灼，是指电流的热效应、化学效应和机械效应对人体的伤害。电伤常常发生在人体的外部，在人的肌体上留下伤痕，受电弧释放的大量热能灼伤。人体与带电体接触，并同时产生电弧，灼伤会更为严重。

2. 按人体接触带电体的方式分类

按人体接触带电体的方式可分为单相触电、两相触电、跨步电压触电和接触电压触电。

（1）单相触电：是指人体的某一部位接触到电源的一相带电体，由触电电流流过人体，称之为单相触电。因电源的系统不同，分为两种情况，接触到中性点接地系统的一相带电体，就很危险；接触到中性点不接地系统的带电体危险性就较小。

（2）两相触电：是指人体的两个部位同时接触电源的两相导线，不论接地系统的中性点是否接地，较单相触电而言，都有$\sqrt{3}$倍的单相触电电流流过人体，因为触电电压为 380 伏，是很危险的。

（3）跨步电压触电：是指当带电体掉落地面，周围形成电场，因人的脚（趾）之间有步幅，形成电位差，在人体间形成电流，造成触电伤害。遇到这种情况，人要单脚或双脚并拢背离带电体的方向跳出 20 米以外，就没有危险了。

（4）接触电压触电：是指人手接触到发生接地短路故障的设备外壳、机器座或架构等外露带电可导电部分，手脚之间就会生产电位差，在人体内产生触电电流，造成触电事故。只要通电的机器装有合格的保护接地装置，就可以防止接触电压触电。

以上四种，（1）和（2）属于直接触电，（3）和（4）属于间接触电。前者是指人体触及正常运行的电气设备或线路的带电体造成的触电；后者是指正常情况下设备或者用电器具不带电，而在故障时带电，当人体触及到这些机器设备时导致人身触电伤害。

3. 按法律目的分类

（1）根据人身触电事故电源的电压等级不同，可以将触电案件分为高压触电案件与低压触电案件两种。

在电力行业内部，10 千伏及以上的电压被称为高压，10 千伏以下的电压则称之为低压。最高人民法院《关于审理触电人身损害赔偿案件若干问题的解释》（法释〔2001〕3 号）（以下简称《触电解释》）颁布后，将 1 千伏及以上电压称为高压，1 千伏以下称为低压，实现了法律适用前提的明确化。将触电案件分为高压触电与低压触电两种，其法律目的在于确定不同电压等级触电案件的归责原则。一般而言，高压触电属于民法上的特殊侵权，应适用无过错归责原则，而低压触电往往属于一般侵权，应适用过错责任原则追究侵权责任。

（2）根据导致触电结果原因力的数量分类，可分为单一原因触电和多原因触电。

1）单一原因触电：是指触电后果的发生只有一种较为明显的原因而与其他因素没有因果关系。例如：大风吹断合格的高压架空线掉落在正常行走的行人身上导致触电，则该种触电属于意外事故引发的单因触电；无民事行为能力人攀爬设计施工合乎规程的高压电杆掏鸟窝触电案件。

2）多原因触电：是指引起触电后果的原因在两个或两个以上的触电案件。

多原因共同导致损害后果发生的,在实际触电案件中占绝大多数。如,成年人在电力设施保护区内的违法建筑上触电案件。

对触电案件做出单一原因触电和多原因触电的区分,其法律目的在于通过明确侵权损害结果的原因,寻找到法定的侵权责任主体,并进一步依据案件事实及法律规定确定各责任主体的责任份额以及是否存在连带责任等。

(3)根据触电案件当事人之间形成的法律关系及调整该种关系的法律部门的不同分类,可分为触电劳动纠纷案件、触电刑事案件和触电民事案件。

1)触电劳动纠纷案件,是指企业职工在履行工作职责中触电致损,这类触电案件可能产生职工与企业之间的劳动纠纷,该纠纷属劳动法律调整。该种案件主要确定是否按工伤处理。

2)触电刑事案件,是指触犯了刑律的触电案件。一类是以电为工具进行的故意伤害、故意杀人或过失致人重伤或死亡等构成刑法规定的故意伤害罪、故意杀人罪或过失致人重伤、死亡罪。另一类主要是危害公共安全犯罪,如私设电网致人重伤、死亡,破坏电气设备、过失损坏电气设备,危害公共安全等。

3)触电民事案件,是指由人身触电事故造成的民事赔偿案件。

根据法律目的来划分是为了正确梳理各种法律部门调整的触电案件,从程序和实体两方面保障正确适用法律,避免只追究民事赔偿而忽视刑事责任,对劳动纠纷未经劳动仲裁而直接进入诉讼程序或者将行政侵权责任与民事侵权责任混淆等,导致对案件的错误处理并浪费司法资源和诉讼成本。

本书只讨论触电民事案件。

第二节 人身触电事故现状

近年来,触电伤亡纠纷时有发生,位居全国电力企业侵权案件之首,也是社会公众和新闻媒体普遍关注的热点之一。统计表明,此类事故在我国城市化扩张的一个较长的时期内还将维持高发的态势,较多发生在中低压输电、供配电设施上,"两低人群"占据受害人的多数。

一、数量上升

某课题组在统计和广泛问卷调查的基础上,经过对北京、重庆、陕西、甘肃、浙江、贵州等地区的城市和农村调查统计分析得知,2001~2010年十年来历年发生的触电人身损害案件统计,从统计数据来看有逐年增加的趋势。

如，2001 年 182 起，2002 年 276 起，2003 年 304 起（是指形成公开诉讼的案件数量）。该调查统计数字是问卷统计数字，与实际相差甚远。图 1-1 是华东某县市供电公司十年来真实发生的人身触电事故统计图。

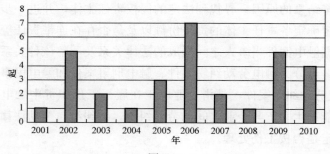

图 1-1

可以看出，随着年份的增加，间或有高低，尤其是 2009 和 2010 年，依然居高不下，充分说明人身触电事故的势头没得到有效控制。根据某县市供电公司的真实统计数量来推算，国家电网公司系统供电覆盖范围内的 1924 个县市，南方电网公司系统供电覆盖范围内的 338 个县市，按照图 1-1 统计的年平均数字（1+5+2+1+3+7+2+1+5+4）/10＝3.11（起），全国县市每年人身触电案发数量应为 3.11×（1924+338）＝7012（起），这还没统计其他地方电力集团（如地方水电、新疆生产建设兵团、陕西地方电力等）所辖的县市公司和地级、省级电力公司。案件数量如此之巨委实令人震惊。因此电力企业，各地方政府和全社会应该对此引起高度的警觉和重视。

二、易发人群

上述课题组统计成人触电为 570 人，占总数的 67.8%；未成年人 271 人，占总数的 32.2%。在未成年人中，6～13 岁为较危险年龄段，其中 7～10 岁年龄段最为高发，为 137 人，占未成人总数的 50.6%。从职业上看，农民 377 人，占全部触电人数的 44.8%，学生 284 人，占总数的 33.8%；其他职业的人数相对较小。

在以上统计中，成人又以文化底子薄、技术素质低的人群为主。例如：到城里务工的农民工、种植大棚蔬菜的农民，以及私营企业的临时雇用人员；未成年人以 7～10 岁为高发年龄段。所以，"两低人群"为易发触电事故人群，即文化水平低的成年人和年龄小的无民事行为能力人和限制民事行为能力人。前者缺乏文化知识，没有获取安全知识的能力和渠道，安全意识淡薄，技术技能差；后者限于年龄，不具备完全民事能力，童心无羁，童趣无限，对自己的行为后果的严重性没有认识或者认识不足，所以"两低人群"容易受到触电伤害。

三、易发场所

城乡均存在人身触电易发地带，只是因环境不同，规划管理差异，供用电设施设备设计、施工质量不同。

1. 高压线路附近的楼宇屋顶

城市里的楼宇顶部附近有高压线路，人们在楼顶上装设广告牌子，架设接收和发射天线，安装其他附加设施，处理楼顶漏雨等活动的时候，如果缺乏应有的谨慎和注意，又不采取任何安全保障措施，就很容易发生人身触电事故；农村房屋的屋顶即使不安装附加设施和广告牌，农民往往在屋顶上晾晒粮食，堆放木材、粮草和其他杂物，在从事这些活动中，不注意屋顶上空或侧面的裸体电线，触电事故时有发生。

2. 城乡结合部和农村的变台区触电

城乡结合部和农村的规划和建设有不完善、不规范的现象，电力企业的变台区周围环境容易被改变。例如：垃圾的堆放导致变台高度降低；邻近的建筑物使得攀爬变台有了借助的阶梯，围栏和门锁的破坏使其失去直接保护的功能等。

3. 高压线路下的土地

农村是触电事故的多发地区，农民在高压线路下种植大棚蔬菜、养鸡养鸭、抽水浇地、打场晒粮，甚至开设加工场所，或者挖塘养鱼，引人垂钓，加之用电设备简易、使用破损导线、地爬线、挂钩接电等，也不安装漏电保护器，最容易受到电击伤害。

4. 其他易发触电场所

一般来说，高温、潮湿、有导电性粉尘或腐蚀介质、现场混乱、供用电设备破旧、金属设备多的作业环境中易发生人身触电事故。如矿山、建筑工地、小型个体企业、室内装潢场所和其他临时用电场所，由于供电设施施工不规范、用电设备简易破旧、绝缘破坏漏电、工作场所线路凌乱等，防范措施不到位，不安装漏电保护器，施工人员绝缘防护和安全用电意识淡漠，缺乏安全生产知识，也是人身触电的易发地带。再就是城乡内那些产权一直不明不白的变台区，是被管理遗忘的角落。这里设施破旧老化，防护遭到破坏，儿童少年误入，发生人身触电的事故为数不少。

四、农村多于城市

自 1998 年以来，我国已实施了多起大规模的城乡电网改造工程，用电安全水平显著提高，可触电死亡事故率仍远高于世界上经济发达国家，农村人身触电事故更甚。据统计，发生在郊区、农村的人身触电案件占总数的 72.5%。其原因主要有以下几个方面。

1. 人员素质与工作差异

农村村民文化水平低，素质差，安全知识缺乏，安全用电意识淡薄。他们所从事的农村劳动，更直接接近高低压电源，如电力线下农田劳作、种植、收割、养殖等，不可避免要在高低压电源附近活动。而城市居民或者在安全舒适，远离高危电源危险的场所工作，或者在安全管理规范的场所工作。

2. 设备与管理差异

（1）设备方面

农村用电条件差，电气设备简陋且安装不尽合理，设备缺陷多，部分地区输电线路陈旧、老化、运行质量差，技术水平低，管理不严格，用电设备分散，移动设备多，用电环境恶劣，农民缺乏电气知识和安全用电常识等。相比较农村，在城市里供用电设施安装规范，日常供用电和安全管理到位；譬如城市市区人流密集的区域往往用箱式变压器，农村则一般使用暴露的、敞开式的，尤其农村的落地式、台墩式变压器更是危险；就线路而言，城市的高压线路部分很多为地下铺设。农村的 10 千伏线路经过或邻近房顶的情况为数不少，而且农民往往利用房顶存放和晾晒东西，维修房顶。

（2）管理方面

广大城郊农村地区，人多地广，电力设施产权人或使用人由于人力所限，往往对输配电线路、高低压设备等维护管理不善，造成一些电力设施年久失修、严重老化；有的早已废弃，仍未及时拆除，形成安全隐患；有的电力设施管理义务人不严格履行法定义务，遇到安全隐患或者违章建筑和施工等不能及时督促消除和坚决制止，或没有穷尽其应尽的法律手段而最终导致人身触电事故发生。如，在人口密集地带，由于供电设施安全措施不到位，缺少安全警示标志、围栏损毁等情况，儿童在攀爬、玩耍的时候，很容易被电击伤；再者，在城市窃电、私拉乱接的现象比较轻，而在农村农忙季节为灌溉、收割、脱粒而私拉乱接电线行为随时随地可见。对此，有的农村分片管理人员则听之任之，任其所为，不少触电事故由此造成。还有一些农村分片管理人员本身安全技术操作培训不足，安全意识差，违章操作，技术不熟练，管理松弛，也是造成触电事故的原因之一。

第三节 人身触电事故特点

电是看不见、摸不着的物质，在为人类利用并创造出巨大财富和方便人们生活的同时也存在着很大的危害性，对于不了解电力知识的人来说，它的危险貌似是不存在的，一般情况下，安全的用电设备、合格的家用电器、标准的电力设施、规范的工序操作，电不会危及人身安全。但是现实中，往往达不到这些要求。在设备陈旧、磨损、损害严重的环境中，在高低压设施附近进行违章作业，极易发生触电事故。就触电事故的发生而言，通过调查统计和案例分析，归纳和总结出人身触电事故发生有如下几个特点。

一、供电设施多于变电设施

1. 变电设施相对封闭

变电设施是在一定的区域内集中安装，封闭在变电站（所）的院内，建设安装和维护标准高，防范措施到位，禁止非工作人员进出，一般情况下非相关人员接触不到带电设备，因此，发生触电人身伤害的几率低。而供电设施漫山遍野，分布广泛，尤其是输电线路，绵延广袤河山，情系千家万户，加之安装、架设、防护和使用过程中间存在瑕疵。因此，供电设施发生触电事故相对于变电设施要多得多。

2. 点与线的管理

变电设施被封闭在一个个定点，由变电运行值班人员严格按照运行规程24小时不间断地监视、记录、巡视。有的变电站安装有先进的电子监控装置，可以实时告知运行值班人员站内的状态。而供电设施多绵延野外，战线长长，限于人力物力要按照周期来巡视。如《架空送电线路运行规程》（DL/T 741—2001）规定的定期巡视：经常掌握线路各部件运行情况及沿线情况，及时发现设备缺陷和威胁线路安全运行的情况。定期巡视一般一月一次，也可根据具体情况做适当调整，巡视区段为全线。一月一次，比之于一天24小时的坚守，从时间上说，最多是变电设施的1/60。因此变电设施的维护管理情况大大优于供电设施的维护管理。再说线路延伸长远，易发生断线、碰触、漏电及遭受外力因素的破坏，相对于安装于高墙之内，非相关人员不可触及的变电设施而言，更容易发生触电事故。特别是在农村的架空线路、接户线、临时用电线路上发生的触电事故竟占事故总数的70%以上，主要是因为农民容易接触到这些线路。如果遇到设备安装不规范，受害人又不懂安全用电知识，就容易发生

11

触电事故。更有甚者，由雷击、大风、泥石流、滑坡等不可抗力造成架空线路断线、接地等故障时，竟然有人赤手捡拾或接触断落的带电导线。凡此种种，不一而足。供电设施的线路管理难哉难矣。

3. 接触设备的人员不同

（1）在变电设施上工作的都是经过培训、身经百战的专业人员，除非电气工作人员粗心大意，违章作业，不执行作业票、操作票和监护制度，没有执行停电、验电、放电、装设地线、悬挂标志牌及装设遮栏等规定，违反了安全操作规程，一般是不会发生触电事故的。

（2）架空线路下大多是非电气工作人员，违章在架空线路下及周围作业或从事其他活动，没有做好防护措施。如，在架空线路附近起吊、打井、竖立超高杆件，建造建筑物和构筑物，种植高秆植物等，设备或人身触碰输电线路，导致人身触电事故。还有的在架空线路下垂钓，在周围放风筝或玩耍时攀爬设施发生人身触电。

二、低压多于高压

1. 接触机会不同

非专业人员没有机会也没有能力接触到高压电网线路设施，35千伏以上的高压线路就很少发生人身触电事故，因为不同电压等级的线路距离地面的距离差异很大，对于高电压等级的输电线路不借助于一定的设备，如起重机的长臂、超高装载的卡车，是难以接近和接触到的。如，《66kV及以下架空电力线路设计规范》（GB 50061—1997）规定，10千伏线路在居民区的对地距离为6.5米，3千伏以下的线路在交通困难地区距离地面4米即可；《110～500kV架空送电线路设计技术规程》（DL/T 5092—1999P）规定，500千伏线路在居民区对地距离为14米。比较《电压配电设计规范》（GB 50054—1995）规定室外绝缘导线水平敷设时至地面的最小距离为2.7米，室内2.5米。

输电线路和设备电压等级的高低决定了其距离人的高度和所处的场所。低压电网覆盖面大，其线路设施点多面广，分布于城乡的各个角落和千家万户，用电设备多，与人们的距离近，接触的机会也多；加之低压设计、施工监督管理不严格，有的低压配电设施设备不符合规程要求。综上，缺乏安全用电知识的人接触危及人身安全的低压电力设施设备的机会增多，造成低压触电事故的概率就高。

电力设施的电压等级越高，则越远离人们的工作生活区，电压等级越低则越接近人们的工作生活区，或者说人们随时随地与危险的带电体相伴而生。如，阳台旁边的裸导线、没有安全防护的室内墙壁上的插座、绝缘损坏的导线、漏电的机器或其他用电器等，无处不在，无时不在。因此，应如同常走河边的人躲避河水弄湿鞋子一样地加以注意。

2. 接触人员不同

高压线路的作业人员都是经过专业培训并考核合格持证上岗的专业人员，高压线路作业均应具备完好规范的防护措施，事故原因大多是由于不遵守安全操作规程、违章作业所致。接触低压的人群多为前述的"两低人群"，文化水平低，缺乏安全意识和电力安全知识。据统计，低压工频电源的触电事故较多，占触电总数的80%。低压设备较高压设备应用广泛，220/380伏的交流电习惯称其为"低压电"，人们对低压设备和线路容易产生麻痹思想，丧失警惕，因此容易引起触电事故。事故点多发生在分支线、接户线、地爬线、接头、灯头、插头插座、开关电器、控制电器、熔断器等处——人们容易接触的部位，也是容易发生短路、接地和漏电的部位。

三、夏秋多于冬春

人身触电事故的发生有明显的季节性。一年中春、冬两季触电事故较少，夏秋两季是高发季节，特别是6～9月，触电事故较多。不外乎是以下原因。

1. 人体电阻值下降

夏秋两季雷电暴雨频繁，空气湿度增加，降低了电气设备的绝缘性能。同时，因为气候炎热，人体多汗潮湿，皮肤接触电阻变小，人体电阻值明显下降。皮肤干燥时的人体电阻值为潮湿时的2.3（1500/650）倍，换句话说，皮肤潮湿时的触电电流值为干燥时的2.3倍。如果皮肤干燥时工频触电电流为50毫安，人体尚可摆脱，如果为电流值为115（50×2.3）毫安，那就非常危险了。

2. 接触带电体的机会增加

此外，正值农忙季节，农村用电量增加，触电的几率就增加；夏秋天气炎热，衣着单薄，身体暴露部分较多，大大增加了触电的可能性，发生触电时，没有衣物的绝缘屏护作用，电流更大，后果更严重。

3. 防护不到位

夏秋天气炎热，现场作业人员不遵守工作规程违章作业，多不爱穿厚厚的工作服和笨重的绝缘靴，戴绝缘手套和绝缘护具，在电气操作和维护维修作业中，增加了接触带电体的机会，且一旦触电后危险程度大大增加。

四、触电后果严重

1. 生命健康

生命，每一个生命来到世界的概率都在几十亿分之一，每一个生命都是一个奇迹，可谓弥足珍贵。然而当一个生命失去了健康，残缺或者灭失，抹去了他（她）和社会的一切关联时，其损失是无法估量的。电力，作为强大的自然力，一旦触怒了它，轻则肢体伤残，有的终生不能自理，重则吞噬生命，给活着的亲人留下终生的精神痛苦。尤其是年轻而鲜活的生命戛然而止，犹如玉山倾倒，覆水难收，香销玉殒，花凋红残，令父母亲人痛不欲生，这种精神损失是不可以用世俗的货币来衡量和平衡的，不可谓不严重。对于懵懵懂懂的儿童少年，这种灾难性的后果不仅给孩子造成巨大的生理、心理痛苦，而且对其今后一生也会产生不可估量的负面影响，甚至终生走不出惊惧恐怖、失望无助的阴影。

2. 经济损失

（1）受害人的损失：如果受害人是家中的成年劳动力，其死亡或伤残则不仅会使自己和家人承受巨大的肉体和精神痛苦，而且往往会使家庭经济境况一落千丈，不仅会使未成年子女的抚养、老年人的赡养无着落，而且不能自理的受害人本身还要靠别人护理，造成的人身伤害和财产损失严重。据专门调查的25个案例显示：触电中被电击致死的有7人，占28%；一级伤残完全丧失劳动能力的4人，占16%；二级伤残至十级伤残10人，占40%；其他人身伤害的4人，占16%。触电事故还造成25件案件的受害人及其近亲属经济损失共约近千万元。其中，最少的损失数万元，最多的损失达数百万元，给受害人及其家庭，特别是农村家庭带来了沉重的经济负担。

（2）电力企业的损失：受害者及其家属在寻求赔偿时首先想到的是电力企业，无论其是否有责任，几乎都会被列为被告，主张电力企业赔偿损失，或者与其他被告承担连带责任。

1）经济损失。随着城乡居民收入的增加，触电伤害赔偿的数额也越来越高，从几万、十几万、几十万上升至百万、几百万之巨。纵然有个别受害人漫天要价的现象，但诸多依据出炉的真实判例已经提供了有力证据。这使得电力企业在应对触电伤害案件时所付出的赔偿数额逐年增加，企业经营风险增加。一方面，社会经济发展了，赔偿数额应相应提高，使受害人及其所抚养的人的生活水平不低于当地居民平均生活水平。但另一方面，有些案件的当事人本身伤情并不严重，但却索要高额赔偿来讹对方，少数律师为多收费故意提高赔偿请求，高出正常、合理请求的几倍甚至十几倍，把受害人的期望值提上去，胃口吊得很高，给案件的审理调解带来很大困难。如，高压电击伤致一级伤残受害人，其后续的医疗费、护理费、定期安装假肢费等高达100万元以上的判例早已出炉。

2）无形损失。发生人身触电赔偿案件，电力企业除了在经济上遭受损失之外，在社会客户的心目中也会造成不同程度的负面影响。首先，安全生产管理不善，发生人身触电肢体伤残，甚至是命案，受害人有过错是一个方面的因素，往往伴随着的是电力企业的电力设施保护工作的缺失。其次，由于人身触电事故的不良社会影响，客户对电力企业的优质服务的评价会大打折扣，甚至产生不信任感，使多年勤勉努力，勤奋工作树立起来的优质服务的形象黯然失色。这些无形的损失比之于用金钱来衡量的经济损失无可估量。

第二章

名言警句 ■■■■■■■■■■■■■■ ➔

内因是变化的根据，外因是变化的条件。

——毛泽东

人身触电原因

任何事故的发生都有原因力作用而成，无非是原因力的多寡和大小不同而已。本章将从电力设施产权人、管理人、使用人、受害人以及各种违法行为和其他社会因素等方面梳理事故发生的原因，以期读者能够从消除原因的角度，去寻求人身触电事故防范的相应措施。

第一节　电力设施产权人、使用人和管理人的原因

电力设施存在隐患，电力设施产权人、使用人、管理人运行操作失当，疏于对电力设施的维护管理属于硬件上的原因。对安全用电及防护宣传不到位，作业人员培训不足是软件上的原因。

一、电力设施隐患

1. 供电受电设备材料隐患

违反国家和电力行业的有关标准和规程，供用电工程设计不合理或者没有按照设计要求把好设备材料的质量关。这方面问题主要在客户一方，如国家电网公司发布的《三个十条》有"不准为客户指定设计、施工、供货单位"的规定，不得介入客户工程，以避不正当竞争之嫌。即使有工程设计审查、中间检查和竣工验收的参与过程，电力企业也只是从是否影响电能质量方面审查用电设备，至于对客户受电工程设备材料的进货渠道、质量把关的监督和制约力度就弱化了，以致造成受电设备和材料质量不合格，留下安全隐患。当然由于电力企业内部监督机制不健全，也有违反工程设备材料招标的规定，为贪占回扣和好处费，降低质量进货的情形。

2. 设计与施工质量低劣

有的农村客户工程设计不合理，本身就存在缺陷，有的甚至没有经过专业人员的设计就上马施工。为了节约成本，选用不合格材料，如电气设备的实际功率或容量以及导线的横截面积都小于铭牌所标注的。但在实际使用过程中，客户就是按照铭牌功率和标注导线截面积来使用的。电气设备的安装应符合国家标准和电力行业标准，应由具备相应等级电力安装资质的单位和专业技术人员安装。但是，有的客户工程，由非专业人员和没有相应资质的人员施工安装，尤其是缺乏监管的外包工程，安装质量更难以把关。由于触及安装不合格的电气设备所造成的触电事故在农村是比较常见的。如架设线路和安装设施时违反规程，达不到技术标准和规范的要求：线杆档距过大，输电线路对地距离过低，输电线路与建筑物水平距离过小，变压器平台高度过低，未设置安全围栏，线杆拉线上省缺绝缘子，线端直接绑扎在横担角铁上等。

▶▶ **案例 2-1**　3 岁受害人的法定代理人诉称：2009 年 8 月，其子毛毛在位于某市磨坊村的奶奶家居住。奶奶家的菜地与被告村委会所属的变压器只有一墙之隔。2009 年 8 月 28 日上午 10 时 30 分左右，毛毛去菜地玩，配电房的门开着，就走了进去，变压器就落地放在四层砖垒的底座上。毛毛好奇心强，就向变压器走去，刚碰到变压器便被击倒在地。其奶奶在菜地干活，闻讯后立即赶去救护，将其送到某市人民医院抢救，经诊断，其头面部烧伤严重，右腿、双手大面积烧伤。在人民医院治疗至 2009 年 9 月 9 日，后转至某市烧伤医院进行治疗，2009 年 9 月 11 日因病情恶化，又转入市人民医院治疗，于 2009 年 9 月 16 日出院，医嘱半年后整形。其出事后，家属多次找被告协商，被告刚开始还同意赔偿，后来找各种借口不配合，至今被告分文未付。为此，受害人毛毛的法定代理人诉请求法院依法判令被告村委会赔偿受害人各种损失共计 90 009.88 元。

被告辩称：原告进入配电房内被电击伤，是因为原告的监护人未尽到监护责任，原告方应承担主要责任。

■ **评　析** ------------▶

本案审理结果是法院判决被告村委会承担 40％的责任，赔偿原告 3 万余元。该判决是错判。被告的变压器安装极不规范，用四层砖头当底座，即使室内平台式安装，根据《农村低压电力技术规程》（DL/T 499—2001），平台高度也不应低于 30～40 厘米，安装之初就留下隐患；而且疏于管理，房门洞开，幼儿可以轻易进入。因此，被告村委会（至少）应承担本案 80％的责任。

二、违章操作

专业电气工作人员，自恃业务熟练，违反操作规程；不遵守作业制度和劳动纪律，违反两票三制，如无票作业或事后补票，约时送电；代代沿袭，根深蒂固的习惯性违章行为，如，带地线合闸、带负荷拉闸等，作业安全警示牌设置不到位，走错间隔，错登带电杆塔等；工作负责人责任心差，作业前安全交底不完全，不到位，没有正确指出危险点、防触电工作步骤，没有做好防范措施；工作监护人不负责任，不像监护人，就像师傅的"小工"等违章行为造成人身触电事故。

非专业电气工作人员，缺乏专业技术训练和安全防护知识，违反安全生产和电力法律法规，违反安全作业规程和操作规程，违反劳动纪律，不服从指挥，违章进行电气作业，或者工作负责人生产过程中违章指挥，强令员工冒险作业也是造成人身触电事故的原因。

三、维护管理不善

1. 维护困难

供电设施分布广，数量大，绵延千里于山梁沟壑、沃野平原，低压线路纵横于城镇村庄，变台区星罗棋布。电力企业维护人员少，工作量大，难免顾此失彼，捉襟见肘。截至 2009 年，我国 220 千伏线路 25.6 万千米、500 千伏 12.2 万千米（上述二者之和超过了地月距离），220 千伏及以上变电容量增加到 16.5 亿千伏·安。例如：西藏的一个尼玛县，行政区划面积 27 万平方千米。蒙东一个县级市的供电量不过 5 亿千瓦·时，6～10 千伏线路长达 2000千米；胶东一个供电量 20 亿千瓦·时的县级供电公司拥有 110 千伏输电线路 11 条 192.6 千米、35 千伏输电线路 57 条 481.3 千米、10 千伏配电线路 175 条 3206.0 千米。但是就目前电力企业电力设施维护人员的编制而言，要做到及时全面维护委实困难。农电体制改革以后，无论是城市还是乡村，380/220 伏供电设施收归供电公司管理，维护范围骤然扩大，工作量猛然加大，定员编制却没有增加。因此可以说，输电、供电设施设备大部分时间处于无人"看管"的状态，安全隐患也就难以发现并消除。

2. 管理不到位

（1）电力企业电力设施管理：一些供电设施经过长时间的使用变得陈旧老化的，没有及时进行维护、改造，日常管理中缺少主动寻找缺陷、及时消除缺陷、清除安全隐患的措施。实际上，《配电线路与设备运行技术标准》5.2.2 规定，在气候剧烈变化（如雷击、大风、暴雨、大雾、大雪、导线覆冰等）自然灾害发生的前后、春季树木旺长、鸟害频发期、线路过负荷、线路通道障碍等特殊情况时，对全线、支线或某些部件进行巡视，以发现线路异常现象及部件的损坏程度。譬如，在大风暴雨过程中如果没有跳闸断电事故，风雨过后就不再组织力量检查查找缺陷，这样即使存在缺陷也不能及时发现并消除，以致发生触电事故。实际上，暴风骤雨过程中即使没有发生跳闸断电，风雨过后也要及时巡视，寻找缺陷。否则，就失去了发现缺陷的时机。

在例行公事的日常管理过程中，一路观光、走马观花、粗枝大叶、不求甚解的现象比比皆是。如，有的线路刚刚巡视完第三天，就因线路下树木超高在风雨中发生放电跳闸的事故。其实，即使树木如雨后春笋一般疯长三天前刚刚巡视的线路也不至于发生放电事故。

（2）农村电力设施管理：许多电力企业对农村电力设施重视不够，没有投入足够的精力、人力和物力，没有专门的电力设施保护的组织力量。2008年1月1日实施《劳动合同法》之前，全国的电力企业为理顺劳动关系，避免违法事件发生，对于农村电力设施的分片管理的农电工，都进行了关系剥离，形式上自立公司，自成法人，自我管理，自主经营。实质上，电力企业对其管理也自然宽松了、疏远了。本来就文化水平低下，技术素质差，安全意识淡薄，工作责任心不强，缺乏安全用电意识的农电工，加之缺少培训和定期考核，在电力法律法规、业务技术和安全生产知识方面，与供电公司专业人员相比差距不小。因此，部分农村电力线路老化、设备存在缺陷，产权人、经营者和管理人疏于管理维护，未能及时消除隐患，没有设置防护围墙和围栏、警示标志或者虽然设置但年久失修等安全隐患比较严重。电力设施维护不及时，设备带病运行。变台区高度不够、缺失防护、绝缘导线破皮露芯、电杆严重龟裂、电力线老化松弛等现象。特别是剩余电流动作保护器的管理存在严重问题，不安装剩余电流动作保护器，或者有的剩余电流动作保护器的额定剩余动作电流和分断时间的试验检验结果不符合《剩余电流动作保护器》（GB 6829—1995）和《剩余电流动作保护器农村安装运行规程》（DL/T 736—2000）的要求，剩余电流动作保护器的漏电保护功能失效也是事故发生的原因之一。

>> 案例2-2　　2010年6月10日上午，天气非常炎热。某村村民老吴拿着自备的导线到抽水泵房，搭线接电，从附近的港里抽水。因为泵房附近未设抗旱专线，农民们抽水便自行到泵房搭线，且用电不用另行付费，这在村里已成了习惯。转眼到了中午，家中的午饭都摆好了，却见众村民抬着老吴的尸体回来了。

老吴子女认为，抽水泵房线路属当地供电公司所有并负责维护，农电改造后，供电公司没有安装剩余电流动作保护器，由于其疏于管理和维护，致使线路存在严重安全隐患，导致其父被漏电电死。子女们打算告供电公司，但有的村民认为，老吴的行为本质是窃电，只能自认倒霉，责任自负，这官司是打不赢的。当月底，老吴的五名子女坚持将该供电公司告上法庭，要求其对村里的电力设施、线路进行全面安全整改，彻底消除村民用电安全隐患，并要求赔偿20万元。

庭审中，供电公司辩称，死者的行为实质是窃电，虽然没有安装剩余动作电流保护器，但死者死时是双手持双线，即使安装了保护器也起不到保护作用，故公司不应承担责任。

法院审理认为，供电公司未按规定安装剩余电流动作保护器，对该抽水泵房未尽管理维护义务，应承担60%的赔偿责任。另外，吴某私自接电过错明显，也应承担40%的责任。遂判决供电公司赔偿12万余元。

供电公司不服上诉。经中院调解，双方各负50%的责任。虽然一审法院判决驳回了整改的诉讼请求，但是一审结束后，供电公司还是对该村的线路进行了全面整改。

评析

首先肯定供电公司有管理抽水泵房的义务，没有尽到管理职责，没有安装剩余电流动作保护器，设施有缺陷，老吴触电后没有保护措施。供电公司有明显的过错，应当根据原因力的大小承担相应责任。其次，因为泵房附近未设抗旱专线，农民们抽水便自行到泵房搭线，且用电不用另行付费，这在村里已成了习惯，供电公司一直未予警示、干预和制止。因此，法院没有采纳供电公司所说的老吴的行为实质是窃电的抗辩。对于因存在安全隐患造成人身伤亡或财产损失的，供电企业应依法承担相应民事责任。

启示

亡羊补牢，为之晚矣。该案供电公司赔了钱，买了教训方才对该村的线路进行了全面整改。难道此前该公司就没有安全用电管理制度吗？为何非要等到亡了羊，才去补牢呢？

（3）托管的电力设施：《电力供应与使用条例》第十七条第二、三款规定，"共用供电设施的维护管理，由产权单位协商确定，产权单位可自行维护管理，也可以委托电力企业维护管理。用户专用的供电设施建成投产后，由用户维护管理或者委托电力企业维护管理。"一般而言，对于供电设施，电力企业进行日常的维护管理；对于用电设施，应由客户自己来进行维护管理。对于产权分界，《供电营业规则》第十七条关于电力设施产权分界点有明确的规定。对于委托管理的电力设施，产权人将建好的电力设施委托电力企业代为维护、管理，应当签订电力设施代管协议，明确代理管理的范围、期限、任务和法律责任分担等事项。有的电力设施代管协议范围分界不清，托管责任不明确，以致委托人客户和受托人电力企业两家互相推诿，甚至长期无人管理，年久失修。一旦发生触及有缺陷的电气设备，造成人身触电事故，委托人客户和受托人电力企业两家则互相推卸，纷争不断。

▷案例2-3　　某村李林某的专用线路，在 2007 年 6 月中旬，强台风袭击过后，辅助拉线断开，绕过相线掉落到地面上。因未及时检查发现，致使后来因放牛经过此地的李五某触电致死。检查发现，村内一电杆拉线周围就有 10 多条导线纵横交错，互相纠结，为防止导线纠缠一起发生短路，其中有 4 条专用线路还被系上几块石头，利用重力分开；还有有线电视、电话线同杆架设，输电线路绕在生长着的树木上等现象，隐患重重，岌岌可危。致使 2008 年 9 月村民张某光触电杆拉线被电击身亡。

评　析

这些断线落地、多线纠缠的镜头出现在网改之后的农村，太不应该、太不和谐。之所以连年发生人身触电事故，就是因为供电设施几乎是无人管理。不妨发问：产权人维护管理责任哪里去了？电力企业的用电检查哪里去了？电力行政管理和电力监管的监察、监督到哪里去了？

四、宣传不到位

1. 存在问题

（1）广度不够，力度不足。宣传的区域往往限于供电营业场所或者其附近区域，远未深入城乡的各个角落。在集镇和农村很少看见关于安全用电的宣传内容，或者根本没有这种气息和氛围。广大群众缺乏安全意识和安全用电常识，特别是广大农民知识水平普遍偏低，缺乏电力知识。谈何深入人心？至多在安全月到市区做一些流于形式的安全用电知识发放和咨询问答，深入到乡镇的情形都是鲜见的。作为家长的农民自己都不懂安全，怎能教育自己的子女安全用电，远离危险？未成年人因不懂或不完全懂安全用电常识而触及电力设施所造成的人身触电事故的与宣传不足不无因果关系。

（2）内容偏窄，形式单一。宣传内容很少涉及电力法律法规、安全意识、生命健康，很多电力企业沿袭多年来的农村安全用电连环画，或者在供电营销场所附近写两条标语，内容狭窄、方法单一、流于形式、效果不佳，致使群众安全意识淡薄，对安全用电知识知之甚少。当然，形成目前状况的原因，电力企业有责任，电力管理部门、安全生产监管部门和其他相关部门以及客户企业也没有尽到应尽的责任。如私自安装、拆卸、移动电气设备所造成的触电事故和其他人身触电事故，往往其他部门的原因在先。

2. 宣传的内容

（1）树立珍视生命，关爱生命，身心健康，全家幸福的价值观；传播健康幸福，家家欢乐，安全即幸福的理念；增强安全意识，明确安全的重要性，强化安全用电人人有责的责任感；养成学习安全知识和安全用电，善于防护侵害的好习惯。

（2）电力法律法规和安全生产法。对于企业客户而言，安全生产法规定，生产经营单位应当具备本法和有关法律、行政法规和国家标准或者行业标准规定的安全生产条件；不具备安全生产条件的，不得从事生产经营活动。对于居民客户而言，违约用电导致火灾、人身触电或其他重大事故，不仅对人身安全和自身的经济效益带来损失，也可能触犯刑律。因此，要把安全生产法和电力法律法规作为宣传内容的重要组成部分。

（3）安全用电知识。

1）严禁使用挂钩线、破股线、地爬线和绝缘不合格的导线；

2）严禁采用"一相一地"方式用电；

3）不得私自操作电气设备；

4）不要购买使用质量低劣的电气设备；

5）严禁私设电网，严禁用电网捕鱼、狩猎、捕鼠或灭害；

6）用电要申请，安装修理找电工，不准私拉乱接用电设备；

7）采用合格的电气设备。

（4）电力设施保护知识。

1）任何单位或个人，不得从事下列危害输电线路设施的行为：①向输电线路设施射击；②向导线抛掷物体；③在离架空电力线路（以下简称架空线路）导线两侧各300米的区域内放风筝；④擅自在导线上接用电气设备；⑤擅自攀登杆塔或在杆塔上架设输电线路、通信线路、广播线路，安装广播喇叭；

⑥利用杆塔、拉线作为起重牵引地锚；⑦在杆塔、拉线上拴牲畜、悬挂物体、攀附农作物；⑧在杆塔、拉线基础的规定范围内取土、打桩、钻探、开挖或倾倒酸、碱、盐及其他有害化学物品；⑨在杆塔内（不含杆塔与杆塔之间）或杆塔与拉线之间修筑道路；⑩拆卸杆塔或拉线上的器材，移动、损坏永久性标志或标志牌。

2）任何单位或个人在架空线路保护区内，必须遵守下列规定：①不得堆放谷物、草料、垃圾、矿渣、易燃物、易爆物及其他影响安全供电的物品；②不得烧窑、烧荒；③不得兴建建筑物、构筑物；④不得种植可能危及电力设施安全的植物。

3）任何单位或个人在电力电缆线路保护区内，必须遵守下列规定：①不得在地下电缆保护区内堆放垃圾、矿渣、易燃物、易爆物，倾倒酸、碱、盐及其他有害化学物品，兴建建筑物、构筑物或种植树木、竹子；②不得在海底电缆保护区内抛锚、拖锚；③不得在江河电缆保护区内抛锚、拖锚、炸鱼、挖沙。

4）任何单位或个人必须经县级以上地方电力管理部门批准，并采取安全措施后，方可进行下列作业或活动：①在架空电力线路保护区内进行农田水利基本建设工程及打桩、钻探、开挖等作业；②起重机械的任何部位进入架空线路保护区进行施工；③小于导线距穿越物体之间的安全距离，通过架空线路保护区；④在电力电缆线路保护区内进行作业。

（5）安全预防措施的内容。

1）对10千伏及以下电网覆盖区域内的电力企业工作人员：①加强安全教育培训，强化安全意识，提高管理人员素质，严格按照安全规程规定作业，严格执行"两票三制"。②专业电气作业人员每年应接受相关的培训、考试，经考试合格方能上岗作业。③安全职责落到实处，严肃劳动纪律，严格安全责任制考核，杜绝习惯性违章作业。④定期对供用电设备维护检修，发现隐患，及时消除。⑤加强剩余电流动作保护器的运行管理，确保"三率"（安装、运行、灵敏率）100％。

2）对广大群众要做好宣传：①临时用电，须经供电企业审核同意后方能安装，经检查验收合格，才能投入运行。②非专业人员不得从事电力作业工作。对有触电危险的工作应由专业人员作业和监护。③居民对家用用电线路、插座、用电器应定期检查、维修、更换，并按安全用电须知使用维护。

3. 怎样宣传

电力企业安全宣传要做到常态化、规范化、坚持不懈、始终如一、不搞突击、不刮一阵风。让宣传内容渗透到社会的每个角落，真正应做到家喻户晓，人人皆知。宣传形式应不拘一格，讲求效果。安全就是效益，把安全当作效益来抓，像产品企业做销售广告那样去宣传安全用电，一定会收到良好的效果。

（1）安全用电标语和招贴画。显眼醒目的大标语和招贴画，要增加覆盖率；还可以通过春节赠送新日历的方式，载入安全用电的图画和文字。

（2）宣传栏。不仅供电营业场所有，而且要做到企业客户有、每个集镇有、每个行政村有，内容要不断更新。

（3）对企业客户要定期举办安全用电大讲堂。企业客户一般注重本行业、本专业的安全生产，忽略生产用电安全。因此，应让供电营业区范围内的所有生产厂长经理和企业用电管理人员参加安全用电大讲堂。同时也应进行安全的重要性、安全用电知识和安全用电措施等内容的业务培训。

（4）用电安全知识走进中小学生课堂。与中小学的安全教育相结合，将人身触电事故的惨痛损失、安全用电、预防触电的知识和措施送到课堂上。通过讲授和放映专题片，用那些由于触电造成的终生残废、生命灭失的真实案例，去震撼那些天真无邪、无忧无虑、甚至无知的心灵。让他们明白强大电力残酷无情的毁灭性。同时，也须教给他们适用的防护措施和急救措施，一旦遇到人身触电事故，能够从容不迫地正确施救。

（5）利用媒体宣传。可以在电台、电视台和网络开辟安全用电专栏，宣传安全用电知识，报道人身触电事故，引以为戒。做安全用电的公益广告，也会受到良好的效果。

第二节　受害人的素质原因

在实践中，真正的单一原因人身触电事故并不多见，大多案件受害人自身存在过错。如，安全意识淡薄，没有尽到应有的注意，缺乏安全防护知识，误触误碰带电体等。

一、教育培训不足

据国家安监部门统计，以人的不安全行为为主要原因的伤亡事故占事故统计总数的 86.9%，其中违章作业导致的事故占统计数的 63.1%、习惯性违章占 41.8%，在受害人中，民工、临时工和其他没有受过专业训练的人员占所有受伤害人数的 80%。人不学，不如物。这说明，教育培训不足是导致人身触电事故的一个重要原因。

1. 电气作业人员

因电力企业教育培训不足，员工安全意识淡薄，不熟悉安全规章，缺乏电力业务知识，安全生产管理不严，违章进行电气作业。电业工作负责人在生产作业中违章指挥，强令冒险作业等违章行为造成人身触电事故。从事电气工作的人员中还存在非电气专业人员，违章作业现象更为严重。安装无标准，操作无程序，管理无规章，运行无制度。这既会引起现场事故，也会留下安全隐患。

2. 城乡居民

目前，安全生产和安全用电形势严峻，安全教育培训力度亟待加大。对于缺乏甚至是没有安全意识的城乡居民更须加大培训力度。对于大多城乡居民来说，没有接受过用电安全培训，部分居民还不知道电为何物，更谈不上安全用电知识，也不关心用电安全问题。因此，对城乡居民，特别是在城乡结合部和乡镇企业工作的居民，更需加大宣传和培训力度。

相对而言，城乡结合部和乡镇企业设备完好率低、管理水平和防范能力差、触电事故多。如，湿热季节防范措施不到位；导线与导线连接、导线与设备连接、设备与设备连接的部位不规范；作业环境高温、潮湿、有导电性粉尘或腐蚀介质、现场混乱、现场金属设备多，这些都是引发触电事故增加的原因。因此，城乡结合部和乡镇应当深入研究本地域、本企业的触电事故规律，才能比较科学地制订电气安全工作制度和实施细则，以减少触电事故的发生。

二、安全意识淡薄

安全意识作为社会意识的一种特殊形式，是指人们在一定的历史环境条件下，关于安全的思想、观点、感知、知识、理解、心理体验和价值评价等各种意识现象的总称。它包括人们对安全的本质和功能的看法，对安全的要求和态度，对安全的评价等的合称。一般来说，安全意识强的人很少发生触电事故或者不发生。安全意识的强弱是一个人的综合特征在生命价值观上的体现。个人的气质、性格和习惯也影响安全意识的强弱。

1. 生命价值观

生命价值观就是对生命价值的看法。很多文化水平不高的农民及其子弟们，依然抱有陈旧的宿命论，面对困顿无助的现实，误认为来到这个世界上就是吃苦的，自己生命不值钱，不珍惜自己生命。当然大多是苦于经济拮据，有病不去医院。当医疗费太高时，往往主动选择放弃自己的生命。在这种漠视生命健康的生命价值观的支配下，遑论什么安全意识呀。

2. 气质和性格类型对安全意识的影响

（1）气质类型。不同的血型和气质对安全有不同的影响，见表2-1。

表2-1　　　　　　　　　　　　　气　质　类　型

血型	气质	类型	特　征	稳定性
A	忧郁质	内倾	情绪波动、焦虑、冷静、悲观、不好交际	不稳定
O	胆汁质	外倾	易怒、好斗、激动、易变、主动	不稳定
AB	粘液质	内倾	被动、谨慎、克制、可靠、镇静	稳定
B	多血质	外倾	开朗、健谈、活泼、易反响、社会化	稳定

由表2-1可见，AB血型粘液质和B血型多血质的人，稳定性和安全性好，发生人身触电事故率低。

（2）性格类型。不同性格的安全性见表2-2。

表2-2　　　　　　　　　　　　　性　格　类　型

序号	类型	特　点	归类
1	活泼型	反应灵敏，适应性强，精力充沛，勤劳勇敢	安全型
2	冷静型	善于思考，工作细致，头脑清楚，行动准确	安全型
3	急躁型	反应迅速，胆大有余，求成心切，工作草率	非安全型
4	轻浮型	做事马虎，不求甚解，心猿意马，轻举妄动	很不安全型
5	迟钝型	反应迟钝，动作呆板，头脑简单，判断力差	不安全型

由表2-2看出，活泼型和冷静型性格的人属于安全型的人，发生人身触电事故率低。

3. 注意细节和循规蹈矩的习惯

如果具备安全用电的基本知识，在工作和生活中有注意细节的习惯，做事之前和在整个过程中都能够仔细观察、思考，然后才行动的人，一般会发现电力设施对自身是否有危险，能够避开危险或者采取正确措施。譬如，那些不拘小节、大大咧咧的电气工作人员违章作业就最容易发生人身触电事故。

电气作业或者在电气设备周围作业，必须有循规蹈矩的习惯，就是严格按照安全规程作业，不得随意改变或者省略程序步骤，忽视作业的安全要求。诸多不遵守安全规程的坏习惯，往往是造成触电事故的祸根。例如：停电作业中，省略验电、挂接地线、悬挂标示牌和装设遮护栏的任一步骤；操作时不穿绝缘鞋，不戴绝缘手套；违反安规，进行约时停送电；非电气工作人员冒充专业电工进网作业；少数农民不懂得安全规程，侥幸、蛮干进行电气作业；带电搭接电源线或修理电气设备而不采取安全防护措施；未切断电源，带电移动或操作有漏电故障的电气设备；在架空线路下面违章建房或起吊器材又无安全措施；趁停电之机，擅自在停电设备上工作；雷电、大雾时仍在供电线路上工作。以上危险习惯，最容易导致人身触电事故的发生。

》》案例2-4　　梅林镇某村的低压线路与部分村民的房屋相距很近，并且在乡村道路上空通过，人员车马往来影响安全。2004年春耕以前，部分村民商议迁移部分电杆，不让线路横在村子的主要道路的上空，并远离居民房屋。但村民在自行施工时没有报告供电公司获得批准，没有办理停电工作票，没有采取安全措施，在架设最后一根电杆上的低压电线时，该电线触到附近上空的带电高压线路，导致正在地下拉线的黄利某和在电杆上作业的黄永某触电致残。

评 析　-------▶

　　农民日常生产、生活安全用电意识非常薄弱，私拉乱接现象严重。农民为贪图方便，节省钱财，在架设安装输电线路时，多数人不请电力企业的专业人员进行专业指导，而是自行组织施工，且不经过供电公司批准，不办理停电手续，也不采取安全措施。类似的施工，触电事故时有发生，应当引以为戒。

三、安全知识匮乏

　　非专业电气工作人员，大多缺乏安全用电知识。例如：在家庭中，家用线路老化露裸，超负荷运行；用铜丝、铁丝代替熔丝（保险丝）；家用电器长期通电，不拔插头；直接接触人体的电气接地不良或者不接地；将三孔或四孔插头、插座的保护极误接在相线上，造成电气设备外壳带电。任意将刀开关放在地上运行；用非绝缘物包扎导线接头或绝缘破损处；将插头用导线直接接在电源线上；潮湿场所未采用安全电压；在带绝缘皮的电线上晾晒衣服；随意操作带电设备；违章带电修理开关、带电安装灯泡等。在作业时，用低压验电笔试高压电；用低压绝缘线勾挂高压电线；用竹竿或者木杆代替绝缘棒操作高压电气设备；在施救时，赤手拨拉断落的带电导线；赤手拖拉触电者等。

　　农村季节性用电比较突出。春天在田间抽水灌溉、建房盖屋；夏季夏收、夏种，争抢农时；秋天，收获的季节，收割脱粒。在这些繁忙的时节，农民经常用挂钩线、地爬线、破皮线连接电源，用不合格的开关控制电源，使用漏电的电动机和工作机。不经供电公司同意就在输电线路下盖房、打井和进行其他违章作业,这都是人身触电事故发生的常见原因。

第三节　违法违规行为与其他原因

下面是一组人身触电专业调查统计数据:违章作业(包括线路走廊的违法活动)中,施工的 225 起,占 44%;攀爬杆塔、房顶的 97 起,占 19%;误触带电树木、拉线的 91 起,占 17%;翻越变压器围墙的 59 起,占 11%;偷盗电力器材的 22 起,占 4.2%;钓鱼的 19 起,占 3.6%;自杀的 2 起,占 0.38%。由此可见,大部分人身触电事故是由受害人违法违规的行为引起的。

一、违章建筑、施工、堆积、倾倒等行为

《电力设施保护条例》第十五条规定,"任何单位或个人在架空电力线路保护区内,必须遵守下列规定:(一)不得堆放谷物、草料、垃圾、矿渣、易燃物、易爆物及其他影响安全供电的物品;(二)不得烧窑、烧荒;(三)不得兴建建筑物、构筑物;(四)不得种植可能危及电力设施安全的植物。"电力设施建成投运后,在靠近电力设施区域,尤其是电力线路保护区内,违反规划违章建设建筑物,无论是施工过程中还是落成的房屋,都不仅影响着电力设施的安全,也是威胁着人身安全的严重隐患。还有未经电力管理部门批准,未采取安全防护措施在电力设施保护区内违章作业,使高压线路放电或触及低压线路致人身触电事故发生;在电力线路下方堆积、倾倒物品、垃圾等违法违章行为造成了人身触电的安全隐患。该类事故在本书的第六章第一节和第八章第三节中给予了详细的阐述。

>> 案例 2-5　2002 年,某市某阀门厂未经任何部门审批,私自在高压线路下的厂房上加高建房一层,使原来房顶至高压线路的距离由 3 米缩短为 0.5 米,高压线路产权人某供电公司多次制止无效,阀门厂只在通往楼顶的楼梯上安装了两道门并加装了门锁,还在楼顶的高压线路旁建了一道 1 米高的防护墙以保证人身安全。2005 年 8 月 13 日,该阀门厂副厂长范某携带其子(12 岁)到厂里设在新加建二楼的值班室值班,范某打电话时,其子到房顶看火车,通过未上锁的两道门,到楼顶后又越过高压线路防护墙,在钻越高压线路时触电身亡。

评　析 ----------▶

该案中某供电公司在发现阀门厂加建房屋时,仅仅是多次制止无效了事,

没有尽到应尽的管理职责。作为被告，供电公司首先对受害人承担无过错责任，再承担未尽职责的过错责任；阀门厂在电力设施保护区内违章建筑应当承担过错责任；范某作为监护人未完全尽到监护职责，有一定过错，亦应承担相应责任。

>>**案例2-6** 2010年1月25日下午5时，小游和其同学放学后到某窑厂旁的一超市买完东西回家，在经过被告某窑厂土堆时，手触及土堆上空的高压线路，被高压电击伤。2010年4月28日，某市司法鉴定中心做出司法鉴定，小游颅脑损伤为1级伤残，为完全护理依赖，常年需两人护理。原告花鉴定费800元、交通费1200元。另查明：被告某窑厂在高压线路下堆放土堆，土堆顶部离高压线路仅有1米，被告供电公司分别于2009年12月21日通知被告某窑厂整改，把金庄支线1号杆和2号杆之间高压线路下方超高的烧砖土堆清理干净，被告某窑厂接到通知后没有立即整改。被告某窑厂在土堆周围没有设立警示标志禁止他人攀爬。还查明：残疾人轮椅一辆1020元、成人尿不湿每块1.2元。2009年某省农村居民人均纯收入4807元/年。

原审法院认为：被告某窑厂无视周围居民和行人安全在高压线路下堆放土堆，接到供电公司整改通知后不加以整改，在土堆四周亦不设立警示标志，导致事故的发生，被告某窑厂有一定过错，应承担一定的责任。被告供电公司发现被告某窑厂在高压线路下堆土后，虽对被告某窑厂履行了通知整改义务，但其对高压线路的安全运行没有进行严格监督，致使事故发生，供电公司有一定的过错，亦应承担相应的民事责任。原告小游为15岁少年，中学学生，对高压线路的危险性有一定的认识能力，放学回家不走道路，走捷径翻越土堆回家，发生触电事故，原告有一定的过错，对其所遭到的人身伤害应承担相应的责任。结合本案案情，被告供电公司、某窑厂各承担此事故30%的责任，原告承担40%的责任。原告正值少年，因事故受伤致残，给其及家人造成的精神伤害是巨大的，原告要求精神损害赔偿，应予支持。被告供电公司在庭审中对原告的伤残等级申请重新鉴定，被告的申请不符合法定重新鉴定的几种情形，其申请重新鉴定的理由不充分，不予支持。被告某窑厂抗辩其诉讼主体不适格，因其提交的证据无效，其抗辩理由不能成立，不予支持。本案应列入赔偿的项目和数额如下：医疗费63 006.81元、营养费980元、住院伙食补助费2940元、住院期间护理费2626元（101天×13元×2人）、定残后护理费192 280元（4807元/年×20年×2人）、伤残赔偿金96 139元（4807元/年×20

年）、鉴定费1200元、交通费1200元、残疾用具轮椅费13 500元（900元×15次）、成人尿不湿费52 560元（60年×365天×1.2元×2次/天）、精神抚慰金80 000万，合计506 431.81元。原审法院依据《民法通则》第一百零六条第二款、第一百一十九条、《触电解释》第二条第二款、《民事诉讼法》第六十四条之规定判决如下：一、被告供电公司于判决书生效后5日内赔偿原告小游医疗费、营养费等共计151 929.5元（506 431.81元×30％）；二、被告某窑厂于判决书生效后5日内赔偿原告小游医疗费、营养费等151 929.5元（506 431.81元×30％）；三、驳回原告小游的其他诉讼请求。案件受理费5650元，原告承担2260元，被告某县供电有限责任公司承担1695元，被告某窑厂承担1695元。

某窑厂不服一审判决上诉称：上诉人所堆放的土堆不在道路上，并不影响行人通行；事故地点非被上诉人的必经回家之路，高压线路距离土堆顶部达2.8米，符合安全高度；被上诉人作为中学生知道高压的危险，其攀登设有警示标志的土堆并持棍碰到高压线路造成的伤害与上诉人无关，被上诉人应自行承担全部责任。被上诉人作为植物人，不能使用轮椅，其残疾辅助器具费不应支持，原审支持尿不湿费用亦没有法律依据；被上诉人的伤残程度达不到一级，其护理费用与事实不符，精神抚慰金明显过高。请求二审撤销原判，发回重审或驳回对上诉人的诉讼请求。

供电公司不服一审判决上诉称：被上诉人的伤情不符合高压电击伤特征，上诉人在原审庭审中已提出鉴定申请，原审法院未予准许不当。即便被上诉人的伤为高压电击伤，也是因某窑厂在高压线路下堆土所致，上诉人对某窑厂亦履行了通知整改义务；事故土堆非被上诉人回家必经之路，被上诉人作为中学生对高压电的危险性有认知能力，在此情况下仍从此通过造成伤害，自身应承担主要责任，原审法院判令上诉人承担30％的责任不当。原审法院判令支持被上诉人二人的护理费用并支持轮椅、尿不湿费用不当，且精神抚慰金明显过高。请求二审法院撤销原判，发回重审或改判驳回被上诉人对上诉人的诉讼请求。

二审法院认为：上诉人某窑厂违反相关规定在高压线路下堆放土堆，且在接到供电公司整改通知后未进行整改，亦未在土堆四周设立警示标志，造成被上诉人小游在土堆上经过时被高压电击致残事故的发生，上诉人某窑厂存在一定过错，应当承担相应的民事责任。上诉人供电公司在发现上诉人某窑厂在高压线路下堆土后，仅对某窑厂发出书面通知要求其整改，在某窑厂未整改的情况下，未采取其他有效措施消除该危险因素，其对高压线路的监督缺失，是导致事故的发生原因之一，供电公司对此存在一定过错，亦应承担相应的民事责任。被上诉人小游已为初中学生，对高压电的危险性具有一定的认知能力，其擅自翻越土堆而发生触电事故，具有一定的过错，亦应承担相应责任。原审根据本案案情及各方过错程度，认定供电公司、某窑厂各承担事故 30% 的责任，小游本人承担 40% 的责任并无不当。据此，除了未支持尿不湿一项之外，其余维持原判。

评　析

《电力设施保护条例》关于禁止高压线路下堆积的规定是指在高压线路下的任何地方，被告某窑厂辩称其所堆放的土堆不在道路上，并不影响行人通行于法无据；供电公司面对如此危险的堆积行为，不管是从危及电力设施安全运行还是从引发人身触电事故发生的角度，都应雷厉风行，坚决彻底督促某窑厂将线下土堆清理干净，或者报告当地电力管理部门处理。遗憾的是送达隐患整改通知不奏效之后，则偃旗息鼓，未采取进一步的措施。

二、违章种植

《电力设施保护条例实施细则》第十八条规定，"在依法划定的电力设施保护区内，任何单位和个人不得种植危及电力设施安全的树木、竹子或高杆植物。"违章种植的树木竹子，超过安全高度，电力线路设施就会沿着竹木对地放电，人若触及带电竹木，也会导致触电事故。超高树木在暴风雨中可能被刮倒，砸断线路，有人误触断落的带电线路或被刮倒的树木，也会造成人身触电事故。

三、过失损坏电力设施

电力设施属于国家财产，受国家法律保护，禁止任何单位或个人从事危害电力设施的行为。破坏电力设施属于违法行为，分故意和过失两类情形，故意破坏电力设施情节严重的将判处死刑。《刑法》第一百一十九条第二款规定，过失损坏电力设施根据其情节轻重不等，处于不同的刑事处罚，情节严重的，构成过失损坏电力设施罪，处三年以上七年以下有期徒刑；情节较轻的，处三年以下有期徒刑或者拘役。

过失损坏电力设施，根据过失的类别分为两大类。

1. 由于疏忽大意的过失损坏电力设施

疏忽大意的过失，是指行为人应当预见到自己的行为可能发生损害电力设施并危害公共安全的后果，因疏忽大意没有预见，以致发生这种结果的心理态度。这种情况下，作业人一般属于马马虎虎，缺乏认真的工作态度；安全意识淡薄，想不到行为后果；文化水平低，业务技术素质差的类型。如装载超高的司机刮断高压线路行为；盲目移动地面设备触碰或刮断高压线路行为；在电力设施附近实施爆破行为；线下建设易燃易爆设施引起火灾或爆炸等损害电力设施的行为。

2. 由于过于自信的过失损坏电力设施

过于自信的过失，是指行为人已经预见到自己的行为可能发生损害电力设施并危害公共安全的后果，但轻信能够避免，以致发生这种结果的心理态度。这种情况一般是作业人刚愎自用，自以为是，往往在电力设施保护区内违章作业，在施工过程中图省事，不采取相应的安全措施就自作聪明，自恃业务技术熟练，认为凭自己的技术和运气能够越过一切障碍，顺利完成施工任务。最后发生了危害公共安全的损坏电力设施的事故，伴随着发生人身触电事故。如，在电力设施附近实施工程吊装、挖掘和其他建筑作业。

以上这些过失损害电力设施的行为往往造成自己或者他人人身触电伤亡事故。

案例 2-7　原告李甲（5 岁）在 2009 年 9 月 3 日早晨在自家院墙外边水泥路触电击伤，于当日 10：30 被其家人送至解放军某中心医院住院治疗，据诊断为双手电烧伤 1％Ⅲ度。被告刘乙的司机雇员在为被告拉沙途中于当日晨 7 时左右挂断了原告院墙外边的导线，而被告的儿子刘丙作为同行人员未能将导线置于安全地点并及时通知业主和电力公司，由此产生安全危险，导致随后不久途经此地的原告触碰到了导线致伤。

法院认为，被告刘乙的司机挂断导线时正在从事雇佣活动，当由雇主刘乙承担过错赔偿责任。被告电力公司作为供电方与安全维护人，对公众的用电安全有提示义务。本案中有法度之外而情理之中的疏漏，即未能设置的相应应急机构或公众知晓的相应处置准则，对事故指导妥善处理。以致被告刘乙挂断电线后，造成原告触电致伤。有鉴于此，被告电力公司应承担 10％左右的道义补偿责任，以便于改进工作，更好地惠及大众。原告是无民事行为能力人（男孩 5 岁），其触电与监护人疏于监管、教育有关，原告监护人承担 20％的过错责任为宜。因此，原告要求索赔损失 30 305 元的诉讼请求，理由依法成立，但其请求数额过高，其实际损失依法并结合原告方的证据，计算如下：医疗费 7753.26 元，鉴定费 500 元，住院 32 天、护理费、营养费、伙食补助费为

20 元×32 天×1 人×3＝1920 元，交通费酌定为 300 元，精神抚慰金酌定为 5000 元，伤残赔偿金为 7200 元×20 年×10％＝14 400 元，合计为 29 873.26 元，被告刘乙应承担赔偿数额为 29 873.26元×70％＝20 911.28元，被告电力公司应承担人道性补偿数额为其损失数额29 873.26元×10％＝2987.33 元，其余损失原告自负。综上所述，依照《民法通则》第一百三十一条、第一百三十三条、《触电解释》第六条、第四条、第五条之规定，判决如下：限被告刘乙赔偿原告损失 20 911.28 元，被告电力公司补偿原告 2987.33 元，其余损失原告自负，限于本判决生效之日起五日内履行完毕。如果未按本判决指定的期限履行给付金钱义务，应当依照《民事诉讼法》第二百二十九条之规定，加倍支付迟延履行期间的债务利息。案件受理费 500 元，原告负担 150 元，被告刘乙负担 350 元。如不服本判决，可在判决书送达之日起十五日内向本院递交上诉状，并按对方当事人的人数提出副本，上诉于某市中级人民法院。

评析

本案系过失损坏别人的电力设备造成第三人触电致伤，应由被告承担全部赔偿责任。本案却以承担道义补偿责任的荒诞理由判决电力公司承担了 10％的责任。

四、盗窃电力设施

在实践中，很少有犯罪动机就是只为破坏电力设备的，大多是以非法占有为目的盗窃电力设施的。这里的电力设施有：①处于运行、应急等使用中的电力设施；②已经通电使用，只是由于枯水季节或电力不足等原因暂停使用的电力设施；③已经交付使用但尚未通电的电力设施；④尚未交付使用或者已经废弃尚未拆除的电力设施。从犯罪学上讲，只有盗窃第④种电力设施，触犯盗窃罪，余三种一般会触犯破坏电力设施罪。

在盗窃正在通电使用的电力设施过程中，盗窃者可能会因为操作失手或者防护不周，造成自己触电或触电后坠落伤亡。这种情形，根据最高院《触电解释》第三条的规定，"受害人盗窃电能，盗窃、破坏电力设施或因其他犯罪行为而引起的触电事故"作为高压电设施产权人的公司企业是不承担民事责任的。

>> 案例2-8 1997 年，保家丝厂停产后，因无电照明，经朱家店村三组与丝绸公司协商，由三组修变电房，丝厂购买变压器，并由朱家店村三组统一管

理用电，直至 2001 年农网改造结束。之后，电力公司已将该变压器下引线、跌落式断路器拆除，尚保留三根高压线并搭于羊头铺至保家镇主干线路上，且一直通电，但无用户使用，为闲置线路。2002 年 3 月 16 日下午 1 时许，朱某与同伴多人（本案第三人）一道携带手电筒、夹钳、绳子等工具至该事故现场，误认为该线路无电，遂爬上电房至高压电杆横担上盗割高压线触电受伤。原告遂起诉被告电力公司、丝绸公司（现已进入破产清算）、朱家店村三组、保家水泥厂和 8 名搭伙照明人以及 6 名第三人，要求赔偿损失 330 556.42 元。诉讼中，朱某及其法定代理人冉某与第三人的法定代理人于庭外达成和解协议，并于 2003 年 8 月 13 日向法院申请撤回对第三人的赔偿请求。

原一审判决认定，涉案高压线路原系保家水泥厂架设，后由某丝绸公司（现已进入破产清算）下属企业保家丝厂接管。保家镇朱家店村三组以及 8 名搭伙照明人，亦属电力公司营业区。

一审判决认为，涉案高压线路在农网改造结束后即闲置未用，应当拆除或及时断电，电力公司未尽此义务，致使朱某认识错误，酿成本案事故，应当担责。某丝绸公司、保家水泥厂既非线路所有人，亦非受益人，依法不应当担责。朱家店村三组以及 8 名搭伙照明人虽为所有人和收益人，但非其用电或维修不当所致，亦不应担责。受害人已与本案第三人和解，并已申请撤回对诸第三人的赔偿请求，故不再担责。朱某系限制民事行为能力人，其监护人未尽监护职责，疏于监护，致使朱某在盗割导线时受伤，对事故的发生有重大过错，应承担主要责任。遂依照《民法通则》第十二条、第十八条、第一百一十九条、第一百三十一条之规定，判决：一、由电力公司赔偿朱某医疗费 2700.13 元，护理费 102 元，住院伙食补助费 61.20 元，交通费 219.60 元，住宿费 31.50 元，残疾生活补助费 7560 元，合计 10 674.43 元，限判决生效后 30 日内付清；二、驳回朱某对某丝绸公司、保家镇朱家店村三组、保家水泥厂以及 8 名搭伙照明人的诉讼请求；三、驳回朱某主张的精神抚慰金的赔偿请求。鉴定费 200 元，由电力公司负担 60 元，朱某负担 140 元。案件受理费 8485 元，其他诉讼费 4300 元，由电力公司负担 3835 元，朱某负担 8950 元。

双方当事人对上述民事判决均没有提起上诉。

该判决发生法律效力后，电力公司以原判决适用法律错误，其不应担责为由，向原审法院申请再审。一审再审判决认为，朱某受伤在 2002 年 3 月 16 日晚因盗割高压线而引起事故的事实，除有证人证言外，亦得到朱某本人的自认，法院予以确认。《触电解释》第二条规定，因高压电造成人身损害赔偿的案件，由电力设施产权人承担责任；第三条第三款规定，因盗窃电力设施而引起的触电事故电力设施产权人不承担民事责任。本案出事的电杆高 10 米，如没有朱某攀爬盗割电线的行为，即使未断电也不会引起事故。因而对朱某本人实施不具有合法性行为所引起的事故，不应由他人承担。电力公司在本案中已不是电力设施的产权人，不应承担责任。原一审判决适用法律错误，应纠正。经该院审判委员会讨论决定，依照《民事诉讼法》第一百三十条、第一百八十四条第一款，《民法通则》第十二条、第十六条、第十八条、第一百二十三条，《触电解释》第三条第三项之规定，判决撤销一审判决，原审、再审诉讼费和其他诉讼费均由原告承担。

朱某不服一审再审判决，提起上诉，请求撤销一审再审判决，维持原一审判决。其主要理由是：原再审判决认定事实不清。一是判决认定朱某盗割电力设施定性不准。朱某攀爬的高压线电杆在农网改造结束后没有人使用，不属于电力设施。朱某攀高割线是拾废旧品处理。二是电力公司不管是否为该高压线路产权人，都应将闲置的高压线作断电或拆除处理。由于该高压线路应当断电而未断电，又无安全防范设施或安全标志，是造成伤害的主要原因。

电力公司在二审质证时答辩称，朱某爬上高压电杆盗割导线造成触电伤害，损害结果应自负。一审再审判决认定事实清楚，判决结果正确，请二审予以维持。

法院二审查明，原判查明的基本事实属实，法院予以确认。

二审法院认为，电力公司非该线路的产权人和管理人，其为原保家水泥厂安装架设的高压线路离地高度符合有关规定，故对本案不应承担民事赔偿责任。朱某的法定代理人以电力公司对闲置的线路应断电而没有断电，又未设置安全标志，致朱某误以为无电而攀上电杆割线被高压电击伤，电力公司应承担赔偿责任为由，要求电力公司承担赔偿责任的理由不成立，法院不予支持。朱某的行为具有违法性，对电力设施产权人来说则存在免责事由，故不承担民事责任。朱某的法定代理人称该高压线路是农网改造结束后没有使用的闲置线路，不属于电力设施，朱某割电线是拾破烂作废旧品处理的理由不成立，不予采纳。综上，朱某的上诉理由不成立，其上诉请求法院不予支持。依照《民事诉讼法》第一百五十三条第一款（一）项的规定，判决驳回上诉，维持一审再审判决。

评 析

本案一审既然已经认定为高压触电，就应适用无过错责任。却又认为，朱家店村三组以及 8 名搭伙照明人虽为所有人和收益人，但非其用电或维修不当所致，亦不应担责。这是错误的判定。既然认定为高压触电，承担责任不以过错为前提。

《触电解释》第三条规定，"因高压电造成他人人身损害有下列情形之一的，电力设施产权人不承担民事责任：（三）受害人盗窃电能，盗窃、破坏电力设施或者因其他犯罪行为而引起触电事故。"这对完全民事行为能力人才适用，本案原告 14 岁属于限制民事行为能力人，心智和判断能力尚不完全，不应承担全部责任。一审判决其承担主要责任正确，但是不应由电力公司，而应由线路产权人承担次要责任。如果线路所有人没有申请对事故线路停电，电力公司不承担责任，如果已经申请停电而电力公司怠于停电，应当承担相应责任。

五、其他违法违规行为

电力设施受国家法律保护。这里其他违法违规行为主要是指，《电力设施保护条例》第十二～十八条的禁止性规定。例如：向输电线路设施射击；向导线抛掷物体；在架空电力线路导线两侧各 300 米的区域内放风筝；擅自在导线上使用电气设备；利用杆塔、拉线作起重牵引地锚；擅自攀登杆塔和变台或在杆塔上架设电力线路、通信线路、广播线路，安装广播喇叭；在杆塔、拉线上拴牲畜，悬挂物体、攀附农作物；在杆塔、拉线基础的规定范围内取土、打桩，钻探开挖或倾倒酸、碱、盐及其他有害化学物品；在杆塔或杆塔与拉线之间修筑道路；拆卸杆塔或拉线上的器材，移动损坏永久性标志或标示牌等行为。

以上这些行为大多导致行为人触电，也可能导致他人触电。如垂钓、擅自攀登杆塔和变台、拆卸杆塔或拉线上的器材，一般是自己触电；而在杆塔上架设电力线路、通信线路、广播线路，安装广播喇叭，则可能造成他人触电。

六、不可抗力

不可抗力，是指不能预见、不能避免、不能克服的客观情况。不可抗力分为三类：一是自然灾害，如地震、台风、洪水、海啸等；二是政府行为，如当地政府颁布新的法规、政策和行政措施而导致合同不能履行；三是社会异常现象，主要是指一些偶发事件，如罢工骚乱等。在人身触电事故中主要是第一类不可抗力造成的。由于雷电暴雨、台风、飓风等造成电力设施破坏，致使杆塔、设备倒地，线路断落，其本身带电并引起其他物体带电。当人不幸遭遇或者误触带电体，则造成人身触电事故。《民法通则》第一百零七条和《侵权责任法》第二十九条规定，除了法律另有规定外，因不可抗力造成他人损害的不承担民事责任；《合同法》第一百一十七条规定因不可抗力不能履行合同的，部分或全部免除责任；《电力法》第六十条第二款规定因不可抗力给用户或第三人造成损害的，电力企业不承担民事责任。《触电解释》第三条的规定，"不可抗力"造成的人身触电事故，作为高压电设施产权人的公司企业是不承担民事责任的。

名言警句

国法法不一，则有国者不详。

——《周书》

电力企业对触电案件的困惑

在电力系统运行过程中，会因触电发生人身损害赔偿案件。由于触电案件赔偿数额高，受害人为了顺利得到高额赔偿，往往会把具有执行能力的电力企业牵进被告席，这样，判决后法院的执行也就顺利了。有些同类案件的审判结果有时大相径庭，还会牵强附会判决电力企业负连带责任等，这些问题让电力企业深感困惑。

第一节 起诉与诉求

《民事诉讼法》第一百零八条规定，"起诉必须符合下列条件：（一）原告是与本案有直接利害关系的公民、法人和其他组织；（二）有明确的被告；（三）有具体的诉讼请求和事实、理由；（四）属于人民法院受理民事诉讼的范围和受诉人民法院管辖。"在人身触电案件中的起诉中，法院往往对"（三）有具体的诉讼请求和事实、理由"一项把关不严；对时效、赔偿额度以及诉讼的性质方面也有含糊不清的情形。

一、电力企业，少不了的被告

很多时候，不问电力作业是高压低压，不管电力设施归谁，也不管电力设施的管理者与经营者是谁，不论何种情形的触电，只要发生人身触电案件，电力企业就是少不了的被告。这当中的主要原因有如下几个方面。

1. 受害人

受害人也明白仅仅是拿着一张胜诉的判决书是没有用的，电力企业是国有公用企业，执行能力强。于是很多受害人总是千方百计，牵强附会地把电力企业拽入共同被告，除了少数雇佣劳动关系中发生的人身触电事故。

2. 共同被告

一些触电案件中，电力企业不是适格的被告。如，很多低压触电案件，设施归村委会、客户个人，管理人、经营者也是如此，但真正的被告也想方设法向法院建议追加电力企业为共同被告，其目的不言自明。试图将责任推卸给电力企业，或者至少也减轻自己应承担的赔偿份额。很明显的是，对于低压触电案件，电力设施产权和维护管理义务均不属电力企业，也会以安全检查和监督履责不力为由将其收入网内。

3. 律师

原告的律师在收取了律师费之后，一旦案件不能顺利执行，也不好与其当事人交差。如果判决具有执行能力的电力企业承担赔偿责任，案子自然就好执行。因此律师与受害人及其他被告在这一点上是不谋而合，目标一致，将电力企业列入共同被告，且有着共同的利益关联。

案例3-1 2009年元月26日上午9点多，被告谭甲、谭乙分别邀请原告刘某到王某家喝酒，并一起到王某家喝了五、六瓶白酒。酒后，谭甲骑摩托车送刘某回家，行至罗付庙村北400米左右时，驶入公路东侧，被电力公司高压电杆西北角的一根斜拉线连人带车挂翻在地，造成二人受伤昏迷，经鉴定，刘某的伤情构成重伤。县公安局交警队认定此次事故是由于谭甲无证、酒后驾驶摩托车所致，负该事故的全部责任。事故发生后，刘某在医院检查，诊断为颈髓损伤术后高位截瘫。刘某为损害赔偿诉请法院分别将谭甲、谭乙、王某和电力公司列为被告。原告刘某诉称，被告谭甲酒后无证驾驶机动车辆是造成本次事故的主要原因，应负主要赔偿责任，王某召集、备场喝酒，谭乙主动叫原告刘某并参与喝酒，且在谭甲醉酒后骑摩托车送刘某时，二人均没有阻止也有过错，应负相应责任。县电力公司在公路旁架设的高压电杆上的斜拉线距离公路过近，且未设置警示标志、未安装反光套管，也是造成本次事故的原因之一，应负相应的赔偿责任。综上，原告刘某要求四被告赔偿医疗等费用共计434 755.58元。

被告谭甲辩称，本案是多因一果案件，愿在自己的责任范围内承担赔偿责任；原告诉求数额部分不实，请求法院查明事实，公正判决。被告谭乙辩称，自己未组织喝酒，也未劝原告喝酒，不负任何赔偿责任，请求法院驳回原告对其诉请。被告王某辩称，原告要求我赔偿无相关法律规定。原告所诉不实；事故发生不是饮酒引起的；原告受伤与我无关，我不应负赔偿责任。故请求法院驳回原告对我的诉请。被告县电力公司辩称，电力公司不应作为本案被告；拉线在公路边沟内，原告受伤不是电力公司侵权所为，电力公司对其无过错，不应承担赔偿责任。

　　法院基于公安机关对被告谭甲负本案交通事故全部责任的事故认定，认为被告谭甲对原告刘某摔伤的损失负主要赔偿责任。被告王某组织原告及三被告在家中饮酒，应预见被告谭甲酒后驾车的危险性，且对原告乘坐谭甲的摩托车未加以制止，故被告王某对原告的损失应负相应的赔偿责任。被告谭乙参与共同饮酒，明知被告谭甲骑有摩托车，原告乘坐该车辆，亦应预见到酒后驾驶的危险性，故被告谭乙对原告的损失亦应负一定的赔偿责任。被告电力公司的拉线不影响交通，没有侵权行为，不承担责任。原告刘某明知被告谭甲酒后驾车仍自愿乘坐，亦有一定过错，应承担相应责任。原告的损失包括：医疗费168 694.76元，误工费6020元（20元×301天），护理费89 080元（4454元×20年），住院伙食补助费5670元（30元×189天），营养费3780元（20元×189天），鉴定费800元，残疾赔偿金62 356元（4454元×20年×70％），交通费2535元，共计338 935.76元。法院根据原、被告双方在此事故中的原因力比例，对原告刘某的损失，判决被告谭甲应承担60％的赔偿责任，被告王某应承担15％的赔偿责任，被告谭乙承担5％的赔偿责任，其余费用由原告自行负担。

评析

　　本案系一起酗酒后，酒后驾车驶入沟内致伤案件，与触电无丝毫关系，仅仅是一条在沟内的拉线，原告为了缠住有执行力的大户，硬把电力公司推上了被告席。

案例3-2　原告在法庭上诉称，2008年12月1日上午10时许，其子王亮在为王集镇柳赵村张某家二楼安装铝合金窗户时，不慎被高压电击中，经医院抢救无效死亡。由于被告供电公司对其拥有的线路没有进行日常维护，存在私拉乱接现象，在电力设施保护区没有设置警示标志，存在过错。

　　被告辩称，原告所述王亮因触高压电身亡无事实支撑。据实地勘测，被告架设的10千伏线路与王亮出事的建筑物窗口外墙面的水平距离为2米，大于1.5米的安全距离规定。事故发生后，现场勘察，该条线路上未发现任何放电痕迹。在王集镇中心卫生院的抢救记录上，也未发现王亮有任何被电击伤的症状。因此，王亮的死亡与被告架设的10千伏高压线路无因果关系。另外，被告架设的10千伏高压线路在先，张某的房屋建筑在后。请求法院依法驳回原告的诉讼请求。

法院调查，王亮死亡前从事个体房屋装修职业。此次，他与另外一人在为张某家新建的二楼安装铝合金窗户时，不慎从窗户上坠落到地面，经当地卫生院抢救无效后死亡。卫生院在接诊王亮后检查发现，患者已无呼吸，无心跳，无血压，面色青紫，四肢发绀，瞳孔及各种神经反射均消失，除头部前额有一处凝固的出血点外，没有其他伤痕。卫生院抢救治疗约1小时后，因王亮无任何生命迹象，被宣布医学死亡。王亮死亡后，原告未要求公安机关进行死亡科学技术鉴定。

庭审中，原告陈述其子王亮在死亡时肢体上未发现任何电击伤痕迹，且到庭的三个证人证言相互矛盾。因此，法院根据实地调查笔录，二次庭审笔录以及庭审中对原、被告询问结果，认为，原告没有提供足够的证据对自己提出的主张予以证明。原告的诉讼请求，事实不清，证据不足，不能认定王亮系高压触电死亡。

依照《民事诉讼法》和最高人民法院《关于民事诉讼证据的若干规定》的相关规定，判决驳回原告的诉讼请求，案件受理费2300元，由原告负担。

评 析 ------------→

该案死者既没有触电死亡的任何症状，也没有权威部门触电死亡的鉴定书，仅有三个证人的互相矛盾的证言。死者家属明知王亮之死并非高压触电所致，完全是为了获得赔偿而状告电力企业。

二、天价赔偿

虽然金钱买不回人身触电伤亡给受害人和死者家属造成的巨大的甚至终生萦怀的精神痛苦，但对于人身触电的受害人或者死者家属而言，赔偿的数额越高越好，特别是伤残等级高的未成年人考虑到未来的生活问题，尽量要求最高额赔偿。这当中还有代理律师介入并主导案件的因素。因为当事人一般不懂法律，又处于律师与其在情感上认同的好感，误认为律师全心全意地站在自己的立场上，而完全顺从律师对案件的策略、建议和操作。

实际上，目前的律师收费是先交费后服务而不管官司输赢，官司输了也不退费。律师是按照诉讼标的额乘以一定的比例收费的，律师为了收取更高的律师费，自然是尽量提高标的额，即使根据案情和法律判断胜诉把握不大或者根本没有胜诉可能的诉求也计入诉讼标的，到头来判决的赔偿数额往往是拦腰斩，或者大幅下降。如案例2-8朱某诉讼标的为330 556.42元。一审判决判决电力公司赔偿朱某10 674.43元。朱某负担案件受理费和其他费用8950元。

10 674.43－8950＝1724.43 元。其得到的实际赔偿仅仅为诉讼标的 0.52%。原告白白抛给律师巨额的代理费。可叹的是本案又被再审的一、二审翻案为原告自己承担全部责任，电力公司不承担责任。本案是典型的律师忽悠案件。尽管原告赔尽血本，律师的代理费却早已装进腰包。因此，触电人身损害赔偿诉讼往往提出天价赔偿请求，电力企业面临着意外的风险，一旦法院判决错误，电力企业就要因此遭受巨大损失。

1988 年 10 月，黑龙江省小隋香攀爬变压器被电击，1998 年 3 月 16 日经伊春市中院再审判决 167.13 万元，这是 1987 年《民法通则》实行以来最高额的人身损害赔偿判决。1996 年 12 月 6 日中午，北京市 8 岁的许诺为捡落在违章建筑屋顶的玩具，被裸露的电缆头电击导致双臂截除，1997 年一审获赔 206 万元，二审最终判决 140 万元。2000 年宁海法院审理的一起触电案，一审判决赔偿 200 万元，二审判决赔偿 180.9 万元。湖州法院审理一起触电案，一审判决赔偿 289 万元，二审判决赔偿 201 万元；1999 年重庆廖克力触电赔偿案，起诉标的为 424.238 万元，迄今居国内之首。

当然天价赔偿诉求也并非全是凭空所要。生命无价，抢救为先。由于触电多涉及人身伤害，常常伴有高额的医疗费（包括诊察费、治疗费、化验费、药费、住院费等）、误工费、护理费、住院伙食补助费和营养费、交通费、住宿费等。触电致残的，还有残疾赔偿金、残疾辅助器具费、被扶养人生活费，以及因康复护理、继续治疗实际发生的康复费、护理费、后续治疗费等。触电死亡的，还涉及丧葬费（包括运尸费、火化费、骨灰盒购置费、骨灰盒存放费、寿衣费等）、被扶养人生活费、死亡补偿费等。此外，触电事故受害人还有精神损害抚慰金。众多的开支项目，高额的治疗费用，长期的残疾补偿等，使得高压触电侵权诉讼赔偿额长期居高不下，动辄上百万，多则几百万元，不断攀升，来势汹汹。要不怎么说，搞好安全生产，就是创造效益呢。

》案例3-3 1996 年 9 月 4 日下午 7 时许，小华和同村另一名儿童在该村村北麦场玩耍，麦场北边有供该村照明、生产使用的 10 千伏变压器，该变压器产权归大洼村村委会。小华和另一名儿童踩着固定引线的三块扁铁攀到变压器台上往下跳着玩，小华无意触及变压器上的接线柱触电受伤。小华的伤情经市中级人民法院鉴定为 4 级伤残，小华、大洼村委会和电业局对伤残评定均没有异议。小华提起赔偿诉讼。立案后，该院到现场进行勘查，变压器台底层用石块、上层用红砖砌成，基础高度 1.7 米，变压器台上有三块固定下引线的扁铁，诉讼期间，小华又增加诉讼请求，要求二被告赔偿 270 余万元。原审认为：该案中的变压器产权归大洼村委会。导致该事故的直接原因是变压器台上固定引线的三块扁铁，小华就是踩着扁铁爬到变压器台上，该变压器从安装就存在隐患，作为产权单位的大洼村委会对变压器的安装不符合规定要求，管理不善，依据有关规定，应承担该事故的主要责任；电业局虽对电力设施有监督管理职责，但该案中电业局没有承担代管义务，根据《电力供应与使用条例》第十七条第三款和《供电营业规则》第五十一条之规定，供电部门对用户供电设施的日常维修管理，只负责技术指导和帮助的义务，用户的供电设施一旦发生民事责任，供电部门不承担检查、监督不力的连带责任，故电业局不承担责任；作为小华的法定监护人，其父母没有看管教育好自己的子女，对事故的发生负次要责任。小华获得赔偿的范围及数额为：医疗费 16 784.85 元；护理费1458 元。小华住院 54 天，需两个人护理，其父按单位证明工资 600 元，为1080 元，其母没有固定收入，按当地农民人均月收入 197 元计算为 378 元；住院伙食补助费每天按 10 元计算为 540 元；营养费，每天按 5 元计算为 270元；交通费按实际票额计算为 575 元；住宿费按二人每人每天 15 元为 1620元；残疾抚慰金酌情确定为 50 000 元；残疾者生活补助费 25 920 元，小华属 4级伤残，按当地农民人均消费 120 元的 70% 计算 20 年；残疾用具费，根据省假肢中心出具的证明，小华需安装肌电假肢，每副 8 万元，18 岁以前每两年左右更换一次，截至立案时小华为 6 周岁，需要更换六次，计款 480 000 元。以上九款共计 577 167.8 元。依据《民法通则》第 106 条之规定，判决如下：一、限本判决生效后 10 日内，大洼村民委员会赔偿小华医疗等费用 577 167.8元的 70% 即 404 017.49 元。二、小华的法定监护人自己承担总费 577 167.85 元的 30%，即 173 150.35 元。诉讼费 5000 元，由大洼村委会承担 4000 元，由小华的法定监护人承担 1000 元。为简便手续，小华预交的诉讼费 5000 元不再退，待执行时一并结算。

一审判决后，小华、大洼村委会提起上诉称：小华上诉请求赔偿经济损失306 万元，电业局承担赔偿连带责任。其理由是，原审认定赔偿标准过低，现在仍需要治疗。电业局作为供电单位，对存在隐患的变压器台上安装三块扁铁未能采取安全防范而造成严重人身损害后果，应承担赔偿的连带责任。大洼村委会上诉请求，原审认定大洼村委会承担事故赔偿的主要责任是错误的，二审应依法公正判决。其理由是，依照《农村安全用电条例》第 6.2 条规定，私自攀登变压器造成触电伤亡事故，由其本人负主要责任。大洼村委会变压器台是电业局设计、监督、施工的，该台设计若有缺陷不合格，电业局应承担一定责任，大洼村委会不应承担责任。电业局辩称：驳回二上诉人的上诉请求，应予维持原审判决。其理由是，大洼村委会所有的变压器，该变压器台高1.7米，安装符合农村低压电气工程施工验收标准的要求。对于固定引线的三块扁铁并不违反规程要求，至今尚未有使用扁铁固定引线的禁止性规定。对于高基础地台式变压器距地面不低于1.7米，符合规程要求。本案事故的发生，电业局不应承担赔偿连带责任。

省高院查明事实与原审认定的事实一致。

另查明，小华上诉请求护理费28 791.40元，营养费1800元，残疾人生活补助费47 292.28元，残疾人用具费216万元，今后护理费48.24万元，抚慰金30万元。省高院认为，大洼村委会作为变压器产权的所有者，本应严加安全管理，在变压器处设置安全警示标志，安装三块扁铁有可能使儿童攀登，对此，未及时消除不安全的因素，对此忽视了安全管理，给小华造成了人身损害，大洼村委会应对该事故的发生负主要负责（即70%）。大洼村委会请求小华承担主要责任证据不足，电业局承担赔偿责任，理由不充分，无法支持。小华因年幼无知攀登变压器高台造成自伤，由于其系无民事行为能力，其父母没有尽到监护责任，造成小华的损害，应承担相应的责任（即30%）。小华要求电业局承担赔偿连带责任证据不力，不予支持。电业局在供用电安全管理中没有明显的失误行为，且不是变压器产权所有者，也没有承担代维护、代管理的义务，在发生电伤害案时不应承担民事责任。原审是基于该案的事实，当地经济状况，村民生活水平据实判决的。原告向本院上诉请求增加诉讼标的，本院权衡本案事实，依法不再给予支持。原审判决正确应予维持。1999年11月1日，省高院依照《民事诉讼法》第一百五十三条第一款第（1）项之规定，作出终审判决：驳回上诉，维持原判。二审诉讼费5000元，由大洼村委会负担2500元，原告小华负担2500元，小华申请免交诉讼费，本院决定免交。

评析

本案两级审判把握住了谁拥有电力设施产权，就要承担与产权相应的民事责任；谁负有直接的具体的维护管理义务职责，就应承担与该义务相应的基本原则值得称道。权利和责任的一致，责任与赔偿的对应，是处理触电事故的基本原则。因此，省高院、市中院没有追究电业局的民事责任。

但是本案的中院判决，没有确定受害人18岁以后的假肢费用，这是明显的失误，这是一笔十几万元的费用［(70－18)/4）×10 000＝130 000元］。高院既然认定安装三块扁铁有可能使儿童攀登，对此，未及时消除不安全的因素，安装三块扁铁又是电业局设计并监督施工，却又认定由大洼村委会应对该事故的发生负主要负责（即70％），电业局不负责任，自相矛盾。最后该案索赔数额一审为207万元，二审增至306万元，但两级法院只确认57万元，索赔与判赔相差4.37倍。这表明：天价索赔未必得到支持！

启 示 --------------▶

受害人应当实事求是的确定索赔额度，不可漫天要价，浪费诉讼费用。

三、时效问题

1. 诉讼时效

诉讼时效是指权利人在法定期间内不行使权利即丧失请求人民法院予以保护的权利。诉讼时效期间经过，在法律上发生的效力是，权利人的胜诉权消失，即丧失了请求人民法院保护的权利。

2. 诉讼时效期间起算和种类

（1）起算

《民法通则》第一百三十七条规定，"诉讼时效期间从知道或者应当知道权利被侵害时起计算。但是，从权利被侵害之日起超过二十年的，人民法院不予保护。有特殊情况的，人民法院可以延长诉讼时效期间。"就是说，从实际知道自己的权利被侵害之日，开始计算诉讼时效期间。反过来说，除非当事人既不实际知道，也不应当知道，诉讼时效期间才不开始计算。

（2）种类

《民法通则》第一百三十五条规定，"向人民法院请求保护民事权利的诉讼时效期间为二年，法律另有规定的除外。"第一百三十六条规定，"下列的诉讼时效期间为一年：（一）身体受到伤害要求赔偿的；（二）出售质量不合格的商品未声明的；（三）延付或者拒付租金的；（四）寄存财物被丢失或者损毁的。"

3. 触电人身损害赔偿案件的诉讼时效

向人民法院请求保护民事权利的一般诉讼时效期间为二年，但身体受到伤害要赔偿的诉讼时效期间为一年。触电人身损害赔偿案件的诉讼时效和所有人身损害赔偿案件的诉讼时效是一样的，适用《民法通则》第一百三十六条第（一）项作出的规定，即身体健康权受到伤害要求赔偿的，适用诉讼时效期间为一年的特殊诉讼时效，诉讼时效期间从知道或者应当知道权利被侵害时起计算。即触电人身损害赔偿案件的诉讼时效期间为一年。超过20年的，人民法院对其权利不予保护。

但此类案件，法院往往超过诉讼时效立案审理。如 1988 年 10 月黑龙江省小隋香攀爬变压器被电击，直至 1998 年 3 月 16 日经伊春市中院方才再审判决。这期间已经过了整整十年。超时限起诉和重新起诉往往以如下理由提起。

（1）以当时伤势不明，未能确诊为由

最高人民法院《关于贯彻执行中华人民共和国民法通则若干问题的意见（试行）》（以下简称《民则意见》）第 168 条规定，"人身伤害赔偿的诉讼时效期间，伤害明显的，从受伤害之日起算；伤害当时未曾发现，后经检查确诊并能证明是由侵害引起的，从伤势确诊之日起算。"对一些发生多年的触电人身损害赔偿案件，又以"伤势确诊"为由提起诉讼，法院仍然给予立案审理，是没有法律依据的。

>> 案例 3-4 　1983 年初，8 岁的受害人某甲，穿越变压器的护栏捉鸟触电，双臂高位截肢造成终身残废。起诉后，一审法院调解结案，由高压电产权人赔偿了损失。1997 年，受害人某甲又进行了伤残评定，评定结果为劳动能力完全丧失，后以该伤残评定作出结论的日期作为知道权利被侵害的日期，并以当初赔偿太少未给付残疾用具费为由重新起诉，原一审法院重新立案后，认为未过诉讼时效，并再次作出判决，支持了某甲的给付残疾用具费 40 万元的诉讼请求。

■ 评　析 ----------▶

撇开救济受害者的话题，本案 15 年前经过法院调解结案，其调解协议的效力不仅等同于判决而且具有不得上诉的效力。民法的主要原则之一是意思自治原则，即使本案后来看来不公平，也只能怪罪受害人的监护人行使权利上的欠缺。重新起诉已经超过诉讼时效期间。

因为完全丧失劳动能力的伤残鉴定并非《民则意见》规定的"当时未发现的伤害"；其二，15 年后的伤残鉴定，是否是对当年伤害的新的"确诊"法律没有规定。伤残鉴定是对伤残程度的评判，是确定赔偿数额的参考依据，而不是新的诉讼时效开始的法定事由，不能把伤残鉴定和伤势确诊等同起来，更不能用伤残鉴定时间否定伤势确诊时间，只有伤害当时未曾发现，后经检查确诊的时间，才能作为诉讼时效重新起算的时间。用法律没有明确规定为伤情确诊的伤残鉴定重新起诉，显然缺乏重新起诉的实质性要件。

（2）诉讼时效中断

诉讼时效中断是指在诉讼时效期限内，因法定事由的发生使已经进行的时效期限全部归于无效，法定事由消除后，诉讼时效重新起算。在审判实践中，有的司法机关对诉讼时效中断的条件把关不严。对某些不符合诉讼时效中断的人身触电案件重新立案审理。

案例3-5 1986年的某个共同侵权纠纷中，受害人某甲被高压电击伤致残，伤害明显，致害人棉纺厂和供电局应共同承担特殊侵权的无过错责任，因为致害高压线路产权人是棉纺厂，某甲只要求棉纺厂赔偿。实际上该线路当时由供电局代为管理。法院受理后通过调解结案。16年后，某甲以不知道还有供电局为由，又以棉纺厂和后来的供电公司为共同被告起诉，要求承担赔偿责任。

评析

本案受害人以实际上不知道当时的供电局为责任人为由，意在向目前的供电公司再追偿一部分赔偿。认为应当适用《民法通则》第一百四十条规定的诉讼时效中断的规定和第一百三十七条的20年最长诉讼时效期间的规定。

因为人身损害赔偿的诉讼时效期间为一年，伤害明显的，其诉讼时效应当从受伤害之日起算，权利人在《民法通则》实施前知道自己的权利被侵害，《民法通则》实施后向人民法院请求保护的诉讼时效期间，至迟也不能超过1987年1月1日《民法通则》施行一年内。因此说，某甲在16年来一直未向供电公司主张权利，早已超过诉讼时效。况且，当时棉纺厂已经承担了全部赔偿责任，但是棉纺厂既没有追加供电公司为被告，也没有因承担全部赔偿责任后向供电公司追偿。某甲已经得到了全部赔偿，无权再向供电公司追偿部分赔偿，其诉求没有法律依据，且已超过时效。

民法通则实施后，属于《民法通则》第一百三十五条和第一百三十六条的规定的不超过20年的案件，人民法院在立案的时候应审查原告诉讼时效是否超过的相关证据，向原告释明超时效诉讼的风险。若当事人在超过诉讼时效后坚持立案的，可以立案。但经过审理后，可根据法律的规定，驳回其诉讼请求。否则，电力设施产权人、管理人和使用人，对有些已经处理完毕十几年的事故，还在无休止的承担着赔偿责任，履行着重新判决确定的几十万元甚至上百万元的赔偿义务，这将给高危作业人带来了沉重的负担和长期的忧虑。

（3）借口监护权效力行使不到位

未成年人触电赔偿案件，被监护人受到伤害以后，都由监护人代为处理。被监护人成年后，就借口当时监护人行使监护权不到位，侵害了自己的合法权益为由，重新提起诉讼。

>> 案例3-6　　1990年初，9岁学生小王在上学路上经过一干涸的渡槽时，用手中木棍触及槽下高压线被电击伤，经鉴定为高压电烧伤，烧伤面积为百分之三十，伤残等级为三级。诉讼中其监护人王某与高压线路产权人供电公司庭外达成和解协议，供电公司进行了赔偿，但未包括精神损害赔偿。1998年，小王又以监护人未完全尽到监护职责为由提起诉讼，请求法院判令被告赔偿精神损失费72万元。

评析

如果没有使用20年诉讼时效的其他理由，本案适用《民法通则》第一百三十六条第（一）项作出的规定，即身体健康权受到伤害要求赔偿的，适用诉讼时效期间为一年的特殊诉讼时效，诉讼时效期间从知道或者应当知道权利被侵害时起计算的规定不能动摇。

且不论2000年最高人民法院才作出关于精神损害赔偿的司法解释，规定健康权受到损害的可以提起精神损害赔偿之诉，再说该解释没有溯及力。根据《民法通则》第十八条规定第一、二款，"监护人应当履行监护职责，保护被监护人的人身、财产及其他合法权益，除为被监护人的利益外，不得处理被监护人的财产。监护人依法履行监护的权利，受法律保护。"就是说，监护人的监护权是法定的、全权的。由法定代理人代理未成年人本人诉讼审判的案件受法律保护。据此，如果监护人没有不履行监护职责或侵害被监护人合法权益的行为，监护人行使监护权代理，被监护人参与民事诉讼活动，被监护人不能在成年后对早已判决生效的案件重新提起诉讼。因为已经超过诉讼时效期间。再者，从维护法律秩序稳定性来看，如果允许被监护人在成年后仍有诉讼时效，大量案件都要再行起诉，增加不必要的社会纷争，耗费司法资源，不利于社会和谐稳定。

四、行诉与民诉混淆

在电力法实施多年后，电力企业早已移交电力行政管理权，但在触电人身损害赔偿案件中，仍以没有尽到管理责任为由判令电力企业承担民事赔偿责任的案件已是司空见惯。而这些管理责任往往不是电力企业应尽的责任，而是电力行政管理职责。由民事案件案的主体承担行政责任，民行混淆，电力企业承担冤枉的赔偿责任。如果电力企业硬要去管理他人财产，那将涉嫌侵犯他人的所有权。因为这是两种性质完全不同的责任义务。在触电人身损害赔偿的民事诉讼中，对没有实施民事侵权行为的电力企业，以其存在不当行政管理行为为由要求其承担民事赔偿责任是多么荒诞无稽。

如果是行政侵权责任，由行政主体的违法行政行为导致相对人损害的，应当适用国家赔偿。行政侵权与民事侵权责任的区别体现在侵权赔偿主体及其法律地位不同，侵权赔偿的基础不同，侵权赔偿的归责原则不同，以及侵权赔偿的程序不同。

对于客户产权的电力设施，电力企业负责的只有一种情形，就是电力企业与客户签订了电力设施代管协议，并且约定承担在代管设施上发生的触电人身损害赔偿的民事责任。这属于承担平等主体之间的违约责任。

法院处理此类案件首先应正确分析案件的法律关系，严格按照致害电力设施的产权归属，分清是民事管理义务还是行政管理职责。对所有物的管理当属民事管理，由此引发的侵害结果应当按民事侵权追究责任。对于产权不属于电力企业的电力设施，在产权人与电力企业不存在委托管理的情况下，产权人自己履行微观管理职责，电力行政管理部门行使宏观管理职能。不应将民事主体电力企业牵进行政诉讼。如果就是行政管理案件，法院应告知受害人提起行政诉讼，而不应该在民事案件中判令民事主体电力企业去承担事实上应由行政主体去承担的行政责任。

第二节 触电案件审判给电力企业带来的困惑

触电人身损害赔偿案件在审理、法律适用、归责原则、赔偿标准等方面存在很大的差异性，有时甚至出现同样案情的判决却大相径庭的情况。如，高压线下钓鱼案件、电力设施保护区违章施工作业案件等。

一、同类案件判决大相径庭

这类案件主要表现在高压线下垂钓触电伤亡案件和电力设施保护区内违章施工作业案件。同样案情的案件，有的法院判决电力企业承担主要责任，有的法院判决电力企业承担次要责任，有的法院判决电力企业不承担责任，使神圣的法律如同儿戏一样，失去了其公平性、严肃性和统一性。其主要原因是法院对民法和电力法律法规的适用与理解偏差。

1. 法律的适用

触电人身损害赔偿纠纷相关的规范性文件有法律、行政法规、部门规章和司法解释，其中主要法律有《民法通则》、《侵权责任法》和《电力法》，主要行政法规有《电力供应与使用条例》、《电力设施保护条例》，部门规章繁多，如国家经贸委、公安部颁发的《电力设施保护条例实施细则》，国家电力工业部颁发的《供电营业规则》、《用电检查管理办法》等；司法解释有两部，即2000年颁布的《关于审理触电人身损害赔偿案件若干问题的解释》（简称《触电解释》）和2004年施行的最高人民法院《关于审理人身损害赔偿案件适用法律若干问题的解释》（简称《人损解释》）。法官在审理此类纠纷时，由于法律规范繁杂，法律位阶又不同，规范之间不吻合或相矛盾，法官往往会注重适用《民法通则》、《侵权责任法》和《人损解释》，而忽视对《电力法》、《电力设施保护条例》和《触电解释》的适用。

2. 对电力法律法规的曲解

有的法院认为，《电力法》和《电力设施保护条例》属电力行业法律法规，有些规定重电力行业保护，轻用户权利保护。基于这个偏见和囿于专业知识，对电力法律法规就生产曲解。仅举几例。

（1）《电力法》第六十条规定，"因电力运行事故给用户或者第三人造成损害的，电力企业应当依法承担赔偿责任。电力运行事故由下列原因之一造成的，电力企业不承担赔偿责任：（一）不可抗力；（二）用户自身的过错。因用户或者第三人的过错给电力企业或者其他用户造成损害的，该用户或者第三人应当依法承担赔偿责任。"

有的法院认为，因用户的过错导致电力运行事故的，电力企业不承担责任，若用户过错给电力企业造成损害应当赔偿。该条规定未区分用户是一般过错，还是重大过错；也不论用户是故意，还是过失，造成触电事故一律免除电力企业的责任。该规定是不尽合理的，也与《民法通则》所规定的高压作业所适用的无过错原则相悖。

法院对该条文的理解为，只要给用户或第三人造成损失，电力企业就要承担赔偿责任，而忽视电力企业的免责和减轻责任的情形。实际上本条是指由于电力企业的原因导致电力运行事故给客户或者第三人造成经济损失的，电力企业应承担赔偿责任。主要是指，由于误操作、风雨雷电原因造成电网跳闸致使电力中断的情况。由于外力破坏，如客户或者第三人卡车司机撞断电杆，造成杆塔倒伏，线路落地，给其他客户中断电力供应的事故，就是客户或第三人造成的电力运行事故。这种情形由用户或者第三人的过错给电力企业或者其他用户造成损害的，不应当由用户或者第三人依法承担赔偿责任，难道也要电力企业承担吗？电力企业当然可依法免责或减轻责任的。《侵权责任法》第二十六条规定，"被侵权人对损害发生也有过错的，可以减轻侵权人的责任。"第二十七条规定，"损害是因受害人故意造成的，行为人不承担责任。"

（2）有的法院认为，《电力法》、《电力设施保护条例》及其《电力设施保护条例实施细则》规定了很多禁止性行为，这实际是把电力企业的免责范围扩大，因为受害人违反法律、行政法规禁止性行为而引起的触电损害，电力企业是可以免责的。这是片面的理解。保护电力设施，维护电网安全，是电力企业和客户共同的责任，电力企业兢兢业业，恪尽职守，难道就应该允许客户对电力设施恣意而为吗？《电力设施保护条例》规定了很多禁止性行为，其一是为了保障客户的人身和财产安全，其二是为了保证电网的安全运行，确保广大电力客户正常连续用电，而绝不是为供电企业免责而规定的。再说《触电解释》（法释〔2001〕3号文）第三条"因高压电造成他人人身损害有下列情形之一的，电力设施产权人不承担民事责任：（四）受害人在电力设施保护区从事法律法规所禁止的行为"之规定晚于《电力法》（1996年4月颁布）、《电力设施保护条例》（1998年1月颁布）和《电力设施保护条例实施细则》（1999年3月颁布）的禁止性规定。其时，焉有电力企业的免责范围扩大之意呢？

（3）《用电检查管理办法》第四条规定，"电力企业应按照规定对本供电营业区内的用户进行用电检查，……"由此，产生了这样的联想：供电公司有检查的义务，出了事故有监管不力的过错，就该承担责任。而《用电检查管理办法》第六条却又规定，"用户对其设备的安全负责。用电检查人员不承担因被检查设备不安全引起的任何直接损坏或损害的赔偿责任。"对于这个部门规章的适用，有的法院认为，这是自我偏袒、自相矛盾的规定。电力部门自行制定的规章不能只强调有监督检查的职责而同时规避自身在未履行职责时承担的责任，并引用《电力法》第十九条第二款"电力企业应当对电力设施定期进行检修和维护，保证其正常运行"和第三十四条"电力企业和用户应当遵守国家有关规定，采取有效措施，做好安全用电、节约用电和计划用电工作"加以证明。

首先肯定《电力法》实施和电力政企分开改革以后，电力企业不再拥有电力行政管理权，而只具有民事上的管理权。民事上的管理只能通过合同约定。

除了协议代管的电力设备，这里的"按照规定对本供电营业区内的用户进行用电检查"，主要是根据电网安全需要，为了保证整个电网的安全运行，按照一定周期或者发现有危及电网安全的情形检查客户用电情况，检查到安全隐患就予以指出，限期整改，当然不会也不应该承担客户设备发生事故引起的法律责任。实际上这是电力买卖连续交易的需要，也是为了保证供电可靠率，因为不管是哪家客户的设备故障导致电力运行事故，都可能引起电力供应的中断。

其次，《电力法》第十九条第二款"电力企业应当对电力设施定期进行检修和维护，保证其正常运行"之规定，显然是指对电力企业拥有产权的电力设施进行检修和维护。检修和维护是具体的管理职责，电力设施所有人之外的任何人对他人财产进行维修维护涉嫌侵权。由此可见，这里不是规定供电公司去检修和维护客户电力设备。

再次，《电力法》第三十四条明确指出，供用电双方共同做好安全用电工作，并没有规定电力企业承担用电方事故的法律责任。做好安全供用电不仅是电力企业的事情，也是客户的事情，该由客户自己做的事情就应该由客户自己做，责任自然也是客户自己承担。有的法院企图运用《电力法》的精神，对《用电检查管理办法》第四条规定做出肯定的认定，同时又对于第六条规定加以否定。即对同一部门规章的规定既有肯定又有否定，阉割分裂，使之为我所用。

另外，《触电解释》的有些条文规定较为原则，缺乏可操作性，特别是第三条中"受害人在电力设施保护区从事法律、行政法规所禁止的行为"，规定笼统，未作详细列举，即使根据《电力设施保护条例》及其《电力设施保护条例实施细则》的列举也难以穷尽。这就给法官留下足够大的自由裁量空间，从而造成了同样案件的判决结果大相径庭的荒诞现象（详见本书第七章第一、二、三节的相关论述）。

案例3-7　原告王某（男，12岁）诉称：2003年1月18日，原告与其他未成年人在某市D区滤材器厂周围玩耍时，进入被告某市D区大毕庄镇徐庄村村民委员会（以下简称"村委会"）所有的变压器台区，由于该变压器既无危险警示标志，也无合格的保护措施，造成原告被该变压器电击伤。被告村委会辩称：变压器确为村委会所有，但原告王某是否为该变压器电伤，应提供相应证据。如王某所述事实属实，其监护人未尽监护义务，应承担一定责任；电力公司辩称，王某发生事故的变压器不属于电力公司所有，按照法律规定，变压器的维修、管理应由所有权人负责，与电力公司无关，故不同意原告诉讼请求。

某市D区人民法院经审理查明：导致王某损伤的变压器登记在某市D区滤材器厂名下，实际所有人为村委会。该变压器底部堆放有杂物。事后，村委会在该变压器上安装警示标志牌，并将杂物清除。

某市D区人民法院认为：被告村村委会作为发生事故变压器的所有人，未尽到管理义务，造成原告王某被击伤，应承担主要责任，赔偿王某的合理经济损失。被告电力公司作为监督部门，监管不力，对该事故的发生也有一定的责任，也应按其责任赔偿王某的合理损失。王某的监护人对其监护不力，对造成该事故亦有一定责任，应自行负担一定损失。据此，某市D区人民法院按照《民法通则》第一百二十三条、第一百三十条、第一百三十一条的规定，判决：一、被告村委会赔偿原告王某各种费用36 311.7元的60%，即21 787.02元（履行时扣除已经给付的3000元）；二、被告电力公司赔偿原告王某各项损失36 311.7元的20%，即7262.34元；三、驳回原告王某的其他诉讼请求。

一审判决后，电力公司不服，向市第二中级人民法院提起上诉，请求撤销一审判决，改判电力公司不承担赔偿责任。理由是原审判决违反法律规定，遗漏案件当事人滤材器厂，电力公司对王某的损害没有过错，不应承担赔偿责任。王某答辩称，要求维持原判。村委会答辩称，要求二审法院依法作出公正判决。

市第二中级人民法院认为：村委会作为变压器的所有人，未尽到管理义务，造成王某被电击伤，依法应当承担一定民事责任。电力公司作为电力设施安全运行的监督部门，对村委会所有的变压器没有安装相应的安全提示标志，且对该变压器下堆放的杂物没有尽到督促清理之义务，也应承担相应的民事责任。对电力公司提出原审遗漏案件当事人的问题，因原审已经查明变压器的实际产权人为村委会，该上诉理由不能成立。因此，原审判决认定事实清楚，适用法律正确，判决结果适当，应予维持。据此，判决：驳回上诉，维持原判。

二审判决生效后，电力公司不服，向市第二中级人民法院申请再审，要求撤销二审判决，驳回王某对电力公司的诉讼请求。理由是：电力公司不是电力设施的监督管理部门，且双方没有代维护协议，电力公司并无在变压器上安装警示标志及督促清理变压器下堆放杂物的义务。村委会认为，其与电力公司签有高压供用电合同，合同约定电力公司应承担定期或不定期检查义务，电力公司未履行该义务，应对变压器造成的人身损害承担赔偿责任。王某认为，依据

《电力法》第十九条和第六十条，电力公司有义务对电力设施定期进行检修和维护，造成第三人损害的，电力公司应当承担赔偿责任。

市第二中级人民法院经审理确认了一审和二审查查明的事实。再审期间另查明：电力公司与某市 D 区徐庄村农工商联合公司（以下简称"农工商公司"）于 1998 年 12 月 31 日签订高压供用电合同，该合同第九条第 2 项规定，为保证供电、用电的安全，供电方将定期或不定期对用电方的用电情况进行检查，用电方应当予以配合。合同所涉的供电设施的实际使用人现为徐庄村委会，该村委会为实际产权人。

市第二中级人民法院再审认为：王某与其他未成年人进入村委会所有的变压器保护区内玩耍，导致王某被该变压器电击伤的事实清楚，双方没有异议。《电力供应与使用条例》第十七条第三款规定，"用户专用的供电设施建成投产后，由用户维护管理或者委托供电企业维护管理。"本案所涉变压器是徐庄村委会专用，应由其自身负责变压器的维护管理。徐庄村委会与电力公司订立的《高压供用电合同》第九条第 2 项虽规定了供电方将定期或不定期对用电方的用电情况进行检查，但并没有委托供电企业维护管理供电设施，故电力公司并无维护义务。《电力法》第十九条第二款虽规定电力企业应当对电力设施定期进行检修和维护，保证其正常运行，但《电力供应与使用条例》第十七条第三款已对专用供电设施的维修管理义务作出专门规定，因此电力公司对属于用户专用的供电设施没有法定检修和维护义务，王某要求电力公司承担相应的赔偿责任于法无据。关于王某要求电力公司依据《电力法》第六十条承担赔偿责任的问题。该条规定："因电力运行事故给用户或者第三人造成损害的，电力企业应当依法承担赔偿责任"，因本案不是电力运行事故导致第三人损害，因此不适用该条规定。根据《触电解释》第二条第一款"因高压电造成人身损害的案件，由电力设施产权人依照民法通则第一百二十三条的规定承担民事责任"的规定，作为变压器产权人的村委会应对王某的人身损害承担赔偿责任。根据《触电解释》第二条第二款，"对因高压电引起的人身损害是由多个原因造成的，按照致害人的行为与损害结果之间的原因力确定各自的责任。致害人的行为是损害后果发生的主要原因，应当承担主要责任；致害人的行为是损害后果发生的非主要原因，则承担相应的责任"，王某的监护人未尽到保护被监护人的身体健康和对被监护人进行管理、教育的义务，也应对损害后果承担相应的责任。综合王某的伤情及王某监护人没有尽到监护责任的过错程度，酌情确定王某的监护人承担损害的 20% 责任为宜。

据此，某市第二中级人民法院依据《触电解释》第二条第一款，《民法通则》第一百二十三条、第一百三十条、第一百三十一条，判决：一、撤销一审、二审民事判决；二、村委会承担王某损失费36 311.7元的80％即29 049.36元；三、驳回王某其他诉讼请求。

评析

本案是一起触电人身损害赔偿案件，案件争议的焦点是电力公司是否应对王某的损害承担责任。一、二审对《电力法》第十九条第二款规定，"电力企业应当对电力设施定期进行检修和维护，保证其正常运行"。错误的理解为电力企业对客户的电力设施定期进行检修和维护。

首先，按照最高人民法院《触电解释》第二条第一款的规定，本案中的产权人是村委会，不是电力公司。

其次，按照《电力法》第六条的规定，电力公司也不是法定的电力行政监督管理部门。

最后，关于《电力法》第十九条第二款规定电力企业应当对电力设施定期进行检修和维护，保证其正常运行。《电力设施保护条例》第十七条将电力设施区分公用电力设施、共用电力设施和专用电力设施三种，并分别规定了具体承担维护管理义务的主体。对于专用电力设施维护管理义务应当适用《电力设施保护条例》第十七条第三款之规定，"用户专用的供电设施建成投产后，由用户维护管理或者委托供电企业维护管理。"本案所涉变压器是村委会专用，应由其自身负责变压器的维护管理，除非该村委会委托供电企业维护管理。村委会与电力公司签订的供用电合同是村委会与电力公司就供电与用电方面权利义务的约定，虽然该合同第九条第2项约定了供电方将定期或不定期对用电方的用电情况进行检查，但该约定并非《电力设施保护条例》第十七条第三款规定的"委托供电企业维护管理供电设施"。据此，电力公司对村委会的供电设施没有法定检修和维护义务，也不应当对王某的损害承担责任。

案例 3-8 张桂某于 2008 年 7 月 4 日下午雨后，在自家门口农村小路上行走时，触及到小路南边木制线杆的带电拉线，触电死亡。三原告王根某、王某林、王某聪系张桂某之子，遂将供电公司告上法庭。法院审理查明，触电死亡主要原因是触电处木制线杆上部电线及电线接头老化，绝缘体破损严重，导致下雨时漏电。同时，原告未能正确使用末级剩余电流动作保护器，在触电时不能及时断电，导致死亡后果产生。另查明：被告系张桂某及附近其他居民的供电方，在张桂某死亡之前，原告与被告之间没有订立书面供用电合同。对相关供受电设施的产权分界点未明确划分。被告供电公司的农网改造工程于1999年11月20日结束。三原告的电能表系原告方购买，电能表以下的电线及线杆也系原告与附近其他用户购买，或通过其他方式取得，在村电工的指导下，在农网改造工程结束之后架设，出事线杆产权属原告方所有。

法院认为原告向法院提交了张桂某触电死亡时现场相关的证人证言，村卫生所、某医院出具的触电诊断证明及其他相关单位的证明，结合庭审中当事人的相关陈述，能够充分地证明张桂某系触电死亡。本案中原告王根某、王某林、王某聪三家共用电能表及以下包括出事线杆在内的受电设施产权归原告王根某、王某林、王某聪共同所有，原告方没有尽到维修、更换等义务，原告方也未按照相关规定在电能表以下范围正确使用末级剩余电流动作保护器，对张桂某触电死亡事故的产生有过错，应承担相应的民事责任。但是，电能具有高度危险性，被告供电公司作为电力企业对张桂某线路负有安全检查和勤勉注意等义务。《电力法》第三十四条规定，"电力企业和用户应当遵守国家有关规定，采取有效措施，做好安全用电，节约用电，计划用电工作。"《用电检查管理办法》第四条进一步明确规定，"电力企业应按照规定对本供电营业区内的用户进行用电检查，用户应当接受检查并为电力企业的用电检查提供方便。"用电检查的内容包括：用户受电装置工程施工质量检查；用户保安电源；电器设备，安全运行状况；继电保护，安全运行状况等。根据《供电营业规则》第六十六条之规定，受电装置经检验不合格，在指定期间未改善者，违反安全用电拒不改正者等情况，经批准可以中止供电。所以电力企业的安全检查、勤勉注意等，既是法律法规赋予电力企业的权利，也是不容放弃的、应尽的义务。本案被告对张桂某使用线路未尽到检查义务，对该不合格线路未尽到注意义务提出相关整改措施、处罚措施，造成安全隐患，对张桂某触电死亡存在一定过错。

法院认为本案被告依据《供电营业规则》第五十一条之规定按产权归属主张免责，因本案事故为生活用电所致，适用过错原则。《民法通则》第一百零六条第二款规定，"公民、法人由于过错侵害国家的、集体的财产，侵害他人人身财产的，应当承担民事责任。"电力规章与《民法通则》在法的位阶上处于不同地位，有不一致的地方，应当适用《民法通则》相关的规定。所以被告主张免责原审法院不予支持，判令被告电力企业承担相应的责任。

评析

《电力法》第三十四条规定，"电力企业和用户应当遵守国家有关规定，采取有效措施，做好安全用电，节约用电，计划用电工作。"《用电检查管理办法》第四条进一步明确规定，"电力企业应按照规定对本供电营业区内的用户进行用电检查，用户应当接受检查并为电力企业的用电检查提供方便。"本案法院有选择的援引了以上法律和规章，可以说引用前者和案情不着边际，后者则不加分析，如此"依法"将客户对自己设施的检查维护责任强加到了供电公司身上，迫其冤枉的承担了不该承担的"相应"责任。

二、连带责任与案件执行

1. 连带责任

（1）连带责任

连带责任是源于共同侵权或法律特别规定所产生的侵权责任。对于连带责任，多数侵权人均有义务进行偿还，偿还之后在侵权人之间产生债的关系与被侵权人无关。连带责任的意义在于连带债务人都有履行全部债务的义务，债权人的利益容易得到保护。

（2）连带之债

连带之债就是指以同一给付为标的，各债权人或各债务人均得请求各债务人履行全部债务或者均有履行全部债务的义务，而且全部债务因一次全部履行而归于消灭的多数人之债。

（3）连带责任承担方式

1）外部效力。债权人有权向债务人请求一部分或全部给付，债务人也有权向任何一个债权人履行全部债务。每个债务人均有履行全部债务的义务。债权人有权选择向哪个债务人或哪些债务人请求履行，请求履行多大的债务或全部。在连带债务清偿以前，全体债务人对于尚未履行部分仍负有清偿义务。

2）内部效力。各连带债务人之间的权利义务关系，即各连带债务人之间的求偿关系。当连带债务人中的一人或数人清偿了全部债务时，其他债务人的债务归于消灭（对外），履行了债务的债务人可以就超过应承担的给付向其他债务人请求偿还。

2. 电力企业承担连带责任

在触电人身损害赔偿案件中，有的法院判决电力企业承担连带赔偿责任，是值得商榷的。

（1）电力企业是否应当承担连带责任

《民法通则》第一百三十条规定，"二人以上共同侵权造成他人损害的，应当承担连带责任。"最高院《人损解释》第三条中规定，"二人以上共同故意或者共同过失致人损害，或者虽无共同故意、共同过失，但其侵害行为直接结合发生同一损害后果的，构成共同侵权，应当依照民法通则第一百三十条规定承担连带责任。"《侵权责任法》第八至第十四条是关于共同侵权法律责任承担的规定。其中第八条"二人以上共同实施侵权行为，造成他人损害的，应当承担连带责任。"本条是指有意思联络的狭义的共同侵权行为，应当承担连带赔偿责任。另有一种情况是《侵权责任法》第十一条规定的无意思联络但承担连带责任的分别侵权行为，即"二人以上分别实施侵权行为造成同一损害，每个人的侵权行为都足以造成全部损害的，行为人承担连带责任。"

首先，在触电案件中，电力企业都是被动、消极的不作为，不可能形成《民法通则》第一百三十条和《侵权责任法》第八条规定的承担连带责任的情况。因为共同侵权行为的行为人之间，在主观上不具有共同过错，即在数个共同行为人之间不具有共同致人损害的故意或者过失。电力企业在人身触电案件中，不存在"故意"，在其所有的电力设施符合国家和行业标准的情况下，也不存在"过失"，二人以上分别实施侵权行为造成同一损害，每个人的侵权行为都足以造成全部损害的，行为人承担连带责任。更不存在共同故意或过失。

其次，《侵权责任法》第十一条规定的无意思联络的数人侵权，是指两个或者两个以上的行为人事先并无共同的意思联络，但其行为的偶然结合致人损害，此种侵权行为又区分为直接结合和间接结合，其中间接结合即"多因一果"，本质仍为单独侵权行为，故加害人承担与各自的过错程度相适应的按份责任，即各自承担各自责任，而非连带责任。所谓直接结合，是指数人行为结合程度非常紧密，对加害后果而言，各自的原因力和加害部分都无法区分。这种情况下，虽然数个侵权行为的结合具有偶然因素，但其紧密程度使数个行为凝结为一个共同的加害行为共同对受害人产生了损害。直接结合的构成要件：一是加害行为具有时空同一性；二是加害行为相互结合乃至损害结果的唯一原因；三是损害结果不可分，即具有同一性。

在人身触电案件存在第三人的情况下，不管电力企业作为产权所有人管理人还是经营者，其与第三人和受害人之间没有直接结合的侵害行为。因为第三人的行为与电力企业在时间和形式上不存在直接结合，有时第三人的行为往往侵害电力企业的合法权益，如第三人撞断电杆的行为，电信线路搭挂电力线路行为等。在人身触电案件中电力企业不作为，是消极的、独立的，而第三人和受害人的行为一般是积极的、主动的。综上，电力企业在人身触电案件中一般不存在承担连带责任的情况。承担按份责任的情形居多。即《侵权责任法》第十二条之规定"二人以上分别实施侵权行为造成同一损害，能够确定责任大小的，各自承担相应的责任；难以确定责任大小的，平均承担赔偿责任。"

最高院《人损解释》（法释〔2003〕20 号）第三条第二款规定，"二人以上没有共同故意或者共同过失，但其分别实施的数个行为间接结合发生同一损害后果的，应当根据过失大小或者原因力比例各自承担相应的赔偿责任。"《触电解释》（法释〔2001〕3 号）第二条第二款规定，"但对因高压电引起的人身损害是由多个原因造成的，按照致害人的行为与损害结果之间的原因力确定各自的责任。致害人的行为是损害后果发生的主要原因，应当承担主要责任；致害人的行为是损害后果发生的非主要原因，则承担相应的责任。"

因此，在电力企业应当承担责任的在高压触电的"多因一果"案件中，应当按照各自责任的大小承担按份责任，而不应当承担连带责任。所谓"多因一果"行为是指数个行为人无共同过错，但其行为间接结合导致同一损害结果发生的侵权行为。"多因一果"行为通常是几个与损害结果有间接因果关系的行为，与另一个同损害结果有着直接因果关系的行为间接结合，导致同一损害结果的发生。"多因一果"的构成要件是：①各行为人的行为对损害结果的发生均有原因力。②各行为人的行为相互间接结合。"间接结合"的判断标准是：一是数行为作为损害结果发生的原因不具有同时性，通常是相互继起，各自独立，但互为中介；二是数行为分别构成损害结果的直接原因或间接原因。③各行为人没有共同的意思联络，且各行为人主观上非属故意侵权或故意犯罪。④损害结果同一。

（2）为什么要判决电力企业承担连带责任

根据连带责任的法理，连带责任人并非必要的共同诉讼人，因此，在实践中完全可以对有财产担保或者明显具有赔偿能力的连带责任人单独提起侵权之诉，以及时保护被侵权人的合法权益。据此，受害人和法官的目的可谓不谋而合。受害人希望得到更高的赔偿且能顺利执行兑现。法官则希望案件顺利执行，彻底结案。

当然并不是说任何情况下电力企业都不承担连带赔偿责任。根据《侵权责任法》界定的承担连带责任的七种情形，当电力企业与客户之间对事故电力设施签订了电力设施维护管理协议（代为日常维护管理）的情况，或者电力企业的电力设施为第三人非法侵占后发生了人身触电事故等情形下，应当与协议相对方（客户）或非法侵占人承担连带责任。

>> 案例 3-9 2002 年 11 月 1 日，新城迁建公司将已由龙宝移民局办理整体销号的 W 州区某旅游服务公司所有的四期移民搬迁房屋出租给罗庆某使用，租期为三个月，租金 2400 元。罗庆某承租后，将该房门面用于经营花圈，后面住房 18 间用于经营旅社，向住宿者每人每月收取 50 元住宿费。在罗庆某经营旅社期间，罗白某于 2003 年 3 月到罗庆某经营的旅社租房住宿。2003 年 7 月 6 日下午 5 时许，罗白某爬上该房冲楼，被横跨该房的高压线电击后坠楼致死。

罗白某死亡后，其父母闻讯从农村赶到城市与罗庆某、新城迁建公司以及某电力集团公司协商善后处理及赔偿事宜，由于协商无果，死者之父母遂将罗庆某、新城迁建公司、某电力集团公司推上被告席。

区人民法院通过庭审、质证、双方辩论后查明，罗白某触电坠楼死亡是事实。罗白某年满 28 岁系完全民事行为能力人，应该识别自己的行为将会产生什么样的后果，明知高压线横跨冲楼，仍爬上冲楼，导致触电坠楼身亡，罗白某对自己的死亡应负一定的责任。作为高压电线所有权人的某电力集团公司，对电力设施应加强保护，对不符合电力运行规程规定的情况，应采取相应措施。《架空配电线路设计技术规程》（SDJ 206—1987）规定，"导线与建筑物的垂直距离不应小于 3 米"，而横跨该房上空的三根高压线的垂直距离仅为 1.5 米、1.95 米、1.19 米，某电力集团公司未履行自己的职责，高压电线存在安全隐患，造成罗白某触电坠楼死亡，应承担民事责任。新城迁建公司将销号的房屋出租给罗庆某经营，又没有消除安全隐患，疏于管理，对罗白某的触电坠楼死亡的发生，也应承担相应责任，罗庆某承租该房后，用于经营旅社，疏于管理，对本案纠纷的发生，有一定的责任。

最后，W 州区人民法院依法作出一审判决：某电力集团公司承担 40% 的赔偿责任，即赔偿 61 960 元；新城迁建公司承担 30% 的赔偿责任，即赔偿 46 470 元；罗庆某承担 10% 的赔偿责任，即赔偿 15 490 元，三被告承担连带责任。其余由死者亲属自行承担。

一审判决后，某电力集团公司与新城迁建公司不服判决，向市第二中级人民法院提起上诉。

二中院受理后认为，被上诉人之子罗白某触电坠楼死亡的事实清楚，上诉人某电力集团公司作为高压电线所有权人，对电力设施应加强保护，对不符合电力运行规程的情况，应采取相应的措施，高压电线存在安全隐患，造成罗白某触电坠楼死亡，某电力集团公司应承担民事赔偿责任。新城迁建公司疏于管理，在未消除安全隐患的情况下，将销号的房屋出租，对造成罗白某触电坠楼死亡的后果具有因果关系，应对其过错承担相应的民事赔偿责任。罗庆某承租该房后，用于经营旅社，疏于管理，对本案纠纷的发生，有一定的责任。

本案属于"多因一果"，因各方当事人的行为间接结合导致同一损害结果的发生，原审根据各方当事人的过错及原因力判令各自承担相应的赔偿责任是恰当的，但本案不属于共同侵权范围，原审判令承担连带赔偿责任不当，依法改判为按份责任。

评 析

所谓共同侵权是指二人以上共同故意或者共同过失致人损害，或者虽无共同故意、共同过失，但其侵害行为直接结合发生同一损害后果的，构成共同侵权，应当依照《民法通则》第一百三十条和《侵权责任法》第八条和第十一条之规定承担连带责任。如果各侵权人不承担连带责任的，则应当根据过失大小或者原因力比例各自承担自己应当承担的赔偿责任，受害人只能向各个侵权人主张相应的赔偿金额而不能向其中任何一人主张全部损失。共同侵权的连带责任是一种重要的民事责任形式，具有强化对债权人利益保护的功能，但适用不当，也会产生随意加重特定债务人负担的弊端。

本案虽属二人以上的共同侵权行为，但具体的侵害人和各侵权人的责任大小已经确定。本案属于"多因一果"案件。高压电线所有权人对电力设施不符合电力运行规程的安全隐患未予消除；拆迁公司疏于管理，将未消除安全隐患的已经销号的房屋出租；承租人用已经销号的房屋进行经营活动系违法行为，且疏于管理。造成上述原因的三赔偿义务人，没有共同故意、共同过失，且侵害行为没有直接结合而是间接结合造成了损害后果，即上述三个原因的结合具有偶然性，每一个行为本身并不会也不可能直接或者必然引发损害结果。因此，各赔偿义务人不应承担连带责任，应当根据各自过失的大小及原因力比例承担相应的赔偿责任。

三、情感倾向

1. 司法同情

一个欢蹦乱跳的儿童或少年，一个身强力壮的青年或壮年，突然间肢残身缺或命归西天，让活着的亲人无论如何也无法获得心理上的平衡。诚然，遭遇灾祸的受害人及其家属的确令人同情，也应获得及时有效的赔偿，法律和法官理应表现出扶弱救难的正义特性。但诉讼中的平等保护也是法的正义性的另一特征，法官应在诉讼中不偏不倚，公正平等地对待双方当事人。电力运行是高危作业，但法律已对双方当事人间的差距进行了平衡，已按报偿理论和危险控制理论等规定了作业人（电力企业）的无过错责任，以严格的责任形式保护受害人及家属的利益。法官只要严格执行法律的规定，就做到了对当事人的平等保护。而不是为了过分救济受害人，而超出法律规定之外，强加于电力企业更为严苛的义务与责任。在司法实践中经常有如下现象。

（1）要求负责客户设备安全

凡是安全隐患造成的人身触电事故，无论产权归属，有的司法机关常常以未尽设备检查、督促整改为由，判定与触电事故无关的供电单位承担相应的赔偿责任。如此判定，是否正确？参见本节论述。实际上，任何人都应为其违法行为承担责任，如果是客户的设备造成受害人损害，反而要求电力企业为其承担责任，则有悖法的公平正义之目的。如案例3-7和案例3-8。

（2）要求安全标志牌铺天盖地

只要发生人身触电地点或者其近距离的周围没有安全警示牌，就认定电力企业没有尽到安全警示义务，就要承担相应的责任。且不说，《电力设施保护条例》第十一条规定，设立电力设施保护标识牌是电力行政管理部门的职责。电力企业只是在自己拥有的电力设施上设立必要的安全警示标志。再说《电力设施保护条例实施细则》第九条还规定了设置安全标志的具体地点。如果在这些地点之外随意设置安全标志岂不是违法的行为？因此说，如果电力企业要摆脱某些司法机关没有尽到安全警示义务的认定，那只有安全标志牌铺天盖地。

（3）赔偿就高不就低

例如，《触电解释》第四条第（六）项规定，受害人所配假肢应是国产普通型假肢，有的法院则判令电力企业承担高端型假肢的费用等。法院审理触电人身损害赔偿纠纷的两大主要目的是：受害人及其家属得到及时、完全地救济和最大程度地预防触电事故的发生。在触电人身损害赔偿纠纷的审理中对受害人及其家属的救济和双方当事人平等保护同样重要，绝不能为了一方的利益而牺牲另一方的利益。

（4）受害人当为自身过错承担责任

不论高压还是低压，电力的危险性固然存在，但是电力设施不会追逐受害人。每一人身触电案件的发生都有内因和外因共同作用造成的，内因就是受害人主观上没有尽到最大的注意义务（无民事行为能力人和限制民事行为能力人除外），外因就是电力作业的环境；从事物的两个方面来认识的话，只有电力企业严格的管理，没有受害人的最大注意，仍然是不能避免触电事故的发生。就是说审理该类案件时，不应忽略受害人自身过错应当承担的责任。

如果一味严苛地强调电力企业的管理义务和无过错责任，而判决电力企业承担高额的赔偿费用，电力企业将必须提高防护技术措施，增加电力运行成本，并转嫁于广大消费者，使社会整体利益受损；同时，加大了高危行业投资者的忧虑，挫伤其生产经营和关注电力运行安全的积极性，从而影响部分电力企业的生存和发展。在审理触电人身损害赔偿纠纷中要努力寻求弱者权利救济和社会整体利益维护之间的衡平点，不能为了个案的审理有失社会整体正义。当然，不排除法官面对支付了高额的诉讼费用和律师费用的人命关天或者终生残废的赔偿请求人，判令受害人及其家属败诉的压力，有时即使电力企业无责任，依然找理由判令其赔偿。

2. 舆论导向

由于媒体工作者的专业限制，对人身触电事故的传播，往往偏重于触电事故的表面和结果，而没有从深层的原因力对触电事故加以分析，或者侧重于人身触电的惨烈的后果以煽动读者的同情和认同感。这种倾情弱者、缺乏专业角度的报道，会导致事实失实，方向误导，舆论纷纷，自然对事故处理造成巨大的压力，势必要在民意和法律之间艰难地或者违心地寻找一个平息舆论和"平等"保护的平衡点。现实中在诸如停电等事故的报道中也存在这样的问题。仅仅报道停电和停电造成的后果，而忽略停电的原因和供电公司对停电故障积极处理的行动。电力企业应该从专业角度，与官办媒体联合报道，辟纷飞之流言，正民众之视听，还事实以真相，判案件以公正。

第三节　高度危险作业赔偿责任分担

高度危险作业，就是对周围环境存在高度危险的作业，是人类探索自然，改造自然，科技发展，文明进步的成果。它为应用自然资源，提高人类生活质量不断开辟着广阔的前景。但与此同时，也给人类的生命健康带来高度危险。面对高度危险造成危害和文明进步的追求，应该如何选择取舍？对危险带来的损害的赔偿责任，应该如何分配承担？

一、高度危险作业

1. 高度危险作业的定义

《民法通则》第一百二十三条规定，"从事高空、高压、易燃、易爆、剧毒、放射性、高速运输工具等对周围环境有高度危险的作业造成他人损害的，应当承担民事责任；如果能够证明损害是由受害人故意造成的，不承担民事责任。"《侵权责任法》第七十三条规定，"从事高空、高压、地下挖掘活动或者使用高速轨道运输工具造成他人损害的，经营者应当承担侵权责任，但能够证明损害是因受害人故意或者不可抗力造成的，不承担责任。被侵权人对损害发生有过失的，可以减轻经营者的责任。"这就是有关高度危险作业致人损害法律适用的依据所在。《触电解释》（法释〔2001〕3号）第一条进一步界定，"《民法通则》第一百二十三条所规定的'高压'包括1千伏（kV）及其以上电压等级的高压电；1千伏（kV）以下电压等级为非高压电。"就是说，电力作业者营运的电压在1千伏（kV）及其以上的就是高度危险作业。该法律对高压的规定，与《国家电网公司电力安全工作规程（变电部分）》1.7关于高低压电气设备的划分相同，"电气设备分为高压和低压两种：高压电气设备：电压等级在1000V以上者；低压电气设备：电压等级在1000V以下者。"

2. 高度危险作业两面观

因为人类生命的胴体无法抵御高电压，稍有不慎就能致人伤亡。现有的科技水平之下，高压电对周围环境特别是对人身安全的高度危险，是不能完全有效地控制和防止。完全符合高度危险作业的上述特征。即使高度危险作业人竭尽所有手段，也不能消除对人们的人身和财产的巨大潜在危险性，并不能完全避免侵害的发生。面对文明与伤害，是让高度危险作业存在和发展，在一定程度上容忍高度危险作业给人们的人身和财产造成侵害，以享受现代科技带来的文明生活，还是禁止或限制这些高度危险作业的发展，去感受陶渊明"暖暖远人村，依依墟里烟"的田园生活？人类难以抵御文明的诱惑，经过一个多世纪的实践义无反顾地选择了前者。人们在生产实践中不断探索认识，把握控制高度危险作业的能力不断增强。导致高危作业侵权事故发生的人力不可控制、不可避免的因素也在逐步减少。近20年来，我国年发电量与触电死亡人数的比值从0.38亿千瓦时/人增至2亿千瓦时/人，用电安全水平在不断提高，大约提高了4倍。撇开人均拥有的发电量问题，用这个数据与发达国家的用电量与死亡人数比值相比，安全差距还很大。发达国家一般为每用电50亿千瓦时触电死亡1人。也就是说，我国的用电安全水平是发达国家的1/25，差距还非常大。换句换说，同样的用电量，我国的触电死亡人数是发达国家的 25 倍。

二、高度危险作业责任承担

人们选择了现代文明，接受容忍高度危险作业——电力事业存在并发展，但是电力作业危及人类生命健康和财产安全的侵害又不能完全有效控制和消除，一旦发生人身触电事故，电力企业就要给受害人高额赔偿。那么这有益于人们生产生活的高危作业产生的高额赔偿责任如何分担？完全由电力企业来承担，会使其不堪重负，产生对高危作业的投资忧虑，挫伤经营的积极性，削弱其经济基础，影响其发展。受害人得不到合理的赔偿会影响其生活甚至生存。所以，在触电人身损害赔偿案件中对双方当事人平等保护同样重要。

1. 限额赔偿

《侵权责任法》第七十七条规定，"承担高度危险责任，法律规定赔偿限额的，依照其规定。"实行限额赔偿的立法旨意在于使承担危险责任的主体可预见并预算其所负担的危险责任，预算成本或者投保。同时也有利于鼓励企业从事对人类发展不可或缺的危险活动，推动科技创新。几乎所有规定无过错责任的法规都确立了补救数额的最高限制。这种限制特别适用于铁路、航空和海运等。如《国内航空运输承运人赔偿责任限额规定》2006 年 3 月起施行。其第三条规定，"国内航空运输承运人（以下简称承运人）应当在下列规定的赔偿责任限额内按照实际损害承担赔偿责任，但是《民用航空法》另有规定的除外：对每名旅客的赔偿责任限额为人民币 40 万元。"

在无过错责任领域，在行为人没有过错的情况下，规定最高赔偿额之限制，不主张惩罚性赔偿，这样才能达到民事责任的教育、预防作用。如果不规定责任限额，行为人只是因为从事的是高度危险作业，就要对根本没有无法预知和无法控制的风险承担过高的责任，对于高度危险作业企业而言无疑也是一个巨大的压力。"企业责任忧虑"这一词语，就形象地说明了实行无过错责任所引起的消极作用。

电力运行属高度危险作业，人身触电事故案发率远远高于其他高危行业。《电力法》作为专门法，对赔偿限额没有规定。《触电解释》只是规定了详尽的赔偿项目，并无限额规定。而且在司法实践中，很少适用电力法律法规来审理案件。

2. 依法赔偿

2011 年 7·23 事故，依据的是《铁路交通事故应急救援和调查处理条例》和《铁路旅客意外伤害强制保险条例》的相关规定。根据该规定，铁路运输企业对每名铁路旅客人身伤亡的赔偿责任限额人民币 15 万元，加每名铁路旅客自带行李损失的赔偿责任限额人民币 2000 元，再加 2 万元的最高保险金，合起来为 17.2 万元。但是对这次麻痹、不负责任的人祸所造成的重特大事故，这个结果远远不能摆平群情激愤，怒火中烧的受害者家属们。其后又依据《工伤保险条例》抛出 50 万元的赔偿方案。旅客乘车外出都能认定为工伤吗？如果认定为工伤，铁路的责任哪去了？

最后，依据《最高人民法院关于审理铁路运输人身损害赔偿纠纷案件适用法律若干问题的解释》第十二条规定，"铁路旅客运送期间发生旅客人身损害……赔偿权利人要求铁路运输企业承担侵权赔偿责任的，人民法院应当依照有关侵权责任的法律规定，确定铁路运输企业是否承担赔偿责任及责任的大小。"自 2010 年 7 月 1 日起施行的《侵权责任法》是上位法，是新法，根据上位法优于下位法，新法优于旧法的原则，根据《侵权责任法》计算为 91.5 万元。这说明，自然垄断行业专门法的最高额赔偿，正在为公平正义的依法赔偿所否定和取代。

对触电人身损害赔偿案件而言，最高人民法院《触电解释》已有详尽的赔偿范围和项目规定，电力专门法律也没有最高限额的规定，因此会出现天价赔偿的现象。

3. 社会分担

发展电力，人身触电伤亡在所难免。这些事故让谁来承担责任，让受害人承担吗？让高度危险作业人和管理人承担吗？显然也不尽公平。既然全社会的人们认同了高压电作业风险带来的现代文明，就应该由全体成员分担其所造成的损害。实际上因为高电压作业人也是用所获得的收益来承担触电人身赔偿责任，最终还是将其作为成本转嫁给享受文明的社会全体成员。即使采用高科技设备，提高电力设施的技术防护能力，减少触电事故，最终还是将投资打入成本，提高电价，由全社会来承担。

4. 商业保险

无过错责任往往以责任保险制度为基础。适用无过错责任原则的高危行业，应该与责任保险结合起来，通过购买保险来保障全社会的利益。同时可以通过做预算，把有些损失打入成本，让消费者来承担一部分，社会共担文明进步所带来的风险，通过责任保险制度而实现损害分配的社会化。责任保险是指保险人在被保险人对第三人依法应负赔偿责任时，负责赔偿的一种保险。责任保险为无过错责任之实行提供了基础，而无过错责任的适用范围的扩大，更促进了责任保险制度的发展。正是在与责任保险制度相互结合、相互作用的意义上，高度危险作业人的无过错责任才更具合理性。电力作业面临的风险无处不在、无时不在，电力作业对周围环境和人群危险性大，作业人随时都有可能负巨额赔偿责任。因此，构建电力企业风险保障机制，建立电力作业责任强制保险制度非常必要而且具有重大意义。这既是企业科学发展的迫切要求，也是企业完善风险管理最有效的途径。

建立风险保障机制，提高科学防范风险的能力。电力企业应借鉴国内外先进的风险管理经验，聘请专业保险经纪公司开展企业风险管理工作。利用专业机构的风险管理技术、风险管理资源，定期对企业面临的风险开展调查、评估、诊断，加快推进从事后纠责的"事故管理"向超前控制的"风险管理"转变，通过商业保险转移企业的经营风险。

目前电力施工企业保险工作严重滞后于企业的发展，当企业发生事故时大多自行承担有关责任。事实上，面对自然灾害、意外事故、责任事故，企业完全可以通过投保商业保险的方法进行风险转移，以较小的投入换取较大的风险补偿，从而保障企业生产经营活动的正常运转。财政部、国家安全生产监督管理总局在 2006 年 12 月 8 日联合下发的《高危行业企业安全生产费用财务管理暂行办法》（财企〔2006〕478 号）第十八条规定，企业应当为从事高空、高压、易燃、易爆、剧毒、放射性、高速运输、野外、矿井等高危作业的人员办理团体人身意外伤害保险或个人意外伤害保险。所需保险费用直接列入成本（费用），不在安全费用中列支。这为企业办理意外伤害保险提供了有力的政策支持。由此推而广之，利用保险企业分担风险，电力企业对所属的高低压资产进行财产保险，增大投保范围，把农电人身保险、财产保障全面推向市场，增强改善对城乡人身触电事故的处理，逐步建立以社会保险赔偿为主的新型运行机制。

第二篇

一曰防，二曰救，三曰戒。先其未然谓之防，发而止之谓之救，行而责之谓之戒。防为上，救次之，戒为下。　——荀子

人身触电事故防范

　　电力企业生产营运面临的风险无处不在、无时不在。但是，无法预料和不可抗拒的事故毕竟是极少数，只要认真贯彻执行安全生产方针，在生产运营过程中，始终把安全放在第一位，作为头等大事来抓，大量事故还是可防可控的。对待安全事故要积极预防、主动预防，在每一项生产运营工作中首先考虑安全因素，经常查找隐患，防微杜渐，防患于未然，将预防事故、保证安全形成一种自觉的习惯。在措施上，通过法律的、技术的、经济的、行政的、教育的等多种形式和手段进行综合治理。加快从事故后纠责反思向事故前预防控制的理念转变，将人身触电事故扼死于萌芽状态。

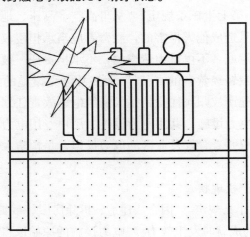

人身触电预防组织管理措施

　　很多电力企业安全管理人员总结人身触电事故特点为多发面广，难以预防，这是毋庸置疑的，但是这绝不应该成为人身触电事故发生的理由。不妨扪心自问：企业内部外部的组织管理措施、生产经营中的技术防范措施，尤其是农村人身触电事故的多发地带的触电防范措施都做到位了？一定是没有做到。如果电力企业广泛宣传、普及用电安全知识，强化依法用电、科学用电、安全用电意识和观念，全面指导提高用电技术知识，采取多种措施，加强用电安全管理，人身触电事故一定会大大减少。

第一节　电力设施产权管理

　　《侵权责任法》第七十三条规定，"从事高空、高压、地下挖掘活动或者使用高速轨道运输工具造成他人损害的，经营者应当承担侵权责任，但能够证明损害是因受害人故意或者不可抗力造成的，不承担责任。被侵权人对损害的发生有过失的，可以减轻经营者的责任。"大多数电力设施的经营者就是电力设施产权人，电力设施产权归属往往就是人身触电事故责任划分的基础依据。因此，严格区分公用电力设施、共用电力设施、用户专用电力设施、临时供电设施的归属，厘清产权并看管好营业区的电力设施，是预防人身触电事故的一项重要的基础工作。

一、电力设施产权现状

　　《物权法》第三十条规定，"因合法建造、拆除房屋等事实行为设立或者消灭物权的，自事实行为成就时发生效力。"电力设施的原始取得方式大多是由电力企业和其他电力投资者建设取得的。《电力法》第三条规定，"电力事业应当适应国民经济和社会发展的需要，适当超前发展。国家鼓励、引导国内外的经济组织和个人依法投资开发电源，兴办电力生产企业。电力事业投资，实行谁投资、谁收益的原则。"在多元化投资的法律制度下，形成电力设施的产权多元化。

1. 公用电力设施

国家登记机关对于电力设施登记并没有展开。电力企业电力设施大部分属于国家出资建成的，也有根据国家政策上收、划拨取得的电力设施，没有办理登记手续。这有待于随着《物权法》的深入实施，对电力设施登记作出明确规定。

2. 共有电力设施

电力企业与用户以及多用户共同投资建设的电力设施属于共有设施。对于前者，电力企业没有与用户签订资产产权移交或分割协议，根据《物权法》规定，供电企业无权占有和处分该部分资产，《物权法》第九十七条规定，"处分共有的不动产或者动产以及对共有的不动产或者动产作重大修缮的，应该经占份额三分之二以上的按份共有人或者全体共同共有人同意，但共有人之间另有约定的除外。"这部分电力设施上发生人身触电事故，无论是电力企业还是客户都难辞其咎。

3. 用户专用电力设施

高压大容量客户往往自己投资建设变电站和专线线路，这些电力设施的所有权和维护管理责任都归客户。同样，用户专用电力设施上发生人身触电事故，应由客户承担。当然，客户也可以委托电力企业代为维护管理其电力设施。

4. 临时电力设施

建筑工程和其他临时施工的临时电力设施的产权归建设施工单位，并由其维护管理。如果电力企业安装的电力设施符合国家和行业标准，在临时电力设施上发生人身触电事故，应由产权单位承担责任。

5. 产权不清的电力设施

由于电力企业长期的一些历史遗留问题，对于一些产权不清的设施一直在"代管"，而没有厘清。久而久之，也就难以说得清楚了。这就要单独承担该设备上发生事故的赔偿责任或与客户承担连带责任。

在《物权法》的不动产登记没有普遍实施之今日，为了避免因产权不清冤枉地承担人身触电事故责任，就必须厘清电力设施产权。要保证产权登记准确，应当首先厘清产权归属。譬如，时至今日，仍然有不少早年投资的供电设施产权不清。在这些年久失修的设施上发生触电人身赔偿事故，电力企业往往因年代久远，资料遗失，不能举证产权归属而承担冤枉责任。

>> 案例4-1   再审申请人 FX 市太平医院与被申请人李宝某、FX 供电公司市南供电分公司人身损害赔偿纠纷一案，FX 市中级人民法院于 2007 年 10 月 29 日作出（2007）第 308 号民事判决，已经发生法律效力。2008 年 12 月 1 日，FX 市太平医院向高院申请再审。

　　FX 市太平医院申请再审称，FX 市中级人民法院（2007）第 308 号民事判决和太平区人民法院（2007）第 4 号民事判决在事实认定和责任判定上存在以下错误：一是李宝某触电的线路属于供电分公司的供电线路，因为电能表安装在医院大门东侧房屋后墙外，房屋供电线路和电能表均系原海州矿铺设和安装，供电分公司在接受海州矿移交的电力设施时对此应该是明知的，根据《电力供应与使用条例》第二十六条关于"用电计量装置应当安装在供电设施与受电设施的产权分界处"的原则性规定，再结合《供电营业规则》第四十七条和第七十四条的规定及房屋供电线路和电能表均系原海州矿铺设和安装的历史事实，应该依法认定供、受电设施的分界点在医院大门东侧房屋的电能表处，即电能表以上部分的线路属供电分公司所有和管理，电能表以下部分的线路属申请人所有和管理，故不应判定申请人承担责任。二是原供电单位海州矿在铺设线路时还存在严重违规行为。医院大门的高度为 4.4 米，供电线路在大门上通过不符合东北电业管理局《架空配电线路安装检修规程》的规定，即接户线在跨越车辆通行的街道时，线路对地不应小于 6 米。因此，原供电单位将供电线路沿医院大门上方铺设时其本身就严重违规，这便为李宝某的受伤埋下安全隐患。第三，供电分公司在接受海州矿移交后不但未及时对此安全隐患进行处理，而且还疏于对线路的检修，以至于电线漏电还无人知晓，这也是最终造成李宝某被电击伤这一后果的直接原因。第四，民事判决只是片面的引用《供电营业规则》第四十七条的规定，而忽视了《电力供应与使用条例》的原则性规定和本案的历史事实，就法律适用而言，本案应优先适用《电力供应与使用条例》的相关规定，原判决适用法律错误。申请人的申请符合《民事诉讼法》第一百七十九条第一款第（二）项和第（六）项规定的情形。

　　被申请人 FX 供电公司市南供电分公司称，一是申请人的申请理由不成立，申请人曲解了电力法律法规及电力行业的规程和规章，供电设施与受电设施的产权分界国家有明确的规定，是不能以计量装置的安置处来划分的，申请人引用《电力供应与使用条例》第二十六条规定，认为计量装置的安置处是产权分界点是错误的，《电力供应与使用条例》第二十六条和《供电营业规则》第七十四条的规定是原则性的规定。计量装置是不宜安放在产权分界处的，根据实际情况本着便于维护和管理的原则来确定。二是申请人是我公司的用户，海洲矿破产后接受过来的，我们接受的是供电设施产权，用电设施产权由产权单位自行维护和管理，无论是谁来供电，执行国家规定是一致的，再则产权分界点是唯一的而不是多处的，申请人的受电设施处有10块电能表，绝不能是一块电能表就是一个产权分界点，所以申请人的观点是错误的。三是对用户的产权供电企业是没有维护管理义务的。根据《用电检查管理办法》的规定，供电企业有对用户用电检查的义务，但不承担因被检查设备不安全引起的任何直接损坏或损害的赔偿责任，按照《供电营业规则》第五十一条的规定，按产权论则，产权属于谁，谁就承担其拥有的供电设施上发生事故引起的法律责任。因此FX市中级人民法院（2007）第308号民事判决认定的事实清楚，适用法律正确，判决是公正的。

高院认为，FX市太平医院从西南角最后一根电线杆连接到其房屋后檐的第一根横担上，根据其用电需要分别向东西各分出两根用户线，据此可以确认此横担为供电接户线用户端的最后支持物即FX市太平医院与供电分公司的产权分界点。该横担以上应为供电范围、以下应为受电范围。所以可以确认李宝某的触电地点的线路产权属于申请人FX市太平医院所有。对于申请人认为，本案供、受电设施的分界点应在医院大门东侧房屋的电能表处，李宝某触电线路不属于申请人所有和管理，申请人不应承担赔偿责任的申诉理由，因产权分界点应是唯一的，《电力供应与使用条例》第二十六条的规定只是一个原则上的规定，FX市太平医院不只一块电能表，不能一块电能表就是一个产权分界点。故申请人FX市太平医院认为产权分界点应是医院大门东侧房屋的电能表处的再审理由没有法律依据。另依据《供电营业规则》第五十一条"在供电设施上发生事故引起的法律责任，按供电设施产权归属确定，产权归属谁，谁就承担其拥有的供电事故引起的法律责任"的规定，FX市太平医院应承担李宝某触电事故的主要赔偿责任，故对申请人的其他再审理由亦不应支持。申请人FX市太平医院的申请不符合《民事诉讼法》第一百七十九条第一款第（二）、（六）项规定的情形。依照《民事诉讼法》第一百八十一条第一款的规定，裁定如下：驳回FX市太平医院的再审申请。

评　析

本案是再审案件，因为供电分公司在接受供电设施产权后，没有与用电客户重新明确产权分界点，更没有签订产权分界协议，由此导致申请人FX市太平医院不服终审判决，力争再审获胜。双方各持己见寻找法律依据辩论孰是孰非，尽管供电分公司无奈奉陪，三进公堂，曲曲折折，最终获胜，难道没有悔不当初搞个明确产权分界协议的遗憾吗?

如果本案鉴于供电分公司在接受海州矿的电力设施时,没有界定产权分界的事实,没有依据法律位阶较低的部门规章《供电营业规则》第五十一条的产权归责论,对本案细密纷繁的产权进行重新划分和认定。而是认定不能确定具体的侵权人,依据《侵权责任法》第十条"二人以上实施危及他人人身、财产安全的行为,其中一人或者数人的行为造成他人损害,能够确定具体侵权人的,由侵权人承担责任;不能确定具体侵权人的,行为人承担连带责任"之规定,判决供电公司与 FX 市太平医院承担连带赔偿责任。供电公司也很难反败为胜。因为部门规章只能作参考,而《侵权责任法》既是上位法又是新法。

二、产权清查与登记

《物权法》第六条规定,"不动产物权的设立、变更、转让和消灭,应当依照法律规定登记。动产物权的设立和转让,应当依照法律规定交付。"第九条规定,"不动产物权的设立、变更、转让和消灭,经依法登记,产生效力;未经登记,不发生效力,但法律另有规定的除外。"第十条规定,"不动产登记,由不动产所在地的登记机构办理。国家对不动产实行统一登记制度。统一登记的范围、登记机构和登记办法,由法律、行政法规规定。"电力设施的登记是对电力设施产权的法律确认。但是目前,电力设施登记工作并没有展开,因此还不能依据相关行政部门的登记来确认电力设施的真正归属。如果电力企业的不动产按照《物权法》的上述规定做了登记,产权归属当然会得到官方确认,以便行使所有权。

但是,这里的清查与登记,是电力企业对自己管辖范围内的或者其他有关联的电力设施进行统一清理、清查和等记,对新老电力用户的电力设施产权编制资产清单,明确产权,而不是到政府相关部门做不动产登记。其目的并非为了行使财产所有权,而是为了避免承担非电力企业产权设备上发生人身触电事故的法律责任。在自家产权理清后才能与客户之间有清晰的产权分界。因为《触电解释》(法释〔2001〕3 号)对高压触电案件按资产归责的原则适用民法中的无过错归责。电力设施的产权是谁的,谁就必须负责赔偿,因此,明晰电力企业与用电客户双方的产权非常重要。尽管两次电网改造之后电力设施产权发生了后移,范围扩大了,但是产权分开,分界点明晰仍然意义重大。因为还有专户供电设施、发电入网电力设施和其他供电企业的供电设施以及产权属于客户自己的用电设施。站在电力企业的角度上划分,电力设施产权属性和触电事故的归责一般有如下几种情形。

1.产权属于电力企业的电力设施

事故电力设施属于电力企业的，发生高压人身触电事故，在产权归责的基础上适用无过错责任，发生低压人身触电事故在产权归责的基础上适用过错责任。

2.代管电力设施设施

电力企业代为客户维护管理的电力设施，如果是有偿代为日常维护管理的电力设施发生事故，对外电力企业应当与设备所有人承担连带赔偿责任；如果是无偿代管的，且有合同约定的，则由客户自己承担其拥有产权的设备上发生人身触电事故的法律责任。但是根据《侵权责任法》第十二条规定，"二人以上分别实施侵权行为造成同一损害，能够确定责任大小的，各自承担相应的责任；难以确定责任大小的，平均承担赔偿责任。"电力设施产权人或托管人与代管方的分别行为给第三人造成了同一损害，对外应当承担相应责任或平均责任，至于代管方根据内部协议对己方赔付的追偿可另案处理。

3.用户专用电力设施

该类设施属于客户自己管理维护的设施，应由客户自己承担其设备上发生的人身触电事故的法律责任。

4.产权不清的电力设施

产权不清，一般是指电力企业和客户之间分不清是谁家的设备。或者是由于建设当时投资方不明确，或者是资产是否移交、移交时间不明确造成的。一旦发生人身触电事故，则由双方承担连带赔偿责任。

三、电力设施档案管理

电力设施档案管理分为初始档案管理、变更档案管理和日常档案管理。

1.初始档案管理

电力设施建设之初，严格遵守法律法规的规定，依照法定的程序，完成审批手续，获取政府部门完整齐全的批文，并整理归档；电力设施建设竣工验收之后，将工程的设计、施工和验收资料与初始的审批资料一并归档，并制作电子文档，以便后来的变更管理和日常管理。杜绝因自身的档案管理不善，在日后的人身触电事故纠纷中承担不该承担的法律责任。

2.变更档案管理

电力设施档案应当根据实际变化加以实时修改，以免遗忘或遗漏。譬如，经过城乡电网的升级改造或者资产移交，许多供电设施的产权分界点发生了变化。这对于电力企业来说，首先应该做好新的产权内部登记工作，这是日后处理触电人身损害赔偿案件的重要证据。对于电力设施发生变化的状况，应当首先做到重新明确产权界限和维护责任的范围，用协议或者在供用电合同中用专门条款固定下来，并将协议或者合同归档管理，便于以后查找。应加强工程资料和电力设施的文档资料管理工作，做到及时归档，妥善保管，有案可稽，便于管理，以免在产权争议或者诉讼中找不到原始文档资料自立而陷于尴尬被动的境地。

3. 日常档案管理

（1）纸质合同资料保存

档案文本的保存分为纸质文档保存和电子文档保存。纸质文档保存可以保留合同签订的原始状态。设施档案的存放，应当有可靠的防火、防盗、防损坏措施。档案变更协议等附件均要及时纳入档案一同妥善保存。纸质文档是供用电双方当事人权利义务关系的主要证据，一旦发生纠纷，只能依靠纸质文档，取得法院的认可和支持，电子文档资料是不会得到法院认可的。

（2）电子文档管理及电子资料管理

电力设施电子文档保存又分为整片文档保存和数据文本文档保存。前者既起到备份作用，又为查询合同原文提供了便捷途径，后者可使合同管理人员便捷、简明地进行合同数据统计分析或生成报表，为档案的动态管理从技术和设备上打下基础。电子文档的保管要有专门人员，按照权限分级管理，杜绝非管理人员进入系统，以免真实的资料遭到改写，盗窃或其他原因失却。

第二节　加强电力设施管理

电力设施就是电力运行的载体，保证电力设施的完好率，符合国家规定的技术规程和运行规程，这是防止人身触电的基础工作。做好这些基础工作，严格执行和大力宣传安全法规、加强设备检查维护维修是不可懈怠的。

一、加大安全法规的宣传和执行力度

1. 对内加强执行力度

坚决贯彻执行《电业安全工作规程》有关规定和本企业依法制订的工作规程及规章制度，以确保工作人员人身及设备的安全，并使电气设备始终保持在良好、安全的运行状态。严格考核，重视培训，提高电力企业员工的文化素质和职业技能。供电员工也应加强法律知识学习，做到知法、懂法、守法，学会用法律武器防范法律风险，维护企业利益。特别是农村的用电管理，主要靠管电人员，管电人员的素质和管理水平高低在一定程度上影响着触电案件的发生率。除了电力行政管理部门要建立严格的培训、考核、核发电工证制度，电力企业要重视对农村管电人员的业务培训，每年要对其电工证进行审核，经过培训，达不到要求的，不得上岗。

2. 对外加大宣传力度

加大电力事故防范和安全用电的宣传力度和范围。要充分发挥电视、报刊等新闻媒体的作用，在黄金时间、显要位置播放、刊登公益广告，宣传安全用电、依法用电知识；结合普法教育，专门对农村依法用电，安全用电进行宣传教育；要重视中小学生的教育，掺插一些图文声像并茂的安全用电常识和案例课程，组织人员到中小学上课，用鲜血和生命写成的案例去惊醒孩子们；或者将安全用电资料印发到户；或者在中小学生中开展安全用电知识有奖答题以及用板报、标语、广播、电视、报纸等形式进行宣传。通过多种多样的形式告诫广大家长和孩子们远离电力设施，不要摇晃拉线、攀登配变架、捡拾落地导线等。同时教他们掌握触电急救方法，避免触电事故发生后产生不必要的损失。

二、电力企业设备维护管理

如果不是自然力、人力或意外故障给电流提供其他载体（通道），电流不会自行脱离其原来流经的电力设施跑到其他载体和人体上而造成人身触电事故。由此看来，只要能看管好供电设施，再能看管好用电设备，就可以大大减少人身触电事故了。

1. 杜绝不合规范的电力设施

电力建设必须依法取得政府的规划管理审批手续，电力设施的设计、施工、运行都符合法律法规、技术和运行规程。这既是产权人在触电案件发生时应具备的免责条件，也可以从根本上减少触电案件的发生。电力设施的设计和施工不符合技术规范的，不但产生安全隐患，一旦发生触电事故，就成为产权人的过错而由此承担赔偿责任。政府的规划建设行政许可文件，必须妥善保管，作为依法建设的法律证据。特别是外包工程，施工队伍资质参差不齐，在工程设计中和工程验收中尤其要注意符合技术规范，符合安全要求，不合格的坚决要求返工。农村配电网装置性违章现象更为严重，是农村触电事故的重大隐患：配变台架高度不够，未设置安全警示牌；线路交叉跨越距离不够；电力线与弱电线位置颠倒；拉线未按规定加装绝缘子；配变防雷接地电阻不合格。更危险的如落地式安装的变压器，因其带电端离地面较近，在变压器周边的一定范围是容易发生触电事故的危险区域，施工时四周围墙高度不够，或者年久失修，围墙和栅栏残破、间隔太大或者门上无锁。年幼无知的小孩很容易误入危险区，接近带电体，引发人身触电事故。这些隐患不消除，后患无穷。对供电线路设施要完善技术防范措施，从线路的设计、施工、运行维护、检修等方面，严格按照电力法律、法规以及标准的规定，高度负责，确保质量。按时对自身产权范围内的供电线路设施进行全面的质量检查，防患于未然。

2. 加强巡视

定期进行安全检查，对查出的缺陷、隐患及时进行处理，及时纠正用电中的不安全因素和违章行为。用电管理要严把"三关"，即把好投运质量关、操作技术关、安全维护关。供电企业应加强日常巡线工作，对于位于特殊地段，诸如鱼塘附近、交叉跨越处、基建施工处的线路，要加强巡视。巡视过程中，对于发现的安全隐患，及时处理或上报；发现沿线的危险地段要增加悬挂警示牌；发现未经批准并未采取安全措施在电力设施保护区施工的要坚决制止，报告电力管理部门，经过批准的，要督促施工方搭设防护架。发现在电力设施附近放炮采石、放风筝的要给予教育劝止。另外，沿途要做好保护电力设施的宣传工作。如对鱼塘经营人要宣讲电力设施保护知识，劝其安全经营，禁止线下钓鱼等，并与其签订安全协议。

>> 案例4-2　2010年11月15日，某市供电公司巡线班在巡视35千伏3514清卅线时，发现有人在#96—#97杆之间线路防护通道内违章建筑民房，当时正在打基础。巡线人员立即上前制止，并向当事人讲解了《电力法》规定的35千伏线路边线向外水平延伸10米为保护区的规定以及线路下建房的危害，当事人表示停止施工。但当第二天巡线班人员再次赶到现场复查时，发现他们仍在施工，并且已经垒到了房檐。在制止无效的情况下，该公司及时向县电力办做了汇报，县电力办核实后立即对其下达了《违章建筑限期拆除通知书》，令其限期拆除，停止对线路保护区的侵害，并恢复原貌。11月22日，该当事人迫于政府部门强制力，将违章建筑彻底拆除。

2010年11月21日，该市供电公司巡线班在巡视35千伏3511杨张线时，发现有人在#1—#2杆之间线路保护区内修建面粉厂，厂房距线路边线2.9米，正在打基础。巡线人员立即上前劝止，并向当事人讲解了《电力法》禁止在线路保护区建房规定和严重后果，当事人当场表示理解并停止施工。为了防止当事人再次恢复施工，巡线人员坚持24小时全天候现场蹲守，直到违章建筑拆除完毕才离开。后经多次查实，该处没有恢复建设。

　评析

两起高压线下在建违章建筑得以成功处置，启迪我们要加强线路巡视工作，做到对违章建筑早发现、早处置，而且要认真负责，竭尽全力，不达目的，绝不撤离。实在遭遇违章建筑行为不能得到及时有效制止的情况下，应立即向政府主管部门汇报，寻求支持，合力制止违法行为，拆除违章建筑，确保电力线路的安全运行，减少人身触电事故。

3. 安全措施与设置警示标志

依据《侵权责任法》第七十六条的规定，一般来说，高度危险区域都同居民的活动场所相隔绝，如果管理人已经采取安全措施并且尽到警示义务的情况下，受害人未经许可进入高度危险区域，这一行为本身就说明受害人对于损害的发生具有过错，这样管理人就可以减轻或不承担责任。现实中，电力企业的电力设施如变压器台站等，就属高度危险区域。由此，电力企业就要按国家或行业规定的相关标准，采取安全措施并尽到警示义务。"安全措施"与"警示义务"要齐头并进、双管齐下，只做好"安全措施"和"警示义务"中的一项，不可能减轻或不承担责任。该条涉及安全措施和警示义务，对于电力企业而言是良好的启示信息，可以激励电力企业更多更好地去履行自己的警示义务，从而达到减免责任的法律效果。反之，就会授人以柄，处于被动挨打的地位。

虽然《电力设施保护条例》第十一条规定，县级以上地方各级电力管理部门要在电力设施保护区设立保护标志，但是这项工作实际上一直由电力企业来做的，法院也是这么认为的。《山东省电力设施和电能保护条例》第十一条规定，"电力设施产权人应当在电力设施易受损坏地段或者位置采取下列安全措施：（一）在架空电力线路保护区和输送管路保护区的显著位置，设置电力设施保护标志，标明保护区的宽度和相应的保护规定；（二）在地下电缆和水底电缆保护区的显著位置设置永久性保护标志，并将电缆具体位置及时书面报送住房城乡建设、水利、海洋与渔业等有关部门；（三）在架空电力线路跨越重要公路和航道区段的显著位置，设置安全标志，标明导线距跨越物体之间的安全距离；（四）在架空电力线路穿越人口密集以及人员、车辆（机械）活动频繁地段的显著位置设置安全标志；（五）在架空电力线路杆塔及变压器平台的显著位置设置安全标志。任何单位和个人不得破坏和擅自移动电力设施保护标志、安全标志。"可以见出，该条例正视现实，直接规定设置电力设施保护标志的义务人为电力设施产权人，并且比《电力设施保护条例实施细则》第九条列举了更为详尽的安全标志设置地点。

实际上在电力企业生产管理中安全警示标志设立还有其他情形。如，电力建设施工场地，特别是接近交通、公共场所的，要划定施工范围，有明显的数量充足的安全警示标志；临时作业场地的周围要设置安全警示标志。在必要的时间和空间内，在电力设施上按照标准制作、悬挂警示牌，尽到告知义务，是避免发生人身触电事故的一项重要工作。

4. 防止外力危及电力设施运行

触电事故并非由于电力设施的本身安全问题造成，伴随着电力设施受到危及，往往会引发人身触电事故。一旦发生事故，电力企业几乎不可避免的成为被告。这里危及电力设施运行行为主要是指，电力线路下违章建筑，物料、人身触碰或接近电力线；未经批准，未采取安全措施在电力设施保护区施工作业，物件或起重机长臂触碰或接近电力设施；拆盗变台区电力设施的零部件等行为。还有城市市区一些非法广告牌、广告横幅在安装中或者在风力的作用下，常常危及电力设施运行并发人身触电事故。

至于如何保护电力设施，防止外力危及电力设施运行的各类措施详见本套丛书之《电力设施保护与纠纷处理》第二篇第五章电力设施保护措施。其中详细介绍了电力设施保护的安全、技术和内外管理措施。

5. 及时消缺

缺陷就是陷阱，不定何时坑害人。供电企业应该加强产权范围内电力设施的维护管理，提高安全供电可靠性，及时消除安全隐患；对于陈旧老化的电力设施，及时进行技术改造或者更新，防止因电力设施的安全隐患造成触电事故。尤其注意城市和农村的 10 千伏线路以及低压台区，接近居民区，人流量大，必须经常巡视，及时发现缺陷加以消除。暴雨、台风等灾害过后，应该及时巡视电力设施，防止断线、漏电，引发触电案件。

三、对客户电力设施的检查

《用电检查管理办法》第四条规定，供电企业应按照规定对本供电营业区内的用户进行用电检查，供电公司应对其营业区内的用户的受电装置中电气设备运行安全状况进行检查。《用电检查管理办法》第六条却又规定，用户对其设备的安全负责。用电检查人员不承担因被检查设备不安全引起的任何直接损坏或损害的赔偿责任。法院认为，电力部门自行制定的规章不能只强调有监督检查的职责而同时规避自身在未履行职责时承担责任。《电力法》第十九条第二款规定，电力企业应当对电力设施定期进行检修和维护，保证其正常运行。第三十四条规定，供电企业和用户应当遵守国家有关规定，采取有效措施，做好安全用电、节约用电和计划用电工作。基于此，法院会认定电力企业监督检查不力的过错。其原因，一是混淆了产权人对自家设备的维护管理和电力企业负责监督检查指导的概念；二是混淆了民、刑案件性质，以致错误地让后者承担民事赔偿责任。电力企业对用户的电力设施的监督检查和指导一般是通过协议约定的。这里的监督检查是在需要时检查，如事故检查或者例行检查，如季节性安全大检查，而不是在用户线路事发之前必须检查（谁也无法预料事故发生的时间）。《供电营业规则》第四十七条规定，供电设施的运行维护管理范围，按产权归属确定。第五十一条规定，在供电设施上发生事故引起的法律责任，按供电设施产权归属确定。产权归属于谁，谁就承担其拥有的供电设施上发生事故引起的法律责任。根据上述规定，电力企业不应当为履行监督检查之责，承担民事赔偿责任。目前，法院在判决电力设施人身触电案件时，既不适用产权归责原则，也不问管理维护责任分担协议，而是惯于采用推定代管的思维定势：客户的供电设施，电力企业安排人员分片监督检查就是代管，既然代管，发生事故就要承担法律责任。

为了避免因安全检查而承担民事责任，电力企业要做好如下工作。

（1）在电力设施的建设中，电力企业应按照国家或行业标准严格检查和验收，要求高压危险区域应采取安全措施并设置危险警示标志，如悬挂警示牌、设置围栏等。

（2）对企业职工，尤其是农村在岗的农电人员，应加强安全知识教育和业务培训，提高业务能力水平，树立安全意识、责任意识。积极主动，多措并举地进行电力设施的巡查维护管理工作。如在城市电网和农村电网改造工程建设中，统一规范电力设施的维修、管理；线路老化，应及时更换；电杆折断，应及时更新。对隐患应做到早发现、早报告、早处理，使电力设施始终处于良好的安全运行状态。

（3）加大安全管理力度，对在电力设施保护区内违章建房、设置构筑物、种植林木，致使电力线路对地垂直距离、对建筑物水平距离达不到规定要求的单位和个人，电力企业各部门应加强协调合作，及时发出限期整改通知，并加强同地方政府相关部门的沟通协调，充分利用行政管理资源。必要时采取法律手段，通过诉讼程序维护企业的合法权益。

第三节　电力设施代管

《电力设施保护条例》第十七条第二、三款规定，"共用供电设施的维护管理，由产权单位协商确定，产权单位可自行维护管理，也可以委托供电企业维护管理。用户专用的供电设施建成投产后，由用户维护管理或者委托供电企业维护管理。"在生产实践中，不少客户限于人力或专业技术，委托电力企业代为维护管理其电力设施。但电力企业在代管中应当在划清产权分界点的基础上，签订代管协议，分清事故责任。

一、电力设施产权分界点及其意义

电力设施产权分界点是指相互连接的供电设施的资产归属在地理上、电气上划分的位置。产权分界点的明确划分，不仅可以认定供用电双方的财产所有权，同时也明确了供用电双方对供电设施维护管理和承担民事责任的范围。

1. 产权分界点的划分

对还没有与客户划分或者产权分界点不清的，参照《供电营业规则》第四十七条规定划分。供电设施的运行维护管理范围，按产权归属确定。责任分界点按下列各项确定：

（1）公用低压线路供电的，以供电接户线用户端最后支持物为分界点，支持物属供电企业。

（2）10千伏及以下公用高压线路供电的，以用户厂界外或配电室前的第一断路器或第一支持物为分界点，第一断路器或第一支持物属供电企业。

（3）35千伏及以上公用高压线路供电的，以用户厂界外或用户变电站外第一基电杆为分界点，第一基电杆属供电企业。

（4）采用电缆供电的，本着便于维护管理的原则，分界点由供电企业与用户协商确定。

（5）产权属于用户且由用户运行维护的线路，以公用线路分支杆或专用线路接引的公用变电站外第一基电杆为分界点，专用线路第一基电杆属用户。在电气上的具体分界点，由供用双方协商确定。网改后的产权分界点按照投资划分，以协议固定。

2. 产权分界点的意义

《民法通则》第一百二十三条规定，"从事高空、高压、易燃、易爆、剧毒、放射性、高速运输工具等对周围环境有高度危险的作业造成他人损害的，应当承担民事责任；如果能够证明损害是由受害人故意造成的，不承担民事责任。"《侵权责任法》第六十九条规定，"从事高度危险作业造成他人损害的，应当承担侵权责任。"《触电解释》第二条规定，"因高压电造成人身损害的案件，由电力设施产权人依照《民法通则》第一百二十三条的规定承担民事责任。"《供电营业规则》第五十一条规定,"在供电设施上发生事故引起的法律责任,按供电设施产权归属确定。产权归属于谁,谁就承担其拥有的供电设施上发生事故引起的法律责任。但产权所有者不承担受害者因违反安全或其他规章制度,擅自进入供电设施非安全区域内而发生事故引起的法律责任,以及在委托维护的供电设施上,因代理方维护不当所发生事故引起的法律责任。"

人身触电伤害的受害人,一提起电力设施,首先想到电力企业,如果电力企业不是作业人,不是他人电力设施的代管人,又不是电力设施产权人,电力企业就不承担赔偿责任。产权归责的适用,使得产权分界点对审理人身触电案件意义重大。多数的触电伤害案件的判决都是以产权分界点为依据,弄清产权分界点会大大减轻电力企业在触电人身损害赔偿事故中的责任,依法维护企业合法权益。

二、电力设施代管协议

法律法规没有规定电力企业应当对非其所有的电力设施负有维护管理义务。电力企业是否对他人电力设施负有代管责任,应以委托方(产权方)和受托方(电力企业)签订的协议(或合同)为凭。

1. 代管的范围

(1)《电力设施保护条例》第十四条和第十七条规定,①公用路灯由乡、民族乡、镇人民政府或者县级以上地方人民政府有关部门负责建设,并负责运行维护和交付电费,也可以委托供电企业代为有偿设计、施工和维护管理。②共用供电设施的维护管理,由产权单位协商确定,产权单位可自行维护管理,也可以委托供电企业维护管理。③用户专用的供电设施建成投产后,由用户维护管理或者委托供电企业维护管理。

(2)《供电营业规则》第四十六条规定,对用户独资、合资或集资建设的输电、变电、配电等供电设施建成后,其运行维护管理责任的划分做了详细的确定。①属于用户专用性质,但不在公用变电站内的供电设施,由用户运行维护管理。如用户运行维护管理确有困难,可与供电企业协商,就委托供电企业代为运行维护管理有关事项签订协议。②属于用户共用性质的供电设施,由拥有产权的用户共同运行维护管理。如用户共同运行维护管理确有困难,可与供电企业协商,就委托供电企业代为运行维护管理有关事项签订协议。③在公用变电站内由用户投资建设的供电设备,如变压器、通信设备、断路器、隔离开关等,由供电企业统一经营管理。建成投运前,双方应就运行维护、检修、备品备件等项事宜签订交接协议。④属于临时用电等其他性质的供电设施,原则上由产权所有者运行维护管理，或由双方协商确定，并签订协议。

（3）司法机关对电力设施代理维护的认识。部分法院认为电力企业对客户的电力设施有"法定"的管理维护责任，不管双方是否有委托维护管理合同。在高压触电人身事故损害赔偿中，适用无过错责任，电力企业承担责任一般是在劫难逃。甚至在低压触电案件中，适用过错责任原则，有的法院也往往以莫须有的"管理维护不力"过错为由，判决电力企业承担赔偿责任。这种判决混淆了行政行为和民事行为，违背了委托合同的法律规定，也违背了电力设施委托管理维护合同双方当事人的意志。

问题可能出在这里。在如上（2）中的代维护范围内，没有列举《供电营业规则》第四十六条第一项，其内容是"用户独资、合资或集资建设的输电、变电、配电等供电设施建成后，其运行维护管理按以下规定确定：属于公用性质或占用公用线路规划走廊的，由供电企业统一管理。供电企业应在交接前，与用户协商，就供电设施运行维护管理达成协议。对统一运行维护管理的公用供电设施，供电企业应保留原所有者在上述协议中确认的容量。"有的法院并不去审理是否"属于公用性质或占用公用线路规划走廊的"，是否已经"就供电设施运行维护管理达成协议"，便确认电力企业有管理维护责任。一旦发生人身触电事故就以"管理维护不力"过错为由，判决电力企业承担赔偿责任。

>> 案例4-3　2004年7月17日18时30分左右，YC市伍家乡政府对面的电杆上一根横跨东山大道的高压电线正在燃烧。现场目击群众当即打110电话报警。烧断的高压电线坠落，挂在一通信电缆线上，仍在继续冒火花，此时公安干警赶到现场维护现场秩序。由于东山大道车辆繁多，一辆大货车从东山大道行驶经过该路段时，将搭在通信电缆线上的高压电线刮落地上，在此过程中恰好原告骑摩托车行驶在后，右手碰到了正在落下的高压电线，当即连人带车摔倒在地。原告身体多处烧伤，昏迷在地。附近诊所的医生马上对原告采取了施救措施，现场人员当即联系120救护车将原告送往医院治疗。此时电力部门仍未赶到。

经法医鉴定，原告的伤情属伤残八级，且还需要后期治疗。原告将二被告YC城区供电公司和YC电信分公司诉至法院要求赔偿。

YC市某区人民法院审理认为：①被告YC电信分公司、YC城区供电公司均未能提交证据证明原告有过错，二被告辩称原告应自行承担部分损失责任的理由不能成立，原告不应承担任何责任。②按《电力法》第十九条第二款、第三十四条的规定，电力公司必须对电力线路进行检查维修。从公共安全的角度出发，架空于公共场所的电力线路，电力公司也必须检查与维修。供电公司在电线断落前疏于监督检查，存在一定过错。另外，YC城区供电公司在接警后，本应立即采取措施切断电源，但YC城区供电公司在电线发生故障后未及时赶到事故现场采取有效抢修措施，是导致原告触电事故发生的主要原因，应承担主要的赔偿责任。③YC电信分公司作为电力线路的产权人没有定期检查、维修电力线路，也没有协议委托供电公司对电力线路进行维护管理，致使电力线路因设施老化而发生故障，是导致原告触电受伤的次要原因，应承担相应的次要赔偿责任。

于是，根据《民法通则》第一百二十三条，《触电解释》第二条、第四条，《最高人民法院关于确定民事侵权精神损害赔偿责任若干问题的解释》第八条第二款、第十条，判决：被告YC电信分公司赔偿原告29 999.48元；被告YC城区供电公司赔偿原告50 000元。

评析

该案法院查明YC电信分公司作为电力线路的产权人没有定期检查、维修电力线路，也没有协议委托供电企业对电力线路进行维护管理，致使电力线路因设施老化而发生故障，但却判决供电公司承担了主要责任。其焦点问题是引用《电力法》第十九条第二款"电力企业应当对电力设施定期进行检修和维护，保证其正常运行"和第三十四条"供电企业和用户应当遵守国家有关规定，采取有效措施，做好安全用电、节约用电和计划用电工作"之规定，认定供电公司负主要责任，尽管在最后的判决依据中没有引用。实际上，《电力法》第十九条第二款是指电力企业应当管理的设施包括本企业的设施和受托管理的设施；第三十四条是强调做好"三电"工作是供电双方的责任。法院笼统地认为架空于公共场所的电力线路就属于"公用的"，并且明明知道没有委托维护管理协议，还是硬硬地判定供电公司承担了主要责任。

主要结症在于，其一对行政与民事管理混淆，其二是曲解抽象的电力法律条文否定具体的法规规章。譬如法院运用《电力法》第十九条第二款和第三十四条，肯定了《用电检查管理办法》第四条，"供电企业应按照规定对本供电营业区内的用户进行用电检查，……"包括对用户的受电装置中电气设备运行安全状况进行检查，却又否定了其第六条"用户对其设备的安全负责。用电检查人员不承担因被检查设备不安全引起的任何直接损坏或损害的赔偿责任"之规定。对同一规章既肯定又否定，为我所用罢了。

2. 代管协议形式

（1）与用电客户之间的协议

一般情况下，电力设施产权按照谁投资谁拥有的原则，由用户投资的设施产权属于用户所有，由电力企业投资的电力设施产权属电力企业，其产权分界点设在供用电双方投资设施的分界处，通过签订供用电合同，加入专门条款界定。一种情况，客户用电报装后，在用户工程验收合格后，签订供用电合同，约定条款，明晰双方电力设施的产权分界点，然后接电。另一种情况是，以前的老用户未签订供用电合同的，在理清电力设施产权的基础上，补签供用电合同，与客户签订电力设施产权分界协议或者在合同中用专项条款约定。再一种情况是，在电力设施保护管理中遇到产权不明晰的，尽快查证协商，明晰产权，签订产权分界协议，或者在供用电合同中载明条款。如果不能协商解决，应向电力管理部门报告，请求裁决。切莫在观望等待中成为人身触电事故的被告。

（2）专项协议

对于和供电企业没有供用电关系的电力设施产权人，有如下几种情形应当签订用专项代管协议。①由供电企业代管的，但与供电企业没有供用电关系的客户的电力设施；②与电力企业共有的电力设施；③电力企业租赁使用的电力设施。

3. 代管协议的主要内容

（1）双方当事人的基本情况。明确双方的基本信息，以便于协议的履行。

（2）代管的范围或部位。对于线路设施应明确路段和杆号起止范围；对于变配电设施应明确分界点，并以附图载明。

（3）代管的方式。巡视检查、维护维修的具体方式在协议中约定。

（4）事故责任承担。这是电力企业代管协议的最重要的条款。在签订代管维护协议时，注明双方应承担的民事责任。根据《供电营业规则》第五十一条规定，"在供电设施上发生事故引起的法律责任，按供电设施产权归属确定。产权归属于谁，谁就承担其拥有的供电设施上发生事故引起的法律责任。"电力企业只承担应当履行而没有履行维护管理义务引起的安全事故的法律责任，不承担没有维护管理义务的电力设施发生事故引起的法律责任；发现安全隐患，不属于自己协议约定范围的，要尽快报告设施产权人（委托人），予以消除隐患，避免承担怠于告知的责任。

三、代管义务

电力设施代管实际上就是受托代维护合同，就是《合同法》中的委托合同。电力设施产权人是委托方，电力企业是受托方。受托方根据协议履行对电力设施的维护管理义务，受托方支付报酬。

1. 巡视检查

协议签订后，电力企业要根据《电力设施保护条例》和《架空电力线路及设备运行规程》等，进行维护管理。对于设备的外力破坏、危及电力设施树木的修剪、线下违章建筑和其他施工以及线下挖塘等违法违规行为，要及时制止，并消除缺陷和隐患。

2. 报告义务

电力企业应按照运行规程规定，严格按照规定周期认真巡检和维护，定期检查测量电力设施的健康状况；按照季度或者月度向委托人报告电力设施运行情况，并将巡视检查记录交给委托人确认签字并存档。

3. 维护检修

电力企业对委托人的电力设施维修不涉及材料和备品备件的，应自行主动维护维修。遇有重大设备隐患，如需更换设备重要部件的，应向委托人报告并获得批准后方可实施维修。如果遇到紧急情况，应在 30 分钟内报告委托人，按照委托人的指示进行维修。

▶▶ **案例4-4**　原告诉称：2000 年 4 月 25 日，范某浇地时，不幸被 380 伏动力电击死在事故现场。在事故线路高度 1.65 米的接线处，没有任何防范装置，仅有四根裸露的铝芯线头，而且在事故发生时，线路上段的配电室所安装的剩余电流动作保护装置并未断电。事后检测，剩余电流动作保护装置不起任何保护作用。该 380 伏动力电由县电力公司供应，配电室及变压器等设备虽归村委所有，但已由电力公司指派专人代为管理。要求二被告县电力公司和村委会赔偿死者丧葬费、抚养费、教育费、慰抚金、尸检费共166 480元。

电力公司答辩称：第一，依据《供电营业规则》第四十六条和第五十一条的规定，事故发生时的配电室及设施均属村委会所有，产权归于谁，谁就承担其供电设施上发生事故引起的法律责任。因此，村委会应承担全部责任。县电力公司对事故设备没有代管义务，不应承担责任。第二，依据《民法通则》第一百二十三条的规定及最高人民法院的司法解释，电力公司不是作业人，作业人是村委会，电力公司不应承担责任。第三，范某具备完全民事行为能力，他用的钳子是漏电的，对死亡的不幸结果，范某具有间接故意，其本人也应承担责任。第四，范某不是电力公司职工，与本公司没有劳动关系。

村委会答辩称：死者范某系违章作业。根据法律规定，虽然配电室的设备归村委所有，但电力公司也应承担责任。死者范某是在电力公司开工资的电工，不是村里的电工，应由被告电力公司承担责任。

法院认为：公民的生命健康权受法律保护，范某触电死亡后，其父母子女可以要求对范某死亡具有过错的当事人承担责任。本案审理中，《触电解释》将1千伏以上的电力作业，规定为高度危险作业。而致范某死亡的电压为380伏，故不适用高度危险责任。这样，要确定本案中的赔偿主体，就要以过错来确定。首先，范某作为完全民事行为能力，对自己的安全应有足够的注意与照料，其在浇地之后取闸刀时，未尽到必要的注意，造成自身死亡，具有一定的过错，要承担部分责任。其次，作为被告电力公司，对产权属于村委的配电室及设施实行代管，其工作人员（电工）疏于管理，致使剩余电流动作保护装置不动作，对范某的死亡有过错。所以电力公司应承担相应责任。最后，被告村委会作为电力设施产权所有者，对范某的死亡有过错，亦应承担相应责任。考虑上述三者的实际情况及过错大小，本院认为：死者范某应承担30%的责任，电力公司与村委会各自承担35%的责任较为妥当。依据《民法通则》第一百零六条第二款、第一百一十九条、最高人民法院《关于确定民事侵权精神损害赔偿责任若干问题的解释》第1条、第9条、第10条，《农村安全用电规程》（DL 493—2001）第1、2、7、9条的规定，判决如下：一、被告电力公司赔偿原告42 875.65元。二、被告村委会赔偿原告42 875.65元。三、其他损失由原告自负。

评　析

本案为非高压触电事故，法院明确认定本案所涉及的配电室及设施的产权人是村委会，而非电力公司。但是法院没有进行质证，直接强行推定被告电力公司对产权属于村委的配电室及设施实行代管，因此判决电力公司承担35%的责任。这是为数不少法院审断该类案件的习惯性思维模式。法院代管推定的理由很简单：电工由被告电力公司培训上岗，业务受电力公司领导。实际上，分片管理的电工与电力公司没有劳动关系，其行为不是履行电力公司职务的行为。

四、电力设施代管注意事项

1. 代管协议的签订

（1）确认代管的具体方式

可以采用列举的方式明确代管的具体方式，包括巡视检查的周期、维护维修程序等履行协议的方式等。

（2）代管设施的事故处理

包括事故报告、受托人自主处理范围和报告请示处理范围。

（3）人身触电事故责任分担

一般情况下，根据《供电营业规则》第五十一条之规定，受托人不应承担代理维护设施上发生事故引起的法律责任。代理维护管理费用远远低于事故赔偿费费用，即使承担责任也不得超过受托人在签订委托协议时约定的份额，至多以委托协议约定的代维护管理费为限。特别是当受托人按照协议约定全面履行了代管义务，不应承担委托人设备上发生事故的法律责任。产权和管理权分离的，在电力设施委托维护合同中，如果没有约定委托维护的供电设施上发生事故的责任，受托方不予承担。根据《侵权责任法》第七十四条规定，"遗失、抛弃高度危险物造成他人损害的，由所有人承担侵权责任。所有人将高度危险物交由他人管理的，由管理人承担侵权责任；所有人有过错的，与管理人承担连带责任。"代管变台区变压器停电而高压线路继续送电造成人身触电的，法院可能会判决委托人和受托人承担连带责任；根据第七十六条规定，"未经许可进入高度危险活动区域或者高度危险物存放区域受到损害，管理人已经采取安全措施并尽到警示义务的，可以减轻或者不承担责任。"代管变电站所未尽提示义务的，代管人也可能被判决承担相应责任。

2. 代管协议履行与人身触电事故处理

（1）全面履行协议约定的代管义务

定期巡视检查，发现代维护设施存在问题及时解决，及时报告，全面履行维护管理义务。①全面履行代管义务是约定不承担代维护设备上发生的人身触电事故责任的前提。②如何认定受托方已经全面履行了代管义务？需要在代管过程中得到委托人的有载体固定的认可或签字。如果受托方尽到了代理维护管理责任，可以对抗法院以"管理不力"为由直接判决受托方（电力企业）承担赔偿责任。

（2）人身触电事故责任

如果受害者触电人身损害是由于受托人没有全面履行代管义务致使事故电力设施缺陷没有及时消除引起的，受委托维护管理人则应当承担责任。当然，就受害人而言，不论受托人是否完全履行代维护义务，均得依据无过错责任原则，向电力设施产权人（委托方）主张损害赔偿。至于受委托人与委托人之间签订的是否承担代维护设施发生人身触电事故的法律责任，只是双方的内部约定，受托人不得以此对抗受害人。委托人承担责任后，可按照约定向受托方追偿。法院也可能根据《侵权责任法》界定的七种连带责任之一，高度危险物的所有人和管理人致人损害，依据代管协议，判决委托方和受托方承担连带责任。

第四节 做好外部沟通协作工作

十六届五中全会《中共中央关于制定国民经济和社会发展第十一个五年规划的建议》把安全生产方针发展和完善为"安全第一，预防为主，综合治理"。其中，"综合治理"是保证安全的具体方式和措施，通过法律的、经济的、行政的、教育的等多种形式和手段进行综合治理。要实现多种形式和手段综合治理，就要政府各部门、社会各行业携手合作，齐抓共管，共同做好人身触电事故的预防工作。

一、与相关部门沟通协作的方式

1. 司法部门

由于法官的专业所限，对电力专业法律不熟悉，在触电人身赔偿案件的处理上，难免适用法律有误，常见的如，适用原则性条款追究电力企业的责任而忽略对电力企业免责的具体条款。电力企业法律事务部的工作人员要经常与司法部门沟通，进行电力法律法规的交流和研讨，针对具体的案件，可以召开交流会、座谈会和研究会。以期做到公正裁判，起到既救济受害人又警示潜在的受害人，预防触电事故发生的效果。

2. 公安部门

发生人身触电案件，启动电力企业与110联动机制或者人工及时报案，能够在案发后警察和电力企业人员一同及时赶到现场。这对于防止破坏现场，认定事故的刑事、行政、民事性质和原因，预防被害者家属闹事，提高证据的规格、效力，起到其他部门无可替代的作用。

3. 城建、规划、土地部门

高压线下违章建筑是引发人身触电事故的重点和难点。很多违章建筑人手中握有相关部门的合法手续，对于电力企业的劝止自然有恃无恐。如果批建部门能够依法审批，就可以避免很多人身触电事故的发生。《电力法》第五十三条第二款规定，"任何单位和个人不得在依法划定的电力设施保护区内修建可能危及电力设施的建筑物、构筑物，……"《电力设施保护条例》第二十二条规定，"公用工程、城市绿化和其他工程在新建、改建或扩建中妨碍电力设施时，或电力设施在新建、改建或扩建中妨碍公用工程、城市绿化和其他工程时，双方有关单位必须按照本条例和国家有关规定协商，就迁移、采取必要的防护措施和补偿等问题达成协议后方可施工。"《电力设施保护条例实施细则》

第十七条规定，"城乡建设规划主管部门审批或规划已建电力设施（或已经批准新建、改建、扩建、规划的电力设施）两侧的新建建筑物时，应当会同当地电力管理部门审查后批准。"其次，建立安全施工协调报告制度。在土地使用批复、房屋建设、城市规划，如道路拓宽、市区绿化等有危及电力设施安全运行的情形，这些部门应当根据法律法规相关政策和政府在该方面制定的会签制度，充分协商，达成一致意见后方可施工。

4. 安监部门

在电力设施保护区内违章施工往往会引发人身触电事故，如起吊、挖掘、传输物料等作业。电力管理部门应该编撰生产施工中人身触电事故防范的培训资料给安监部门，作为各行各业的安全生产培训的内容之一。建筑、运输、起吊、挖掘等行业人员在资格、上岗考试中要加入保护电力设施，防范人身触电的内容。减少或避免吊车和挖掘机操作工触碰高压电线，挖断地下电缆，造成人身触电事故。施工期间，及时对施工作业的业主方和施工作业人员开展人身触电事故防范教育宣传和安全交底，对重点施工区域专门制定安全措施，落实责任人进行现场安全监督，在施工作业区装设安全警示标志。

5. 电信、广播电视部门

《电力设施保护条例实施细则》第十四条规定，"任何单位和个人，不得从事下列危害电力线路设施的行为……（五）擅自攀登杆塔或在杆塔上架设电力线、通信线、广播线，安装广播喇叭；"电力线、电视信号线和通信线"三线合一"的搭挂，致电力线路向弱电线路串电，会造成低压用电客户或者其他电视、电信客户触电伤亡。电力企业应与电信、广播电视企业签订君子协定，杜绝"三线合一"现象，违者承担违约责任。对现有的"三线合一"安全隐患问题，与广播电视、电信企业的配合与协商，加紧专项整治。交叉跨越一定要留有足够的安全距离，杜绝线路交叉带电造成触电人身伤亡事故发生。

>> 案例4-5 2003年11月28日，某县房地开发公司（以下称开发公司）与某县广厦建筑公司（以下称建筑公司）签订了一份建设施工合同书，由开发公司将位于某县开发区泗水路的2号商住楼一栋，发包给建筑公司承建。在施工过程中，因建筑公司发现工地离高压线太近，存在安全隐患，要求开发公司处理。开发公司承诺承担迁线费用，由建筑公司出面办理申请移线事宜。2004年4月7日，建筑公司向县"三电办"提出了线路迁移书面申请，"三电办"批复"请某供电总公司某分公司（下称供电分公司）把该高压线移改到安全距

离范围，便于施工"。次日，供电分公司副总经理在申请书上批示"请生产办予以安排，写出施工方案"。4 月 14 日供电分公司下属公司新源实业总公司进行了核算，迁移费为 1600 元，由新源实业总公司将靠建筑物内侧的两根线移至外侧，19 日房地产开发公司、建筑公司分别支付了迁移费 1000 元、600 元。同年 6 月 9 日，原告杨某在工地施工时，将地面上的一根 9 米长的钢筋伸出窗外而穿破软防护网，触及到房外的高压线，当即被电击伤昏迷倒地。经送某县人民医院抢救连夜转送新钢中心医院抢救治疗，同年 8 月 7 日转上海第二医科大学附属瑞金医院治疗，共用去医疗费 58 844.99 元，尚需要继续治疗费 12 万元。原告遂起诉要求开发公司、建筑公司和供电分公司赔偿损失。

法院经审理认为，本案系因杨某触碰高压电线所致人身损害赔偿纠纷。原告杨某在某县开发区泗水路的 2 号商住楼工地，从四楼向窗外伸出钢筋时穿透安全防护网，因触及 10 千伏高压线造成伤害，现在新钢中心医院和上海第二医科大学附属瑞金医院抢救治疗；原告杨某现已造成截除右臂、左手功能障碍、头顶颅骨坏死损害的后果事实清楚，被告对原告的损害没有异议，本院予以确认。原告受伤后先后在县人民医院、新钢中心医院和上海第二医科大学附属瑞金医院抢救治疗，用去医疗费 58 844.99 元的事实，有原告提供的上述医院的医疗票据证实，被告对此没有异议，本院予以认定。在本案的赔偿责任中，被告开发公司系商住房建设单位，该商住楼已经县规划局批准立项，并办理了建设用地、工程规划和施工许可证，属合法建筑，虽然提供的施工工地存在安全隐患，但其已经采取了消除安全隐患将高压线外移的措施。开发公司对原告的损害并无过错。因此，被告开发公司对原告损害不应承担赔偿责任。被告建筑公司是商住房的施工单位，对施工工地处于电力设施保护区内，存在不安全因素是明知的，而建筑公司未在工地电力设施处设立硬防护网，亦未设立警示标志，安全措施存在缺陷，又未加强安全施工管理，对造成原告的损害存在过错，因此，原告要求被告建筑公司承担赔偿责任的诉讼请求，本院予以支持。根据我国民法通则的规定，从事高度危险作业造成他人损害的，属特殊侵权，适用无过错责任原则，除非从事高度危险作业的一方能够证明损害是由受害人故意造成的，否则无论其是否有过错，都要承担赔偿责任。供电分公司委派下属企业对该线路进行了收费移线，不能提供产权人，又不能否定其是该高压线路的产权人，因此，本院推定供电分公司系该高压线的产权人和管理人。作为高压线路的产权人和管理人，对原告的损害应当承担赔偿责任。供电分公司辩解，原告是在电力设施保护区内施工作业，违反了电力法的有关规定，对原告的损害不承担责任的意见，本院不予采纳。原告杨某被高压线击伤的主要原因，是自身不注意安全，严重违反操作规程，将钢筋伸出窗外的防护网，触及 10 千伏高压线而致伤，原告对造成自身损害的发生有重大过错，应当减轻被告供电分公司的赔偿责任。因此，原告杨某要求被告建筑有限公司、供电分公司承担医疗费的诉讼请求，本院予以支持。对于原告要求承担继续治疗费的诉讼请求，根据《人损解释》第十九条规定，医疗费的赔偿数额，按照一审法庭辩论终结前实际发生的数额确定。后续治疗费，赔偿权利人可以待实际发生后另行起诉。但根据医疗证明或者鉴定结论确定必然发生的费用，可以与已经发生的医疗费一并予以赔偿。据此，法院依照《民法通则》第一百二十三条、第一百三十一条，《人损解释》第三条第二款的规定，判决供电分公司承担原告杨某医疗费和继续治疗费用178 844.99元的 50％，计人民币89 423元；建筑公司应承担原告杨某医疗费和继续治疗费用178 844.99元的 20％，计人民币35 769元；原告杨某自行承担医疗费和继续治疗费用178 844.99元的 30％，计人民币53 655元。驳回原告杨某要求被告开发公司承担医疗费和继续治疗费的诉讼请求。

评析

《电力设施保护条例》第二十二条规定，"公用工程、城市绿化和其他工程在新建、改建或扩建中妨碍电力设施时，或电力设施在新建、改建或扩建中妨碍公用工程、城市绿化和其他工程时，双方有关单位必须按照本条例和国家有关规定协商，就迁移、采取必要的防护措施和补偿等问题达成协议后方可施工。"本案没有做到在施工前，就防护措施和补偿等问题达成协议，而是在施工中做到的，但是还是发生了人身触电事故，原因何在？《安全生产法》第四十条规定，"两个以上生产经营单位在同一作业区域内进行生产经营活动，可能危及对方生产安全的，应当签订安全生产管理协议，明确各自的安全生产管理职责和应当采取的安全措施，并指定专职安全生产管理人员进行安全检查与协调。"本案缺乏安全生产协作和专人监督，供电分公司实际上也在进行电力作业，并不是线路移开，责任也就移走了。而应当与建筑公司签订安全生产协议，就采取的安全措施进行检查验收，并指定专人负责安全生产管理。当然本案责任分担判决客观分析存在不公，建筑公司应当承担主要责任，其安全措施不当，应当采用硬质防护网而没有采用，且对员工缺乏安全教育。

二、向电力管理部门与政府报告

电力企业作为电力设施作业人、产权人经营者或者维护管理人，在遇到危及电力设施安全，易发人身触电事故的情况，应当依法进行宣教和制止、下达整改通知，如果仍不奏效，不要等待观望，更不要认为下达了通知就事不关己，万事大吉了。应该区别情况向电力管理部门或当地政府报告，请求处理。

1. 向电力管理部门报告

《电力法》第六十八条规定，"违反本法第五十二条第二款和第五十四条规定，未经批准或者未采取安全措施在电力设施周围或者在依法划定的电力设施保护区内进行作业，危及电力设施安全的，由电力管理部门责令停止作业、恢复原状并赔偿损失。"电力管理部门毕竟是行政管理部门，手中具有强制执行的权力，对于违章作业者没有停止作业、恢复原状的，应当依法强制其执行。而电力企业则无权强制违法人停止违法行为，拖延下去就可能发生人身触电事故。《电力设施保护条例》第二十六条也有规定，"违反本条例规定，未经批准或未采取安全措施，在电力设施周围或在依法划定的电力设施保护区内进行爆破或其他作业，危及电力设施安全的，由电力管理部门责令停止作业、恢复原状并赔偿损失。"

2. 向政府报告

《电力法》第六十九条规定，"违反本法第五十三条规定，在依法划定的电力设施保护区内修建建筑物、构筑物或者种植植物、堆放物品，危及电力设施安全的，由当地人民政府责令强制拆除、砍伐或者清除。"本条明确规定了"强制拆除、砍伐或者清除"违章障碍乃是政府的权力。因此，尽管《电力设施保护条例》第二十四条第二款规定，"在依法划定的电力设施保护区内种植的或自然生长的可能危及电力设施安全的树木、竹子，电力企业应依法予以修剪或砍伐。"有的法院却认定，电力企业修剪或砍伐是越俎代庖的违法行为。在实践中也常常遭遇竹木所有人的起诉。与其如此，电力企业何必不向政府部门报告呢？（详见本套丛书之《电力设施保护与纠纷处理》第三篇第八章第一节内容）

三、报告和文档保存

加强与政府及其各部门的沟通报告的同时，注意报告和文档的保存归档。电力是社会生产、经济活动和人民群众生活须臾不可离开的，在供用电过程中，一旦出现了危及电力设施的情况，电力企业凭借自己的能力无法解决的时候，就要向政府或者电力管理部等门报告，请求运用行政管理权介入处理。但是应当将报告、请示和处理过程中的报告和文档归档保存。一是证明电力企业已经履行了检查督促的义务，二是一旦受害方起诉，便作为履行义务的证据。例如给政府部门和电力管理部门的报告、给公安和安全监管部门的报案以及自己收集的有关人身触电案件的证据，都要妥善保存。

第五章

工矿企业人身触电预防措施

人身触电往往不是单一的原因，其预防措施也是多方面的。其中有：人员管理措施，如人身触电风险防范的培训教育、建立健全安全生产责任制；组织管理措施，如安全生产组织形式；技术防护措施，如接零、接保护中性线。本章主要介绍工矿企业人身触电防护措施和对触电人员施救措施。工矿企业对人身触电的防护措施包括对电工的管理，使其能够根据电源系统和连接方式，正确地采取直接触电的防护措施、间接触电的防护措施和兼顾直接、间接触电的防护措施。

第一节　直接触电防护措施及其他

本节主要介绍工矿企业电工"管理"，直接触电防护措施和兼顾直接、间接触电防护措施。

一、工矿企业电工"管理"

这里的管理不是身份上的隶属关系的管理，也不是进网作业的技术考核管理，而是基于供用电合同业务关系的"管理"。因为工矿企业电工，分属于各个工矿企业，进网作业统一由电力监管机构组织考核管理。

1. 工矿企业电工

这里是指在工矿企业的受电装置或者送电装置上，从事电气安装、试验、检修、运行等作业的人员。他们的考试、进网和管理由电力监管机构负责。

2. 检查督促持证上岗

根据《电工进网作业许可证管理办法》（国家电力监管委员会令第 15 号）的精神，在工矿电工持证上岗方面，电力企业要做好以下工作。

（1）电工进网作业许可证是电工具有进网作业资格的有效证件。根据《用电检查管理办法》第四条关于供电企业按照规定对本供电营业区内的用户进行用电检查的内容包括"用户进网作业电工的资格，进网作业安全状况及作业安全保障措施；"进网作业电工应当按照《电工进网作业许可证管理办法》的规定取得电工进网作业许可证并注册。未取得电工进网作业许可证或者电工进网作业许可证未经注册的人员，不得进网作业。

（2）工矿企业不得安排未取得电工进网作业许可证或者电工进网作业许可证未注册的人员进网作业。电力企业用电检查人员发现无证上岗者，建议将其调离岗位，更换取得资格证的人员注册进网作业。对于坚持错误的企业要向电力管理部门和电力监管机构举报，请求处理。

3. 加强职业技能和相关法律知识的学习和培训

电网安全，客户生产安全，减少人身触电事故，是供用电双方共同追求的目标。因此，电力企业应利用供用电合同的伙伴关系，为了实现安全生产，互利共赢，与安监部门合作，牵头举办电气技术安全培训班。

（1）学习关于电力设施保护和安全生产法等法律法规，保护好电力设施，就是减少人身触电事故的重要措施。明确安全生产法的规定，完善安全生产条件，强化员工的安全意识，是减少人身触电的基本措施。可以通过举办培训班、组织参观学习、召开安全用电讨论会、安全事故分析会等方式，不断提高工矿企业电工法律法规知识水平。

（2）加强电气作业人员业务技术、电气安全知识和业务技能培训，熟悉电气操作规程，熟悉各种人身触电预防措施的原理和操作，熟练掌握人身触电紧急救护法。

二、直接触电防护措施

1. 绝缘

绝缘是用绝缘物把带电体封闭起来。该绝缘物只有遭到破坏时才会除去。良好的绝缘是设备和线路正常运行的必要条件，也是防止触电的重要措施。

（1）绝缘物的击穿：绝缘物在强电场（产生击穿电压）的作用下，会发生急剧击穿的现象，就是击穿现象。不像气体击穿那样，固体物击穿后不能恢复绝缘性能。

（2）绝缘物的破坏和保护：腐蚀气体、蒸汽、潮气、粉尘的环境会导致或加速绝缘物的击穿。机械损伤会导致绝缘物破坏。即使正常的使用环境，年月累久，绝缘物也会逐渐"老化"失去绝缘性能。针对如上情形，应当在正常的环境中注意保护绝缘体，电气绝缘设备不得附着粉尘纤维或其他污物，长时间使用后绝缘体表面会产生裂纹、脆裂、破损、失去弹性，应注意检查和更换。非正常环境应加强绝缘。

（3）对绝缘电阻的要求：一般说来，电压越高对绝缘要求越高，新设备要求比旧设备高，移动设备比固定设备要求高。绝缘电阻是最基本的绝缘性能指标。在任何情况下绝缘电阻不得低于每伏工作电压 1000 欧，并应符合专业标准的规定。例如：新装和大修后的低压线路和设备，要求绝缘电阻不低于 0.5 兆欧；运行中的线路和设备可降低为每伏工作电压 1000 欧，在潮湿环境可降低为每伏工作电压 500 欧；携带式电气设备的绝缘电阻不低于 2 兆欧；配电盘二次线路的绝缘电阻不低于 1 兆欧，在潮湿环境下可降低为 0.5 兆欧；高压线路和设备的绝缘电阻一般不应低于 1000 兆欧；架空线路每个悬式绝缘子的绝缘电阻不应低于 300 兆欧。

这里的潮湿环境降低不是指设备本身的绝缘强度降低，而是指在潮湿环境下实际测得的绝缘电阻值降低。

（4）双重绝缘：双重绝缘是指工作绝缘（基本绝缘）和保护绝缘（附加绝缘）。前者是带电体与不可触及的导体之间的绝缘，是保证设备正常工作和防止电击的基本绝缘；后者是不可触及的导体与可触及的导体之间的绝缘，是当工作绝缘损坏后用于防止电击的绝缘。

具有双重绝缘的电气设备属于Ⅱ类设备。Ⅱ类设备的电源连接线应按加强绝缘设计。Ⅱ类设备在其明显部位应有"回"形标志。Ⅱ类设备的工作绝缘的绝缘电阻不得低于 2 兆欧，保护绝缘的绝缘电阻不得低于 5 兆欧，加强绝缘的绝缘电阻不得低于 7 兆欧。

（5）不导电环境：就是墙和地板都是由绝缘物制成的。其各点的对地电阻 500 伏及以下的不应低于 50 千欧；500 伏以上的，不应低于 100 千欧；不导电环境必须是永久性环境。其内可能带有不同电位的两点之间的距离不应小于 2 米。为了防止直接电击，以及为了防止高电位引出，不导电环境不允许敷设保护零线和保护地线。在不导电环境内可以进行等电位连接，并应注意防止高电位引出和低电压引入的可能性。

2. 屏护

屏护是采用屏护装置控制不安全因素，即采用遮栏、护罩、护盖、箱闸等把带电体同外界隔绝开来。

（1）屏护方式：

1）开关电器的可动部分一般不能包以绝缘，需要屏护。防护开关的电器本身带有屏护装置。如，胶盖闸刀开关的胶盖，铁壳开关的铁壳。

2）开启、露裸的保护装置和其他电气设备需要加设屏护装置。如，人体可能触及或接近的天车滑线或母线也需要加设屏护装置。

3）对于高压设备，全部绝缘往往有困难，如果接近至其允许的安全距离时，即会发生严重的电击，因此，不论高压设备是否绝缘，均应采取屏护或其他防止接近的措施。

（2）屏护要求：安装在室外地上的变压器，以及安装在车间或公共场所的变配电装置，均需装设遮栏或栅栏作为屏护。遮栏高度不低于 1.7 米，下部边缘距离地面不应超过 0.1 米。对于低压设备，网眼遮栏与裸导体距离不宜小于 0.15 米，10 千伏设备不宜小于 0.35 米。户内遮栏高度不应低于 1.2 米；户外不低于 1.5 米。对于低压设备，栅栏与裸导体距离不应小于 0.8 米，栏条间距不应超过 0.2 米。

金属护栏应接地或接零，以防意外带电造成触电事故。

（3）屏护装置与其他安全措施的配合使用：

1）被屏护的带电部分应有明显的标志，标明规定的符号或颜色。

2）遮栏、栅栏等屏护装置上，应根据被屏护的对象挂上"高压，生命危险！""止步，生命危险！""切勿攀登，生命危险！"等警告牌。

3）配合采用信号装置和连锁装置，即用灯光或指示仪表指示带电或者有自动装置在人体越过屏护可能接近带电体时，报警并自动断电。

3. 间距

间距是带电体与地面、设施设备和其他非带电体之间需要保持的安全距离。其目的：一是为了防止人体触及或者接近带电体造成电击，避免车辆或其他器具碰撞或过分接近带电体，发生触电事故，引起放电、火灾或短路事故；二是为了操作方便，需要保持一定的安全距离。其大小取决于电压高低、设备类型和安装方便等因素。

（1）线路间距：导线与地面或水面的最小距离见表 5 - 1。导线与建筑物的最小距离见表 5 - 2。导线与树木的最小距离见表 5 - 3。

（2）设备间距：

1）变压器。室内安装的变压器其外廓与变压器室内壁应留有适当距离。变压器外廓至后壁及侧壁的距离，容量为 1000 千伏·安以下者不应小于 0.6 米，容量为 1250 千伏·安及以上者不应小于 0.8 米；变压器外廓至门的距离，分别不应小于 0.8 米和 1.0 米。

表 5 - 1　　　　　　　　导线与地面或水面的最小距离　　　　单位：米

线路经过地区	线路电压（千伏）		
	1 以下	10	35
居民区	6	6.5	7
非居民区	5	5.5	6
交通困难地区	4	4.5	5
不能通航或浮运的河、湖冬季水面（或冰面）	5	5	5.5
不能通航或浮运的河、湖最高水面（50 年一遇的洪水水面）	3	3	3

表 5 - 2　　　　　　　　导线与建筑物的最小距离　　　　单位：米

线路电压（千伏）	1 以下	10	35
垂直距离	2.5	3.0	4.0
水平距离	1.0	1.5	3.0

表 5 - 3　　　　　　　　导线与树木的最小距离　　　　单位：米

线路电压（千伏）	1 以下	10	35
垂直距离	1.0	1.5	3.0
水平距离	1.0	2.0	3.5

2）低压配电装置。低压配电装置正面通道的宽度，单列布置时不应小于1.5 米；双列布置不应小于 2.0 米。背面通道一般不应小于 1.0 米，有困难时减为 0.8 米；通道内高度低于 2.3 米的无遮栏裸导电部分与对墙面或设备的距离不应小于 1.0 米；与对面其他裸导电部分的距离不应小于 1.5 米；通道上方裸导电部分的高度低于 2.3 米时，应加装遮护，遮护后通道的高度不应小于1.9 米。

配电装置长度超过 6 米时，屏后应有两个通向本室或其他房间的出口，其间距应不超过 15 米。

3）灯具。室内灯具高度一般应大于 2.5 米；受条件限制则可减为 2.2 米；再降低，就要采取安全措施；灯具在桌面上空或其他人不能到达的地方，高度可减为 1.5 米。户外照明灯具一般不应低于 3.0 米；墙上灯具高度可以减为2.5 米。

（3）检修间距：为了防止在检修中，人体及其所携带的工具触及或接近带电体，必须保证足够的检修距离。

在低压工作中，人体或其所带的工具与带电体之间不应小于 0.1 米。在高压无遮栏操作中，人体或其所带的工具与带电体之间最小距离，10 千伏及以下者，不应小于 0.7 米。

在线路上工作时，人体或其所携带工具与邻近线路带电导体的最小距离，10 千伏以下不应小于 1.0 米，35 千伏不应小于 2.5 米。

在架空线路附近进行起重工作时，起重机（包括起吊物）与导线之间的最小距离，参考表 5-4。

表 5-4　　　　　　　　起重机与线路导线的最小距离

线路电压（千伏）	1 以下	10	35
距离（米）	1.5	2	4

三、兼顾直接、间接触电防护措施

1. 安全电压

（1）安全电压，从保护人身安全意义上来说，人体能自主摆脱触电电流的电压为安全电压。或者说人体接触较长时间不会发生触电危险的电压。具有安全电压的设备属于Ⅲ类设备。

安全电压限值是在任何情况下，任意两导体之间都不得超过的电压值。我国标准规定工频安全电压有效值的限值为 50 伏。我国规定工频有效值的额定值有 42、36、24、12、6 伏。凡特别危险环境使用的携带式电动工具应采用 42 伏安全电压；存在电击危险环境使用的手持照明灯和局部照明灯，应采用 36 伏或 24 伏安全电压；金属容器内、隧道内、水井内以及周围有大面积接地导体等工作地点狭窄、行动不便的环境，应采用 12 伏安全电压；水上作业等特殊场所，应采用 6 伏安全电压。

（2）通常采用安全隔离变压器作为安全电压的电源。安全隔离变压器的一次侧与二次侧之间有良好的绝缘，其间还可用接地的屏蔽进行隔离。安全电压侧应与一次侧保持双重绝缘的水平。安全电压回路的带电部分必须与较高电压的回路保持电气隔离，并不得与大地、保护接零（地）线或其他电气回路连接。安全电压的插销座不得与其他电压的插销座有插错的可能。安全隔离变压器的一次侧和二次侧均应装设短路保护元件。

如果电压值与安全电压值相符，而由于功能上的原因，电源或回路配置不完全符合安全电压的要求，则称之为功能特低电压。应用功能特低电压须配合补充安全措施。

2. 安装剩余电流动作保护器

（1）剩余电流动作保护器：是指当线路或其带电设备有漏电现象，造成回路电流不平衡时，就自动断电的装置，常用的为电流型剩余电流动作保护器，以漏电电流或触电电流为动作信号。动作信号经处理后带动执行元件动作，促使线路迅速分断。

（2）剩余电流动作保护器的作用：防止人身触电伤亡事故；防止漏电或电压突然升高引起火灾和电气设备事故；监视和切除一相接地故障等。

（3）剩余电流动作保护器的使用与维护：《农村安全用电规程》（DL 493—2001）规定，"4.3 电力使用者的职责：4.3.5 必须安装防触、漏电的剩余电流动作保护器，并做好运行维护工作。"《剩余电流动作保护器农村安装运行规程》（DL/T 736—2000）规定，"9.1 产权所有者应对剩余电流动作保护器建立运行记录和试验记录。9.2 供电企业每年应统计上报总保护的安装率、运行率、正确动作次数、拒动次数、误动次数及安装运行情况分析。"

本部分详细内容见本书第三篇第十章第三节。

第二节 间接触电防护措施

保护接地、接保护中性线属于防止间接触电的安全措施。在实际工作中，工矿企业电气工作人员要弄清保护接地和接保护中性线的防护原理、适用范围、技术要求。一些工矿企业生产和生活用电场所保护接地和接保护中性线不完善，接保护中性线错误地采取了接地措施，错误地将工作零线作为保护零线使用，或将保护零线作为工作零线使用。这些问题的存在使得间接触电防护措施弱化或失去了保护人身安全的功能。

一、工作接地

1. 工作接地

为保证电气设备在正常或事故情况下可靠工作而进行的接地，叫做工作接地。如，变压器中性点直接接地或经过消弧线圈接地。除此之外，工作接地还有其他的作用。

2. 工作接地的其他作用

（1）降低人体接触电压。在中性点不接地系统中，当一相出现接地故障时，人体触及非故障相时，承受的电压为线电压，即相电压的$\sqrt{3}$倍。而在中性点直接接地系统中，一相故障接地时，人体触及的非故障相电压接近相电压。

（2）迅速切除故障。相对于中性点不接地系统而言，中性点接地系统故障电流大，保护装置能够迅速切除故障电源。否则，即使小电流长时间触电也是很危险的。

（3）降低电气设备和输电线路的设计绝缘水平。根据（1）的原理可知，中性点接地系统的线路和设备只须按照相电压来设计绝缘，而不需要按$\sqrt{3}$倍的相电压来设计。

（4）泄放雷电流。当雷电流侵袭中性点接地系统时，可以沿着接地线，迅速泄放。这也是防雷保护的原理。

（5）消除设备静电荷。为了防止静电荷的聚集，引起电击和火灾等事故，对设备、管道、容器等进行接地。

二、低压系统接地方式及装置要求

低压电力网的三相分别用 L1、L2、L3 表示；中性线用 N 表示，与变压器低压侧中性点连接用来传输电能的导线；保护线用 PE 表示，是指在某些故障情况下电击保护用的导线，这里主要是指在 TN-C 系统中受电设备外露可导电部分与保护中性线连接的导线；保护接地线用 PEE 表示，是指在某些故障情况下电击保护用的导线，是 TT 系统和 IT 系统中受电设备外露可导电部分与接地体地面上的接线端子连接的导线；保护中性线用 PEN 表示，起中性线和保护线两种作用的导线。

1. TT 系统

变压器低压侧中性点直接接地，系统内所有受电设备的外露可导电部分用保护接地线接至电气上与电力系统的接地点无直接关联的接地极上。农村电力网宜采用 TT 系统，如图 5-1 所示。

2. TN-C 系统

变压器低压侧中性点直接接地，整个系统中性线（N）和保护线（PE）是合一的，系统内所有受电设备的外露可导电部分用保护线（PE）与保护中性线（PEN）连接。城镇、电力用户宜采用 TN-C 系统，如图 5-2 所示。

3. IT 系统

变压器低压侧中性点不直接接地或者经高阻抗接地，系统内所有受电设备的外露可导电部分用保护接地线（PEE）单独地接至接地极上。对安全有特殊要求的宜采用 IT 系统，如图 5-3 所示。

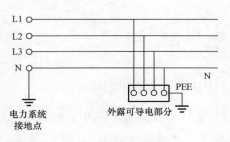

图 5-1 TT 系统   图 5-2 TN-C 系统

三、保护接地

1. 保护接地

电气设备绝缘损坏时，可能使外壳带电。为了防止人体触及带电的设备危及人身安全，用保护线 PE 将设备外壳与接地极连接起来，就叫保护接地。

2. 保护接地原理

（1）TT 系统保护接地

如图 5-4 所示，设备一相碰壳带电，如果设备没有接地，人体电阻 R_r 为 1000 欧，系统中性点接地电阻 R_o 为 4 欧，相电压为 220 伏，人体流过的触电电流，根据欧姆定律，有

$$I_o = \frac{U_\varphi}{R_o + R_r} = \frac{220}{4 + 1000} \approx 0.22（安）= 220（毫安）$$

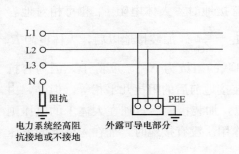

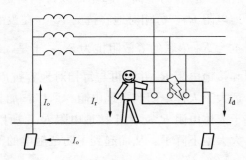

图 5-3 IT 系统   图 5-4 TT 系统保护接地示意图

须知触电电流 50 毫安，即为致命电流！

如果加装保护接地，设其接地电阻 R_d 为 4 欧，其与人体电阻 R_r（1000 欧）并联后的电阻 R_{rd} 约为 4 欧。此时，触电回路的总电流为

$$I_o = \frac{U_\varphi}{R_o + R_{rd}} = \frac{220}{4 + 4} = 27.5（安）$$

加在人体上的电压为

$$U_r = I_oR_{rd} = 27.5 \times 4 = 110(伏)$$

流过人体的电流为

$$I_r = \frac{U_r}{R_r} = \frac{110}{1000} = 0.11(安) = 110(毫安)$$

110 毫安依然是致命的，但比较没有保护接地却降低了一半。如果人体皮肤干燥，取电阻值为 2000 欧，则触电电流为上述计算值的 1/2，即 55 毫安。

（2）IT 系统保护接地

IT 系统保护接地示意如图 5-5 所示。

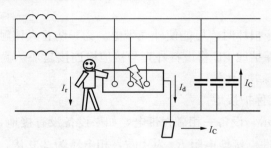

图 5-5　IT 系统保护接地示意图

IT 系统，一相接地的电容电流为正常运行时每相对地电容电流的 3 倍（推导略）。为了简单起见，以每相对地电容电流为例。仍设人体电阻 R_r，接地电阻 R_d，每相对地容抗为 X_C。在没有接地时，人体电阻 R_r 和每相对地容抗为 X_C 串联的等效阻抗为 Z_{Cr}，于是，$I_C = \frac{U_\varphi}{Z_{Cr}}$。加装接地以后，人体电阻 R_r 和接地电阻 R_d 并联再与每相对地容抗串联的阻抗为 X_{Crd}。实际上，因为容抗远大于人体电阻和接地电阻，所以，加装接地前后的阻抗几乎相等。但是，由于人体电阻 R_r 远大于接地电阻 R_d，所以，加装接地后，加在人体上的电压则大大地下降了，从而起到了防范触电的作用。没有接地时，加在人体上的电压为 $U_r = \frac{U_\varphi}{Z_{Cr}}R_r$。接地以后，加在人体上的电压为约为 $U_r = \frac{U_\varphi}{Z_{Cr}}R_d$，假设 R_d 为 4 欧，R_r 为 1000 欧，加装接地后的，加在人体上的电压为没有接地时的 4/1000 = 1/250。显而易见，大大增加了人体触电的安全性。

3. 接地电阻值的要求

根据《电力设备接地设计技术规程》（SDJ 8—1979）规定，不同情况下接地电阻值的要求见表 5-5。

表 5-5　　　　　　　　　　不同情况的接地电阻值

电　压	接地装置特点		接地电阻（欧姆）
1000 伏以上	大接地电流系统		≤0.5
	小接地 电流系统	仅用于 1000 伏以上系统	≤250/I_d（≤10）
		与 1000 伏以下系统共用	≤100/I_d（≤10）
1000 伏以下 中性点直接 接地	并联运行变压器总容量为 1000 千伏·安以上		≤4
	并联运行变压器总容量为 1000 千伏·安以下		≤10
	重复接地		≤10
独立避雷针			≤25

4. 适用保护接地的电气设备

在故障情况下，可能出现对地电压的设备外露可导电部分，根据《电力设备接地设计技术规程》（SDJ 8—1979）规定，电气装置应接地的金属部位有：

（1）电动机、变压器、电器、携带式或移动式用具等的金属座或外壳；

（2）电气设备的传动装置；

（3）室内外装置的金属或钢筋混凝土架构以及靠近带电部分的金属遮栏和金属门；

（4）配电、控制、保护用的屏及操纵台等的金属架和底座；

（5）交、直流电缆的接头盒、终端头和膨胀器的金属外壳，以及电缆的金属护层、可触及的电缆金属保护管和穿线的钢管；

（6）电缆桥架、支架和井架；

（7）装有避雷线的输电线路杆塔；

（8）装在配电线路杆上的开关、电容器等电气设备外壳；

（9）在非沥青地面的居民区内，无避雷线的小接地电流架空线路的金属杆塔和钢筋混凝土杆塔；

（10）在除尘器的架构；

（11）封闭母线的外壳及其他露裸的金属部分；

（12）SF_6 封闭式组合电器和箱式变电站的金属箱体；

（13）电热设备的金属外壳；

（14）控制电缆的金属护层。

四、接保护中性线

在保护接地的原理分析中，可以看出，保护接地只能降低人身触电的危险程度，不能避免触电伤亡事故，因为触电电流仍然可达 50 毫安，依然是危及生命的。下面讨论另一种保护方式。

1. 接保护中性线

这是指将电气设备的外露可导电部分用保护线 PE 与中性线 N 相连接的保

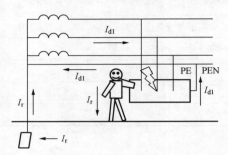

图 5-6　接保护中性线示意图

护方式，用 PEN 表示。《农村低压电力技术规程》（DL/T 499—2001）11.3.3 规定，在 TN-C 系统中，保护中性线的接法应正确，即从电源点保护中性线上分别连接中性线和保护线，其保护线与受电设备外露可导电部分相连，严禁与中性线串接。保护中性线 PEN 和中性线 N 不是一条线，应该单独引出，构成三相五线制（一般用于独立的配电系统）。实际应用中，保护中性线 PEN 和中性线 N 是合一的，如图 5-6 所示。

2. 接保护中性线的原理

接保护中性线后，当电气设备某相绝缘损坏碰壳时，接地短路电路通过故障相线和中性线构成回路。由于相线和中性线阻抗很小，回路中接地短路电流（单相短路电流 I_{d1}）则比较大。这样即使人体触及带电设备外壳，由于人体电阻比相线和中性线阻抗大得多，所以绝大部分电流流经故障回路，人体电流 I_r 则很小。同时，由于故障电流较大足以使线路上（或电源处）的低压断路器（自动空气开关）或者快速熔断器在很短的时间内迅速切断故障设备供电，从而避免触电伤亡事故。

3. 接保护中性线的条件

（1）确保单相短路电流使继电保护装置灵敏动作

接保护中性线防止触电，一方面是减小触电电流，更重要的是借助于较大的单相短路电流，迫使继电保护装置动作，切除故障设备供电。因此，必须验算短路电流，确保继电保护装置动作的灵敏性。不仅设计时要验算，低压配电系统运行中参数变化后，也要验算。如线路延伸，阻抗增大，短路电流就减小，就会使继电保护装置的灵敏度降低，就需重新验算。

（2）中性线不能断线

TN 系统中的中性线既是正常的工作线，也是设备单相碰壳时的故障电流的通路。如果中性线断线，设备单相碰壳也构不成单相短路回路，故障点也不能切除，接保护中性线就起不到保护作用。其次，中性线断线点之后的中性线上连接的设备均会出现对地电压，使故障范围扩大。为此，须规定 TN 系统的中性线上不得装设熔断器或单极刀闸，以免造成人为断线。同时要求中性线与相线使用等截面的导线。

（3）重复接地

在（2）中述及如果中性线断线，设备单相碰壳故障点不能切除，接保护中性线就起不到保护作用，且使故障范围扩大。为了防止上述情况发生，要求中性线重复接地。即要求中性线除了在电源中性点处接地外，还应在保护中性线的一处或多处接地。这样，当中性线断线时，断点后中性线继续保持接地状态，减少人身触电伤害。

4. 适用保护接地的电气设备

《农村低压电力技术规程》（DL/T 499—2001）规定，①在 TN-C 系统中，除Ⅱ类和Ⅲ类电器外，所有受电设备（包括携带式、移动式和临时用电器）的外露可导电部分用保护线接保护中性线。②在 TN-C 系统中，电气设备的传动装置、配电盘的金属框架、金属配电箱用保护线接保护中性线。

五、保护接地和接保护中性线的选用

（1）中性点直接接地低压电网中，电气设备一般采用保护接地，减轻人身触电的伤害危险。为了提高安全效果，当设备比较集中时，采用接保护中性线，但应在首末端做重复接地。

（2）中性点不接地系统中，电气设备采用保护接地。

（3）同一电源的低压电网上所带的电气设备，不能有的采用保护接地，有的采用接保护中性线。否则，当采用保护接地的设备外壳带电时，会使保护中性线和保护中性线上的设备外壳产生较高的对地电压，增加人身触电的危险。如图 5-7 所示，当接地设备 M2 中性线

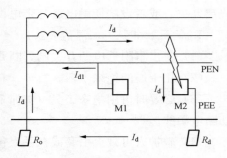

图 5-7 M1 接保护中性线、M2 接地

碰壳时，中性线与 M2 接地和电源接地构成回路，其电流为 $I_d = \dfrac{U_\varphi}{R_o + R_d}$，由于 R_d 和 R_o 都是接地电阻，阻值很小，I_d 很大，那么系统中性点对地电压也就很高，接保护中性线的设备 M1 的对地电压也就很高。实际上就是把接地设

备的漏电故障扩展到接保护中性线设备上了。

（4）保护方式的改造。新建或改造客户建筑物的室内配电部分，实施以局部三相五线制或单相三线制，取代 TT 或 TN-C 系统中的三相四线制或单相二线制配电模式，可以有效实现客户端的接保护中性线。所谓"局部三相五线制或单相三线制"，就是在低压线路接入客户后，客户要改变原来的传统配线模式，在原来的三相四线制和单相二线制配线的基础上，分别各增加一条保护线接入到客户每一个需要实施接地保护电器插座的接地线端子上。为了便于维护和管理，这条保护线的室内引出和室外引入端的交汇处应装设在电源引入的配电盘上，然后再根据客户所在的配电系统，分别设置保护线的接入方法。

第三节　触　电　急　救

电力高危作业，人身触电事故难以避免。一旦出现事故，电力作业人员和其他在场人员就要按照"迅速、就地、正确、坚持"的触电急救八字方针，尽量做到减轻伤情，减轻痛苦，就地施救，迅速联系，操作正确，动作快捷。为此就要熟悉和掌握触电急救的基本程序和方法。

一、正确脱离电源

触电急救首先要使触电者迅速脱离电源，越快越好，减少电流作用时间。这就要求把触电者接触的那一部分带电设备的电源来路切断，即断开断路器或隔离开关，或者设法使触电者与带电设备脱离，后者在触电现场经常被用到。

1. 低压触电脱离电源的方法

（1）将出事附近电源开关闸刀断开，或将电源插头拔掉，以切断电源。

（2）用干燥的绝缘木棒、竹竿、布带等物将带电体和触电者拨离或拉开。

（3）必要时可用绝缘工具（如带有绝缘柄的电工钳、木柄斧头以及锄头）切断电源线。

（4）救护人可戴上手套或在手上包缠干燥的衣服、围巾、帽子等绝缘物品拖拽触电者，使之脱离电源。

（5）如果触电者痉挛，导线缠绕在身上，救护人先用干燥的木板塞进触电者身下使其与地绝缘来隔断入地电流，然后再采取其他办法把电源切断。

（6）如果触电发生在低压架空线路上或配电台架、进户线上，可立即切断电源，将触电者救护至可靠的地方以防坠落。

2. 高压触电脱离电源的方法

（1）公用设施触电立即停止供电，企业内部触电切断相关电路。

（2）戴上绝缘手套，穿上绝缘靴，用相应电压等级的绝缘工具按顺序切断电源开关或熔断器。

（3）抛掷裸金属使线路短路接地跳闸断电，但要注意安全。

>> 案例5-1 2001年4月13日，某村村民纪某与繁育场签订房屋租赁合同。合同约定：纪某租赁繁育场房屋十间，用于奶牛养殖，租赁期限为五年，租赁期间，出租方提供水、电，租赁方按月交纳水、电费，交费标准按有关规定执行。合同签订后，纪某购买电线等材料自己动手在租赁房里扯了照明线路，办起了奶牛养殖厂。2001年8月1日下午3点半左右，纪某及其妻韩某在其租赁的院落内准备给客户送牛奶，其雇工刘某在租赁的房屋内打扫卫生。这时，纪某夫妇忽然听见屋内刘某喊了一声，急忙向屋内跑去。只见刘某左手抓着一根导线半蹲在地上，已经触电。纪某情急之下，伸出左手抓着导线准备扯断导线救人，在接触导线时亦触电倒地。韩某见状从屋内跑出喊人抢救，繁育场职工胡某、孙某及另外一租用繁育场房屋的王某三人赶到事故现场。三人急忙想办法切断电源，结果没有找到开关。王某用一铁锹准备砸破房屋西屋头的电表盒，因表盒较高，三人找了一铁梯子，孙某站在梯子上，想把表盒打开。孙某的手刚一接触电表盒，因表盒带电，孙某也触了电。王某在下面用铁锹柄把孙某从梯子上拉了下来。胡某见没办法切断电源，就跑到繁育场用电线路的引出单位美食公司找电工拉闸。由于未及时切断电源，其他人无法施救。等电工切断电源后，刘某、纪某已经死亡。

▮▮ 评析 ------▶

本案发生的原因是纪某接线离地太低，固定不牢，被牛绊断，绝缘破坏，致使刘某捡拾地上电线时触电。但事发后纪某、胡某、孙某、王某切断电源的方法很危险。一开始就应该首先通知美食公司的管电人员拉闸断电，同时寻找带绝缘的电工钳子剪断电线或者用带有干燥长木柄的工具使触电者脱离电源，绝不应该使用手扯电线和破坏电表箱的鲁莽方式断电，结果造成了三次触电事故。

▮▮ 启示 ------▶

对于普通公民而言，即使不能掌握触电急救的全过程，掌握准确脱离电源的方法还是必须的。电力企业在触电救护方面的宣教工作任重道远。

3. 触电者脱离电源后对症施救措施选择

触电者脱离电源后对症施救措施可按表 5 - 6 进行。

表 5 - 6　　　　　　触电者脱离电源后对症施救措施表

神志	心跳	呼吸	对症施救
清醒	存在	存在	静卧、保暖、严密观察
昏迷	停止	存在	胸外心脏按压术
昏迷	存在	停止	口对口（鼻子）人工呼吸
昏迷	停止	停止	同时做胸外心脏按压和口对口（鼻）人工呼吸

二、胸外心脏按压术

1. 按压部位

在胸骨中 1/3 与下 1/3 交界处。具体确定方法如下。

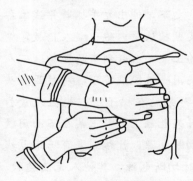

图 5 - 8　按压部位

以两肋弓交点处为准，向上量取横二指（食指和中指）以上部分即为按压区，如图 5 - 8 所示。

2. 按压方法

（1）按压。

1）双手交叉（手指叉扣），两臂绷直，垂直按压。平稳有节律，不间断。

2）不能做冲击式按压。

3）下压上松时间均等，并在压至最下点做明显的停顿。

4）放松时手掌根部不离开原位，并自然放松，勿使触电者胸骨受压。

（2）按压频率。100 次/分钟。按压与人工呼吸的比例通常是，若单人做，为 15：2；若双人做，成人为 5：1；婴儿、儿童为 5：1。

（3）按压深度。成人 3.8～5 厘米；5～13 岁儿童 3 厘米；婴幼儿 2 厘米。

图 5 - 9 是胸外心脏按压术正确姿势与错误姿势的示例。

三、口对口（鼻子）人工呼吸

1. 吹气方法

（1）在呼吸道畅通条件下进行。如图 5 - 10 所示，施救者一手托触电者的颈部，另一手按于前额并用拇指和食指捏住触电者鼻子，深呼吸并屏住，用自

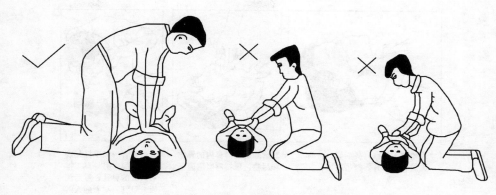

图 5-9 胸外心脏按压术正误姿势

己的嘴唇包住触电者的微张的嘴唇，用力、快速而深沉地吹入触电者口中，并观察胸部有无起伏。胸部无起伏则说明气道不通，应畅通其呼吸道。

（2）一次吹完后，应与触电者口部脱离，同时也使触电者的口部张开，鼻子放松。深呼吸新鲜空气后，做下一次吹气。

（3）抢救一开始，应按上述方法立即向触电者吹两口气。吹气有起伏者，人工呼吸有效；无起伏者，可能是气道不畅、鼻子漏气、吹气不足或者气道梗阻，应进行气道清理。

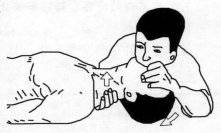

图 5-10 人工呼吸示意图（一）

2. 吹气量

成人 1000～1200 毫升，儿童 800 毫升左右。

3. 吹气频率

抢救开始的前两次吹气间隔时间为 1～1.5 秒；有脉搏无呼吸的触电者，每 5 秒吹一口气。

另一种吹气方法方法如图 5-11 所示。

四、双人心肺复苏操作

心肺复苏，即由两人同时进行胸外心脏按压术和口对口（鼻）人工呼吸使触电者心脏起搏并恢复呼吸。遇到心跳、呼吸都停止的触电者，最好两人配合做心肺复苏。

两人协调配合做心肺复苏时，吹气应在按压上抬时完成；按照 100 次/分钟连续按压；按压与吹气按 5∶1 的比例配合进行。如按照按压者数"1、2、

1. 使病人仰卧、头后仰，将病人的衣领解开，腰带放松。

2. 清除病人口鼻内的异物和污物，保持呼吸道通畅。

3. 救护者一只手托起病人的下颌，另一只手捏紧病人的鼻孔，然后深吸一口气，对着病人的口部用力吹入

图 5 - 11　人工呼吸示意图（二）

3、4、吹（气）"的方式配合。

五、复苏有效征兆、转移与终止

1. 复苏有效的征兆

复苏有效的征兆见表 5 - 7。

表 5 - 7　　　　　　　　　复苏有效的征兆

部　位	有　效　征　兆	无　效　征　兆
瞳孔	由大变小	由小变大、固定、角膜混浊
面色	由紫绀转为红润	变为灰白
颈动脉搏动	搏动随着按压出现和消失；按压停止，脉搏跳动，已恢复	搏动不随着按压出现和消失
神志	眼球活动，睫毛反射与对光反射；甚至手脚抽动，肌张力增加	昏迷
呼吸	出现自主呼吸，但呼吸微弱仍需继续	无呼吸

2. 转移

现场抢救，贵在迅速和坚持，勿为施救方便或触电者舒适而移动触电者。在送往医院途中直至医生接手抢救之前也应连续坚持心肺复苏。就近转移触电者地点的时间不应超过 7 秒钟；即使在狭窄通道、上下楼梯、上下救护车等转移操作过程也不应超过 30 秒钟。

3. 终止

人命关天，生命无价。心肺复苏操作尽量延长时间，连续坚持。如果复苏

操作已经坚持了 4 小时甚至更长时间还未出现有效征兆或已出现尸僵和尸斑，方可考虑放弃抢救。道德、人性、情谊、责任在支持着你。尤其是高压、超高压电击致使触电者心跳和呼吸停止者，更应该长时间坚持心肺复苏操作，也许就在你放弃念头闪现的下一秒钟，就会出现生命的奇迹！

>> 案例 5-2 2006 年 4 月 9 日，陈某和儿子等人到贺先生家安装阳台设施，陈某的儿子用电钻打孔时，被电击倒在地。陈某意识到儿子触电了，立即断开电源扶住儿子。待"120"急救车赶到时，陈某的儿子已停止了呼吸。事后，陈某和贺先生签订了调解协议，由贺先生赔偿 2 万元。

之后，陈某认为，他们应邀到贺先生家工作，由于贺先生未向他们说明供电线路分布情况，又未安装剩余电流动作保护器，才使儿子触电死亡，这与贺先生未能提供安全的工作环境有关。且在未弄清触电原因之前，未征得陈某同意，贺先生叫人强行把尸体拉走，没有保护现场，贺先生存在一定的过错，认为事后双方签订的调解协议是贺先生乘人之危所签订的，属无效合同。为此，陈某将贺先生诉至法院，要求贺先生赔偿丧葬费等各项费用共计 18 万余元。

贺先生答辩称，他家装修的是阳台雨篷工程，该工程是承包给陈某一个人的，陈某儿子及其他工人是陈某雇佣的人员。陈某等人是包工包料自备工具施工的，陈某儿子是因为陈某强迫其使用了漏电的电钻触电死亡的（该电钻事后经产品质量监督检验院检测存在严重安全隐患）。陈某儿子的死亡应由陈某自行负责。陈某儿子触电后，贺先生叫陈某不要抱住儿子，要将伤员平躺在地上，做人工呼吸，但陈某不听，执意将儿子竖起抱在怀里，并且在 120 救护医生三次提出要立即送医院抢救时，均被陈某强烈阻止，延误了抢救时间，从而失去了抢救机会。因此，贺先生认为，陈某儿子之死，陈某负有不可推卸的责任。

评 析

撇开本案的赔偿结果，陈某对儿子之死确实负有不可推卸的责任。即使陈某不会判断触电伤情，不会做胸外按压和人工呼吸，也应该接受贺先生建议，让其儿子平躺后，宽衣解带，通风静养，等待救护。

启 示

发生人身触电后，抢救生命置于首位，本案陈某阻止 120 医生送医院抢救，显然是为了保护现场，便于以后追究责任，这种置生命于不顾的做法是本末倒置，极其错误的。

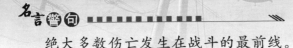

第六章

名言警句

绝大多数伤亡发生在战斗的最前线。

农村人身触电事故预防措施

第一篇已述及，农村是人身触电事故的高发区域，是预防人身触电工作的重中之重。在农村，线路、变台区等电力设施与人们的活动区难以截然分开；千家万户都有电源、家电和其他电动工具；盖房、打井和其他施工比较多，架设临时用电线路，安装开关等配电设备，农村的人们比较易于接触到以上这些电力设施，甚至说触手可及，易发人身触电事故。因此，农村人身触电事故预防工作，面广量大，延伸到千家万户、胡同旮旯，关系到大人孩子的生命健康。农村人身触电事故预防任务艰巨。

第一节　线路人身触电事故预防

在农村和城市郊区，10 千伏线路邻近房屋或者跨越房顶，低压线路阡陌纵横，交错如织，大大增加了人们接触带电线路的概率。因此，防范工作要起于发轫之初，从设计施工、巡视维护、杜绝妨害输电线路的违法行为等各个环节全面展开，从不懈怠，持之以恒。

一、线路设计施工符合标准和规程

在人身触电事故中，民事责任的承担，低压适用过错责任原则，高压适用无过错责任原则。如果电力企业的线路设计施工不合乎标准和规程的规定，前者无疑要承担责任，后者即使有免责的事由也不能完全免责。

1. 严格遵守设计、施工和工艺规程

受电工程设计、审查、验收应依据国家和电力行业的有关农电工程的标准、规程。如《10kV 及以下架空配电线路设计技术规程》（DL/T 5220—2005）、《架空绝缘配电线路施工及验收规程》（SDJ 602—1996）、《低压配电设计规范》（GB 50054—1995）、《电气装置安装工程　35kV 及以下架空线路施工及验收规范》（GB/T 50173—1992）、《农村低压电力技术规程》（DL/T 499—2001）以及《国家电网公司农村电工技能操作工艺标准提要》等。

2. 工程施工与发包

线路建设和改造工程通过招标方式优中选优购置设备，在建设过程中严格按照电力法律法规和如上列举的国家和行业的有关标准、规程施工。杜绝由无设计资质的单位设计电力工程或者边设计边施工的现象。不能为了减少工程投资或贪图方便，将农电工程承包给无电力工程施工资质的单位，土法上马，野蛮施工，马虎应付，遗留隐患。杜绝不合格材料设备，使用有资质、信得过的产品。严格遵照施工规范，提高工程质量等级。

最高院《人损解释》第三条中规定，"二人以上共同故意或者共同过失致人损害，或者虽无共同故意、共同过失，但其侵害行为直接结合发生同一损害后果的，构成共同侵权，应当依照《民法通则》第一百三十条规定承担连带责任。"《侵权责任法》第十三条也规定，"法律规定承担连带责任的，被侵权人有权请求部分或者全部连带责任人承担责任。"《人损解释》第十一条规定，"雇员在从事雇佣活动中因安全生产事故遭受人身损害，发包人、分包人知道或者应当知道接受发包或者分包业务的雇主没有相应资质或者安全生产条件的，应当与雇主承担连带赔偿责任。"如果电力企业将电力工程发包给没有资质的施工单位，在施工中发生安全生产事故（包括人身触电）要承担连带责任。

3. 低压配电工程常见缺陷和隐患

①低压架空线过低，对地高度或与建筑物的安全距离不符合规程要求；②相线线间距离不足；③低压电杆拉线固定部位不合理，工艺不良，又无隔离绝缘子；④用破股线、废铝线或铁丝作电线；⑤接头不合格；⑥电气设备金属外壳未接地或接地不良；⑦用绝缘层破损或老化的电线作为进户线或电器引线；⑧电话线、广播线、电视线与电力线跨越、交叉或间隔距离不符合要求造成强弱电线纠结或搭连；⑨螺口灯头与灯泡不符合标准要求，且中性线、相线接错，使灯泡金属螺口带电外露；⑩单向开关误接在零线；⑪不装剩余电流动作保护器或选型不当或选用劣质的剩余电流动作保护器，或者人为退出运行，致使农村因剩余电流动作保护器安装和运行缺陷造成人身触电伤亡事故仍在发生。

》》案例6-1　原告邬某、邬海某（易某之子）、邬志某（易某次子）诉称，

2007 年 7 月 25 日，原告邬某之妻易某在自己承包地干活时，因触及架设在该地里的电杆拉线身亡。原因是被告某供电公司在进行农网改造时，为被告邬云某安装的照明线路严重不符合技术规范。三原告起诉，要求判令二被告支付丧葬费 9607.50 元、误工费 1316.10 元、生活补助费 300 元、交通费 500 元、被抚养人生活费 22 050 元、精神抚慰金 20 000 元、死亡赔偿金 187 980 元，合计 241 753.60 元。

法院经原、被告当庭陈述、举证、质证和庭审辩论，查明以下事实：①2007 年 7 月 25 日 17 时 40 分左右，受害人易某在自己的承包地里干活时，由于触及到带电的电杆拉线被电击，送至医院抢救无效死亡。其主要原因是裸导线输电线路因绝缘子破裂而直接搭在铁横担上，电杆拉线是直接套在铁横担上，致拉线带电；②事故线路由被告供电公司于 1994 年架设，2002 年统一进行农网改造。安装方式：事故处周围的输电线路和拉线均为裸导线，每根电杆的拉线都是直接套接在铁横担上；③产权归属：事故线路的输电线、电杆、拉线等设施均属被告邬云某所有；④2007 年 10 月 19 日，某市大江区经委文〔2007〕62 号文件关于“7·25”触电事故调查处理意见报告，明确事故责任划分，被告邬云某应承担此次事故的全部责任。2007 年 11 月 12 日，某市大江区政府〔2007〕43 号文件关于“7·25”触电事故调查处理的批复，同意经委对该项事故的原因分析和性质认定。

法院认为，本案事故线路系低压输电线路，低压电力触电事故，属一般民事侵权行为，应当适用过错归责原则，即根据我国《民法通则》第一百零六条第二款规定，“公民、法人由于过错侵害国家的、集体的财产，侵害他人财产、人身的应当承担民事责任。”如果受害人、致害人对损害后果都有过错的，则根据各自过错程度承担相应的责任；如果当事人一方对损害后果没有过错的，不应承担赔偿责任；如果双方当事人对损害后果均无过错的，则可适用公平归责原则。被告供电公司在农网改造时，违反了《农村低压电力技术规程》（DL/T 499—2001）关于拉线一般固定在横担下但不大于 0.3 米处的技术规定，把所有电杆拉线都直接套接在铁横担上，该种安装方法存在重大的安全隐患，如果按技术规定进行安装，即便导线落在铁横担上，也不必然导致拉线带电，致使该次事故的发生，说明电杆拉线的错误安装与该次事发生具有直接的因果关系，所以被告供电公司应承担重大的过错责任。被告供电公司辩称，被告邬云某雇佣不具备电力安装资质的人换装拉线不规范是事故发生的直接原因，但没有提供足够的证据证明事故处的电杆拉线是被告邬云某换装的，且该拉线与周围电杆拉线的安装并无本质区别。事故电杆上的柴刀也是在铁横担固定架内，而不是安装拉线时的附属物，所以被告供电公司的辩解不能成立。被告郐云某作为本案事故发生线路的产权人，应当切实履行其作为产权人的管理职责，在自己的线路电杆上的绝缘子破裂后导致导线落在铁横担上没有及时发现且进行修复，监督管理不力。如果能及时发现，并进行维修，也是可以避免事故发生的，所以被告郐云某未尽管理之责是该次事故发生的原因力之一，应当承担相应的责任。作为产权人郐云某不是电力专业人才，他不懂得供电公司统一进行农网改造安装的电杆拉线是否违反技术规程，他完全有理由相信被告供电公司的农网改造是专业的、合格的，即便是在监督管理之中，也无法知晓此种安全隐患的存在，所以其过错责任程度应当小于安装人的过错责任。对于某市区经委关于"7·25"触电事故调查处理意见报告和某市大江区政府对"7·25"触电事故调查处理的批复，他们只注重了对电力产权人的责任划分，而忽略了对造成该次事故多种原因的分析，应当根据原因力的大小来划分过错责任，所以存在责任划分不当，本院对此不予采信。根据原告请求赔偿的项目和数额，经过证据质证认定，依法计算应赔偿其丧葬费、交通费、误工费、伙食补助费、死亡赔偿金、精神抚慰金合计77 713元。

为此，法院根据《民法通则》第一百零六条、第一百一十九条，《人损解释》第二十七条、二十八条、二十九条，参照《触电解释》第四条第一款第七项、第八项、第九项、第十项，第六条，最高人民法院《关于确定民事侵权精神损害赔偿责任若干问题的解释》（简称《精神赔偿解释》）第七条、第八条、第十条第六项和《民事诉讼法》第六十四条之规定，判决如下：原告郐某、郐海某、郐志某因易某死亡而应得的丧葬费、交通费、误工费、生活补助费、被抚养的生活费、死亡赔偿金、精神抚慰金，合计77 713元。由被告供电公司承担60%的责任，即赔偿46 627.80元；被告郐云某承担40%的责任，即赔偿31 085.20元。限本判决生效后十日内履行。驳回三原告的其他诉讼请求。

评 析

《农村低压技术规程》（DL/T 499—2001）6.6.9规定，"拉线一般固定在横担下不大于0.3米处。"而本案被告供电公司严重违反规程，将拉线直接套在横担上，且拉线上没有安装拉线绝缘子，一旦发生落线，必然致拉线带电。故供电公司应当对其过错承担责任。

启　示　----------▶

电力设施产权虽然属于邬某，但邬某承担了次要责任。由此可见，产权未必是承担主要责任的事由，同时可见线路设计施工合规的重要性。

二、按规定巡视、检修、消除隐患

即使按照前面所述，输电线路设计施工合乎规范，年月日久，也难免产生自然、人为损坏，形成缺陷。因此，按规定巡视、检修电气设备，及时消除隐患，是预防人身触电的重要工作。

1. 线路巡视

（1）巡视周期

根据《架空配电线路及设备运行规程》（SD 292—1988）第3.1.3条线路运行周期，按表6-1规定执行。

表6-1　　　　　　　　　　线路巡视周期表

序号	巡视项目	周　　期	备　　注
1	定期巡视 1~10kV 线路 1kV 以下线路	市区：一般每月一次； 郊区与农村：每季至少一次 一般每季至少一次	
2	特殊巡视		按需要定
3	夜间巡视	重要负荷和污秽地区 1~10kV 线路：每年至少一次	
4	故障性巡视		由配电系统调度或配电主管生产领导决定一般线路抽查巡视
5	监察性巡视	重要线路和事故多的线路每年至少一次	

（2）巡视的主要内容

1）杆塔是否裂纹、倾斜；基础是否破坏；安全警示牌是否齐全。

2）横担及金具是否锈蚀、歪斜；金具是否松动、脱落。

3）绝缘子是否裂纹、损伤、松动。

4）导线有无断股、过度松弛；过（跳）线有无断股、损伤；与其他线间距离是否符合规定。

5）拉线及其金具和拉线绝缘子是否损坏；拉线位置是否合适、有无带电现象。

6）接户线线间距和对地、对建筑物等交叉跨越距离是否符合规定；绝缘是否老化破坏；绝缘子有无损坏；有无混线、烧伤现象。

7）接地装置和防雷设施是否完整有效。

8）沿线是否有易燃、易爆、腐蚀物；线路对地距离是否符合规定；有无危及线路的建筑物和工程设施；有无危及线路的金属质烟囱和天线；植物与线路的距离是否安全；爆破工程是否符合规定；周围有无射击、放风筝、抛扔物、飘洒金属、因风而起的杂物；线杆和拉线是否有拴牲畜的。

2. 检修与缺陷处理

即使在巡视中发现了缺陷，但没有及时检修，缺陷仍在，隐患依然。输电线路设备缺乏运行维护管理，长期带病运行，难免发生人身触电事故。因此，应根据巡视记录的缺陷分类，及时予以检查维修，消除缺陷。

缺陷，笼统的说，运行中的线路部件，凡是不符合有关技术规定者，都叫缺陷。缺陷分为一般、重大和紧急三类。

1）一般缺陷，对线路安全运行影响不太大，如导线轻微损伤，短时期不会发生断线，在季度中维修消除。

2）重大缺陷，只能在短时期安全运行，如绝缘子串闪络，应加强监视，在短期内消除。

3）紧急缺陷，是随时可能发生事故的缺陷，如塔基被洪水冲垮，随时会倒杆断线，应现场会诊，确定方案，立即消除。

3. 隐患消除

患，祸害、祸事、灾难。隐患，潜藏的祸患。就安全而言，隐患是指隐蔽的、难以发现的祸患或者经过思考分析，逻辑推演才能查清的祸患。譬如，由曲突徙薪反推出的"直突堆薪"，难以直观地就发现这是隐患，是要通过推理的。隐患有静态的和动态的。前者是静止的，不动的；后者是移动的，活动的、生长的。静态的隐患，如带电的拉线、绝缘损坏的导线、失去接地保护的机器等；动态的隐患，如输电线路下不断向上生长的树梢、线下施工不断增高的土堆、线路附近因风而起的漂浮物等。

缺陷是线路和设备本身的不足，不符合有关技术和运行规定，相对于隐患而言，是"明患"，是明显的，可以通过巡线发现。当然也并非一切缺陷都是显而易见的。由此看来，查找隐患，比巡视缺陷要难得多，消除隐患比消除缺陷的难度要大得多。因为消除缺陷是技术问题，消除隐患往往要涉及社会和法律问题。

由于隐患导致的人身触电事故的概率往往比缺陷大得多，因此，及时查找隐患、消除隐患比消除缺陷显得更为重要。

三、禁止在线路保护区建筑施工

《电力法》第五十三条第二款规定，"任何单位和个人不得在依法划定的电力设施保护区内修建可能危及电力设施安全的建筑物、构筑物，……"第五十四条规定，"任何单位和个人需要在依法划定的电力设施保护区内进行可能危及电力设施安全的作业时，应当经电力管理部门批准并采取安全措施后，方可进行作业。"电力企业禁止在线路保护区建筑、施工有法律依据。

1. 线路保护区建筑、施工的发现渠道

（1）电力企业巡视、检修发现

巡视、检修具有周期性，诸多违章行为恰恰是在两次巡视之间完成的。再说线路及设备遍布整个营业区，巡视者撞上违法者的机会很少。

（2）基层组织护线队发现

乡镇基层巡线队伍，近水楼台，就地巡视，信息多且及时，可以根据缺陷和隐患的轻重缓急程度及时给电力企业提供信息。

（3）群众举报

设立举报制度，鼓励并奖励主动举报缺陷和隐患的群众，使举报蔚然成风。前已述及，很多违章建房是在两次巡线之间完成的。但是他们都是在群众的眼皮底下完成的。只要群众觉悟高，有责任心，就会及时报告电力企业。电力企业就能够及时对违法行为进行制止或采取其他预防措施。

2. 预防措施

（1）设立建房报告制度

与当地政府部门协调，不仅在批准建筑时要会签，而且在建设人开工前要向电力管理部门报告，由电力管理部门和电力企业一同前往查看是否符合线下建房的法律法规规定以及安全措施是否合格。电力企业参与建筑施工前的管理是基于法律法规的规定和电力行业的专业知识。总之，设立建房报告制度是一项防患于未然，关口前移的有效管理举措。

（2）劝止

这一步骤是非常重要的，也是很有效的。尽管电力企业没有行政执法权，但是只要耐心跟建筑人和施工商将电力法律法规的禁止规定现场宣讲透彻，讲明白继续违法建筑、施工的不利后果，为数不少的违法者就会转变为守法者。

但要做到就地、耐心、诚心、坚持，直至违章者停止其行为。因为一旦违章建筑工程竣工，基于成本投入和社会维稳的原因，再拆除就难于上青天了。可是，如果日后出现了由此引起的人身触电事故，电力企业就在劫难逃。法院可能会认为，电力企业没有采取彻底有效的举措阻止违法行为继续实施，以致酿成事故，应当承担相应的赔偿责任。

（3）报告电力管理部门

电力企业劝止这一环节是最有效，也是最经济的，但不是万能的。有的违章建筑、施工者，对于没有行政管理权的电力企业的劝止置若罔闻；有的仰仗手中有政府部门的审批手续，更是有恃无恐。这时电力企业应当将案情报告电力管理部门，请求处理。

（4）提起诉讼

为了防止人身触电事故发生，对于危及线路设施的违法行为，可以采取诉讼。但必须能够先于执行，短时期或立即强制排除妨害，恢复原状，否则，遵循按部就班的司法程序来消除缺陷和隐患，将为之晚矣，失去意义。而且这种民事诉讼是基于电力设施产权人的完全物权才可以行使的。如果电力设施属于他人，电力企业无权处理。

>> 案例6-2　某市 217 省道附近，有一个新建的大型钢材交易市场。2010年 8 月 13 日，一名电工在工作时触电身亡，两天后，又有 2 名工人工作时触及高压电，其中一人当场身亡。钢材市场内部供电纵横交错，一条高压线路横穿市场，而市场内部普遍是大型机械和导电金属体，隐患重重，岌岌可危。事发十几天后，市场并无整改，隐患依然没根除，以致一些业户充满了恐惧和焦虑。

据调查，10 千伏高压线路建设在前，2010 年 7 月才有了钢材市场。该市供电公司说，大型钢材市场是镇政府批准建设的，我们根本就不知道。目前钢材市场的迁移计划还没有着落。

评析

很显然，镇政府建设钢材市场，没有获得电力管理部门的批准，高压线路下建造构筑物违反《电力设施保护条例》第十五条，任何单位和个人在架空电力线路保护区内，必须遵守下列规定……（三）不得兴建建筑物和构筑物；……"。但是，市场本为利，拆除谈何易？从另一方面说，偌大的市场非一朝一夕之功，就算是自身没有发现，难道就没有个风来树响？其他信息途径完全阻塞吗？如果这样，也说明供电公司的信息渠道畅通工作做得很差。总之，供电公司说他们根本不知道，是令人难以置信的。那么，接下来的高危作业伤害赔偿诉讼就在等待着你。疏于管理必将自食其果。

解决线下建筑、施工引发人身触电问题真要做到闻风而动，雷厉风行，苦口婆心，动之以情，晓谕法理，坚守到底。即使这样做了，有时效果也不理想，因线下建房、施工造成的事故依然不少。及时发现苗头、及时制止违法行为将是电力企业长期的工作。

值得注意的是，最危险的线下施工是在厂矿、城镇等人口密集地区的架空线路保护区，即《电力设施保护条例实施细则》第五条规定的安全距离，大大小于《电力设施保护条例》第十条规定的走廊宽度。如 10 千伏架空线路的保护区为两边导线水平向外延伸 5 米，而距离建筑物的安全距离仅仅为 1.5 米。如此狭小的距离，使人身触电防范难度很大，稍不留神，便引来杀身之祸。应当采取安装硬质防护网等安全措施（详见本书第三篇第九章第四节第二部分内容）。

>> 案例6-3 2004 年 11 月，李某购买了住房一套。2005 年 3 月 10 日，李某找到李某君，经协商后以 1100 元的价格让被告李某君为其装修卫生间、厨房、粘墙砖、铺地板砖，包工不包料，并先支付工钱 600 元。李某君即开始装修房屋。因李某君不会修厨壁，便把修厨壁的活以 200 元工价转包给被告黑某某。2005 年 4 月 5 日上午，李某给黑某某 120 元，让其购买铝合金材料，10 时左右，黑某某买回四根 4 米多长的铝合金条，到李某楼下后，用绳把铝合金条捆好，让雇工邵某某在楼上往上拉，黑某某在下面往上推。邵某某在将铝合金条往屋内拉时，铝合金条另一端与李某某窗户外相距 2.95 米的高压线接触，邵某某触电倒地，经医院抢救无效死亡。

评 析

本案是典型的修缮施工过程中触电，是在第二种电力设施保护区附近，而不是在其内作业，小于导线距穿越物体之间的安全距离，通过架空线路保护区，致使穿越物体触碰导线，造成人身触电。在输电线路两侧修建、改建和修缮建筑物和构筑物，经常要由地面往上层施工层面传递材料，特别是传递导体，最容易触电。在厂矿、城镇架空线路两侧施工必须采取安全措施。

本案被告供电公司在答辩：邵某某、黑某某违章在电力设施保护区内作业，违背了《电力设施保护条例》第十四条第（二）项"不得向导线抛掷物体"的禁止性规定，依照最高人民法院有关解释的规定，属免责事由，因此供电公司不应承担责任。在此，供电企业辩称引用法律规定不当。应为《电力设施保护条例》第十七条规定，不得"小于导线距穿越物体的安全距离，通过架空线路保护区"。凡是发生触电，必定突破了安全距离。

四、禁止在线路保护区种植、堆积与倾倒

市区绿化，经济林种植；施工遍地，建筑业膨胀，这些社会经济活动常常入侵到电力设施保护区，造成人身触电事故。

1. 违章种植

《电力法》第五十三条第二款规定，任何单位和个人不得在依法划定的电力设施保护区内种植可能危及电力设施安全的植物。《电力设施保护条例》第十五条规定，"任何单位或个人在架空电力线路保护区内，必须遵守下列规定：……（四）不得种植可能危及电力设施安全的植物。"由人的行为危及电力设施，反过来就会危及人的生命健康。

（1）单位和个人违章种植

分两种情况，一是架空线路在前；一是竹木种植在前。若电力架空线路在前，电力企业一发现违章种植现象，就要坚决将其消灭在幼芽期，来不得半点的松懈。幼苗投资不大，经过依法耐心劝止，违章种植者一般容易接受。如果视而不见，待到竹木渐成材料，违章种植者眼见不断大幅增值的竹木林，求利心切。此时要主人砍伐竹木，无异于让他往外丢钱，难度可想而知。若竹木种植在前，电力企业依法一次性赔偿之后，开拓出架空线路的保护区之后，立即与竹木所有人签订合同，约定不得再行种植危及输电线路的高秆植物，或者在不妨害线路安全的条件下允许种植矮株灌木植物。其次，在合同中约定巡视、检修线路的地役权等条款以及违约方应承担的责任。

（2）城市绿化

根据《电力设施保护条例及实施细则》第十六条规定，"（二）架空电力线路建设项目、计划已经当地城市建设规划主管部门批准的，园林部门对影响架空电力线路安全运行的树木，应当负责修剪，并保持今后树木自然生长最终高度和架空电力线路导线之间的距离符合安全距离的要求。（三）根据城市绿化规划的要求，必须在已建架空电力线路保护区内种植树木时，园林部门需与电力管理部门协商，征得同意后，可种植低矮树种，并由园林部门负责修剪以

保持树木自然生长最终高度和架空电力线路导线之间的距离符合安全距离的要求。"

2. 堆积与倾倒

在线路保护区内或者附近，堆积建筑垃圾，放置砖瓦、木材、钢筋、水泥等材料；为了满足建筑和其他施工的需求，建筑材料经营者长期囤聚堆积的砂子、石料和其他建筑材料等；也有专门经营特殊用途的矿土如膨润土等；工业生产单位倾倒矿渣、炉渣和工业垃圾和城市居民的生活垃圾等；金属材料市场堆积金属材料和木材市场堆积木材，更容易引发人身触电和火灾事故。

堆积与倾倒的砂子、土壤、石料、矿渣和垃圾等会抬高地面，减小架空线路对地安全距离；其次，提供了通向和接近带电线路的阶梯；再次，如果堆积钢材等良导体，本身就等于加长了触电的肢体；如果堆积木材等易燃物，不仅减小了线路对地的安全距离，还容易引发火灾，造成伤亡。

九层之台，起于累土。堆积与倾倒危及架空线路的隐患是日积月累逐渐形成的，其危险性是越来越严重，而不是一夜之间就突兀地堆积起一个包丘。只要电力企业经常巡视，发现之初即予严正制止，可以避免该类隐患转化为人身触电事故。电力企业在制止并下达了消除隐患通知之后仍不奏效时，应及时报告电力管理部门责令违章堆积、倾倒者停止作业、恢复原状。需要清除的，应请求人民政府强制清除。

五、禁止在线路保护区钓鱼、放风筝

《电力设施保护条例》第十四条规定，"任何单位或个人，不得从事下列危害电力线路设施的行为：……（三）在架空电力线路导线两侧300米内放风筝；……"由此可见，在架空电力线路导线两侧300米内放风筝是法规规定的禁止性行为。实践中，由于放风筝引发的人身触电事故并不多见。同样作为娱乐休闲方式之一的架空线路之下的垂钓活动，由此引发的人身触电伤亡事故在全国频频发生，可谓死伤者不计其数。然而，非常遗憾的是，线下垂钓却偏偏没有列举为《电力设施保护条例》和《电力设施保护条例实施细则》中的禁止性行为，以致供电公司在钓鱼案件中不得不引用《电力设施保护条例》第十四条的规定，"任何单位或个人，不得从事下列危害电力线路设施的行为：……（二）向导线抛掷物体；……"来说明线下钓鱼是违反《电力设施保护条例》的行为。如此引用，实属牵强。起杆或抛线时颇似"抛掷"，但却常常有持杆行走时触电伤亡的。再后来，原国家经贸委于二〇〇〇年一月五日在答复新疆维吾尔自治区电力公司关于触电事故有关问题的复函中，对于线下垂钓的性质干脆加以明确："根据《电力设施保护条例》第十四条的规定，不得向导线抛掷物体和从事其他危害电力线路设施的行为。因此，在电力线路保护区内甩杆钓鱼属于违反此条规定的行为。"在这里注意，甩杆钓鱼属于"抛掷"，持杆行走中触电又当何论？因此，在线下钓鱼案件的裁判中，电力企业迄今仍然是胜负兼有。

由此看来，预防线下钓鱼触电，是仅次于预防线下建筑和其他施工触电的一项重要工作。预防钓鱼触电主要从以下几个方面入手。

1. 保证架空电力线路工程合格

线路工程如果不符合有关标准和规程的规定，毫无疑问将适用过错责任原则，承担相应的过错责任，绝无免责的可能。至于钓鱼案中主要的标准就是架空线路的对地距离，而且以 10 千伏居多。10 千伏线路对地距离视地理地貌环境和人员车流流量不同而不同，应严格把握。《66kV 及以下架空电力线路设计规范》（GB 50061—1997）11.0.7 导线与地面的最小距离，在最大计算弧垂的情况下，应符合表 6-2 的规定。

表 6-2　　　　　　　　　　　导线与地面的最小距离　　　　　　　　单位：米

路径经过区域	最小距离		
	线路电压 3kV 以下	线路电压 3～10kV 以下	线路电压 35～66kV 以下
人口密集地区	6.0	6.5	7.0
人口稀少地区	5.0	5.5	6.0
交通困难地区	4.0	4.5	5.0

2. 严禁线下挖塘

临渊羡鱼，古已有之，无渊则无鱼。但是今日许多人为了满足垂钓休闲的需求，不顾头上的架空线路，硬是人工挖塘养鱼。遇到这种情形，电力企业应向土地经营者宣讲电力法律法规，说明线下钓鱼的违法性和由钓鱼频发人身触电案件的严峻现状，劝其与挖塘养鱼的经营者解除挖塘合同，从源头上预防线下钓鱼触电的风险。

3. 签订安全管理协议

对于架空线路下天然形成的低洼水草地或者已有的池塘，应与垂钓经营者签订安全管理协议，经营者必须得到许可，依法经营，建立垂钓安全管理制度并具备安全预防措施，如封闭垂钓的危险地带等；承担由于消费者钓鱼引起的触电人身赔偿责任。

4. 设置安全警示标志

电力企业应在垂钓地点附近的醒目位置设置密度适中的安全警示牌，如"高压危险，小心触电"等。同时经营者也应当设置安全警示标志和垂钓注意事项。此外，炸鱼、电鱼也会破坏电力设施，引发人身触电事故，不应忽视预防。

>> **案例6-4** 2009年6月24日清晨5点，鱼塘还没开始正式营业，白某就兴致勃勃地来到汪洋鱼塘进行垂钓。在汪洋鱼塘的北岸上空架设在10千伏高压线路，一般人都不敢在此垂钓或经过。白某起初也有所戒备选择了靠近北岸的西岸，但是他的钓点始终未见动静。为了有所收获，白某决定抄近路经过北岸到东岸，行走中他对在北岸标有高压线路下严禁钓鱼字样的警示牌视而不见，一心只想着快点换个好位置，行走中眼睛只顾观察鱼情，未注意高压线路在上，结果手中的鱼杆碰到了头顶上方的高压线路，被电击身亡。

白某的家人将供电公司、村委会、村经济合作社、胡某、刘建某、刘士某一并告到法院，要求赔偿死亡补偿费205 716.60元，被抚养人生活费2.7万元，医疗费和丧葬费4725.10元。

经过调查，夺去白某生命的高压线路是某供电公司在此架设的。1996年，村委会未经规划部门和电力管理部门批准，即在该高压线路下方开挖鱼塘以村经济合作社名义经营。2005年5月13日，供电公司与村经济合作社签订电力设施防护协议，载明：乙方即村经济合作社在10千伏高压线路防护区内违章开挖经营鱼塘，本应予拆除并恢复原状，鉴于乙方实际情况，供电分公司要求线路下方不准钓鱼。其实，在2004年9月29日，村经济合作社就将该村所有的六个鱼塘发包给刘建某经营。刘建某使用刘士某的个体工商户营业执照从事垂钓经营。2008年4月，刘建某未经村委会和村经济合作社同意，将其中一鱼塘转包给胡某经营，胡某将该鱼塘名称定为"汪洋鱼塘"，事发当时该鱼塘现场没有管理人员看管。

在法庭审理中，被告村委会辩称，我村已将鱼塘发包给刘建某进行养殖，刘建某转包给胡某从事垂钓未经我村同意。白某到鱼塘钓鱼，我们并不知晓，此事与我村委会无关；被告村经济合作社辩称，我社将鱼塘发包给刘建某时明确约定要求其进行养殖。刘建某违反约定对外转包经营垂钓，造成白某死亡，此事与我社无关。

被告供电公司辩称，我公司是高压线路的产权人，该条线路已架设多年。根据电力法规规定，高压线路下不准挖鱼塘，我们发现该村挖鱼塘后与之签订了防护协议，不准其在高压线路下垂钓。因此我公司对白某的死亡不应承担任何责任。

被告刘建某辩称，白某出事的鱼塘我已经发包给胡某经营了，白某触电一事与我无关；被告刘士某辩称，刘建某承包鱼塘是个人经营，我只是从其承包的鱼塘中分包了一个进行经营，发生事故的鱼塘与我无关；被告胡某辩称，白某到鱼塘垂钓时并未交纳费用，而且鱼塘设有警示标志。白某明知鱼塘上空有高压线路，仍在此垂钓、行走，导致触电死亡，责任应由其自负，我没有过错。

法院经审理认为，本案系因高压电造成人身损害，由电力设施产权人应按照法律规定承担民事责任。但对因高压电引起的人身损害是由多个原因造成的，按照致害人的行为与损害结果之间的原因力确定各自的责任。致害人的行为是损害后果发生的主要原因，应当承担主要责任；致害人的行为是损害后果发生的非主要原因，则承担相应的责任。

在本案中，村委会、村经济合作社未经规划部门和电力管理部门批准，即在高压输电线路下方开挖鱼塘，并将鱼塘发包给刘建某经营；刘建某又使用刘士某的个体工商户营业执照从事垂钓经营。对此，村委会、村经济合作社应承担其违规开挖鱼塘和发包后，未尽到相应的监管责任及安全保护职责的责任。供电公司作为电力设施产权人和监督管理人，在发现村委会在高压电路防护区内违章建鱼塘后，未严格照章履行职责，对可能造成的安全隐患，虽与村委会签订了电力设施防护协议，却对协议的履行未实施严格的监管责任，没有尽到其职责范围内的义务，因此，供电公司亦应承担相应的责任。刘建某在承包鱼塘后，使用刘士某的营业执照从事垂钓经营，且未经村委会和村经济合作社同意，将其承包鱼塘中的其中之一转包给胡某经营垂钓，作为转包人和营业执照所有人，刘建某和刘士某应意识到在高压线路下经营垂钓的危险性，却放任经营，应与胡某承担连带责任。胡某作为经营者，明知道在高压线路下进行垂钓的危险性，其虽在鱼塘北岸高压线杆下设置有警示标志牌，但却疏于管理，未尽到相应的经营管理职责，对白某的死亡应承担相应的责任。白某作为完全民事行为能力人，应对自己的行为后果有正确的认识，由于其未尽到注意义务，致其使用的渔竿与鱼塘上空的高压电线接触，导致被电击后死亡，对此，其应自负相应的责任。

2009 年 8 月 13 日上午，某市第一中级人民法院对此案进行了公开宣判，法院终审判决供电公司赔偿原告医疗费、丧葬费、死亡赔偿金、被抚养人生活费共计22 597元；胡某赔偿原告医疗费、丧葬费、死亡赔偿金、被抚养人生活费共计135 584元；村委会、村经济合作社、刘建某、刘士某对胡某赔偿责任承担连带责任。

评　析

本案供电公司对于线下挖塘钓鱼已尽预防责任，设立了禁止线下垂钓的警示牌，也与土地所有人签订了电力设施防护协议。根据《侵权责任法》第七十六条"未经许可进入高度危险活动区域或者高度危险物存放区域受到损害，管理人已经采取安全措施并尽到警示义务的，可以减轻或者不承担责任。"就是说，本案管理者尽到了义务，可以不承担责任。本案法院判决供电公司承担赔偿责任。原因是法院错误地将供电公司认定为"监督管理人"，虽与村委会签订了电力设施防护协议，却对协议的履行未实施严格的监管责任，没有尽到其职责范围内的义务，因此，判决供电公司承担了相应的责任。协议关系是民事关系，非行政监管关系。合同法没有规定监管履行原则。

六、对跨越和临近房屋的线路采取安全措施

不管是线前房后还是房前线后，一旦形成电力线路跨越或邻近民居的危险状态，除了对电杆作加高加固的处理之外，还要从以下几个方面采取安全措施。

1. 做好宣传教育工作

与物业管理、居委会或街道基层自治组织携手合作，通过召开会议、举办安全讲座（尤其是到中小学）、发放安全用电宣传资料、建立宣传栏（窗口）等多种方式，做好预防人身触电的宣传教育工作，让电力线路跨越和临近房屋的居民家喻户晓，大人小孩都知道，窗外和头上的导线的"吃人本性"比老虎厉害得多，接近它就要吃人的。对于房屋邻近线路的居民，要不厌其烦地提醒他们不要开窗晾晒衣服、设置天线、泼水、从窗户起吊地面上的物体、翻越阳台。到房顶晾晒粮食、堆积物体要小心谨慎，尽量远离电力线路等。

2. 设置警示牌

根据电力线路设施的实际情况和《电力设施保护条例实施细则》的规定，尽管不能在线路上悬挂安全警示牌，也要想方设法在处于危险状态的居民视野范围内醒目显见的建筑物上尽量增加安全警示牌，做到仁至义尽，防范人身触电事故的发生。

>> **案例6-5** 2003年6月5日，丁某在自家二楼的阳台上架设电视天线，当他把绑天线的竹竿斜伸到阳台外面时，因当时刚下过雨，空气比较潮湿，距他家楼房前上方约3米处的10千伏高压线路产生的高压电弧顺着潮湿的竹竿传导到丁某的身体（竹竿并未碰到电线），丁某当即被电击身亡。于是，丁某的妻子刘某将供电公司告上法庭。对原告的起诉，被告供电公司辩称，我们已在高压线路下设置警示标志，告示公众"禁止在高压线路下违章作业"，丁某无视警示标志，在阴雨天这样一个极其危险的天气状况下盲目冒险，在高压线路下架设电视天线，被高压电弧击中身亡，责任在其自身，供电公司没有过错，不承担责任。

评析

本案供电公司设置了"禁止在高压线路下违章作业"的警示牌。作业，其书面意义一般是指从事生产活动。一般人对"作业"理解为建筑、施工、修缮等行为，不一定把设置天线的"小事"认为是作业。因此这种警示牌的含义笼统，不如"高压电，生命危险"之类的警示更能警醒一般人。其次，受害人不是在第二种保护区内作业，只是天线侵入了保护区内。再次，高压供电属高度危险作业，根据我国《民法通则》的规定，从事高度危险作业造成他人损害的，属特殊侵权，适用无过错责任，除非从事高度危险作业的一方能够证明损害是由受害人故意造成的，否则无论其是否具有过错，都要承担损害赔偿责任。因此，供电公司不论是否具有过错，只要无法证明丁某的死是其故意造成，就应承担赔偿责任。看来只有做好防范工作才是真正意义上的免责。

七、自然灾害造成的触电事故预防

1. 一般自然灾害前后的预防措施

自然灾害，如狂风骤雨、暴雪覆冰、急流洪水等常常对电力设施造成损坏，如倒杆断线等引发人身触电事故。自然灾害前后，都要加强人身触电预防。自然灾害到来以前加强维护检修，会减少线路设施的损毁，减少人身触电的发生。自然灾害后预防，一是电力线路设施遭到破坏，及时保护现场，尽快抢修，减少人身触电事故发生。二是，即使电力设施没有遭受损失，也要进行灾后巡检。

2. 宣传遇到自然灾害预防触电的知识

为防止此类事故的发生，通过宣传告诫人们：①了解避雷常识，如雷电时不要靠近高大建筑、电杆等，雷电时尽量停止使用电气设备；②大风期间外出时，应注意观察周围有无电杆倒塌，不要接触断线、电气设备以及与导线纠结在一起的倒伏的树木；③风雨过后，发现倒杆断线应及时采取措施，派人看守，并要及时告知电力管理部门或电力企业派员处理；④发现导线落地不要接近，应向背离电源的方向单脚或双脚并拢跳出距离电源 20 米以外的地方，以免跨步电压触电。

3. 自然灾害与不可抗力

一般的暴风骤雨、雷电不能认为是不可抗力，电力设施运行中发生上述情况不能以不可抗力进行免责抗辩。因为一般自然灾害都是在线路设备设计施工时已经考虑到的因素。《合同法》第一百一十七条第二款规定，不可抗力是指不能预见、不可避免并不能克服的客观情况，如自然灾害中的地震、台风、洪水等和社会异常现象罢工、骚乱等。因此，多做触电预防工作，不要期待免责抗辩。

八、农村施工作业安全用电注意事项

(1) 坚持电气专业人员持证上岗，非电气专业人员不准从事电气作业。

(2) 建立临时用电检查制度，按临时用电管理规定对现场的各种线路和设施进行检查和不定期抽查，并将检查、抽查记录存档。

(3) 检查和操作人员必须按规定穿戴绝缘胶鞋、绝缘手套；必须使用电工专用绝缘工具。

(4) 临时配电线路必须按规范架设，架空线路必须采用绝缘导线，不得采用塑胶软线，不得成束架空敷设，不得沿地面明敷。

(5) 施工现场临时用电的架设和使用必须符合《施工现场临时用电安全技术规范》(JGJ46—1988) 的规定。

(6) 施工机具、车辆及人员，应与线路保持安全距离。达不到规定的最小距离时，必须采用可靠的防护措施。

(7) 配电系统必须实行分级配电。现场内所有电闸箱的内部设置必须符合有关规定，箱内电器必须可靠、完好，其选型、定值要符合有关规定，开关电器应标明用途。电闸箱内电气系统需统一样式，统一配置，箱体统一刷涂桔黄色，并按规定设置围栏和防护棚，流动箱与上一级电闸箱的连接，采用外插连接方式（所有电箱必须使用有资质厂家的产品）。

(8) 工地所有配电箱都要标明箱的名称、控制的各线路称谓、编号、用途等。

(9) 应保持配电线路及配电箱和开关箱内电缆、导线对地绝缘良好，不得有破损、硬伤、带电体裸露、导线受挤压、腐蚀、漏电等隐患，以防突然出事。

（10）独立的配电系统必须采用三相五线制的接保护中性线系统，非独立系统可根据现场的实际情况采取相应的接保护中性线或接地保护方式。各种电气设备和电力施工机械的金属外壳、金属支架和底座必须按规定采取可靠的接零或接地保护。

（11）在采取接地和接保护中性线方式的同时，必须设两级剩余电流动作保护器，实行分级保护，形成完整的保护系统。剩余电流动作保护器的选择应符合规定。

（12）为了在发生火灾等紧急情况时能确保现场的照明不中断，配电箱内的动力开关与照明开关必须分开使用。

（13）开关柜应由分配电箱配电。注意一个开关控制两台以上的用电设备不可一闸多用，每台设备应由各自开关柜控制，严禁一个开关控制两台以上的用电设备（含插座），以保证安全。

（14）配电箱及开关柜的周围应有两人同时工作的足够空间和通道，不要在柜旁堆放建筑材料和杂物。

（15）各种高大设施必须按规定装设避雷装置。

（16）分配电箱与开关柜的距离不得超过 30 米；开关柜与它所控制的电气设备相距不得超过 3 米。

（17）电动工具的使用应符合国家标准的有关规定。工具的电源线、插头和插座应完好，电源线不得任意接长和调换，工具的外绝缘应完好无损，维修和保管有专人负责。

（18）施工现场的照明一般采用 220V 电源照明，结构施工时，应在顶板施工中预埋管，临时照明和动力电源应穿管布线，必须按规定装设灯具，并在电源一侧加装剩余电流动作保护器。

（19）电焊机应单独设开关。电焊机外壳应做接零或接地保护。施工现场内使用的所有电焊机必须加装电焊机触电保护器。接线应压接牢固，并安装可靠防护罩。焊把线应双线到位，不得借用金属管道、金属脚手架、轨道及结构钢筋做回路地线。焊把线无破损，绝缘良好。电焊机设置点应防潮、防雨、防砸。

第二节　变台区人身触电事故预防

变压器台区（简称变台区）人身触电事故应从如下几个方面来预防，变台区设计安装合规，包括警示标志醒目齐全、防护装置规范牢靠、具有防止攀爬措施、对停运变台及时断电、及时拆除设备。日常要加强巡视维护检修，保持台区设备完好。

一、变台区设施设计、安装合规

变台区设施在设计、施工、运行维护、检修等环节，严格按照电力法律法规以及国家和行业标准的规定，确保质量。按时对自身产权范围内的变台区设施进行全面的维护检修，防患于未然。《农村低压电力技术规程》（DL/T 499—2001）对变台区的有如下技术要求，"3.2.2 正常环境下配电变压器宜采用柱上安装或屋顶式安装，新建或改造的非临时用电配电变压器不宜采用露天落地安装方式。经济发达地区的农村也可采用箱式变压器。3.2.3 柱上安装或屋顶安装的配电变压器，其底座距地不应小于 2.5m。3.2.4 安装在室外的落地配电变压器，四周应设置安全围栏，围栏高度不低于 1.8m，栏条间净距不大于0.1m，围栏距变压器的外廓净距不应小于 0.8m，各侧悬挂'有电危险，严禁入内'的警告牌。变压器底座基础应高于当地最大洪水位，但不得低于 0.3m。"

电力设施设计安装不符合规程要求，要承担法律责任。有的地方法院对此已有明确规定。如，2004 年《湖北省法院民事审判若干问题研讨会纪要》"（二）关于触电人身损害赔偿问题 5、关于电力设施安装不规范的民事责任。电力部门安装、验收电力设施并进行送电不符合国家有关供电营业的标准和规定，发生触电人身损害赔偿纠纷的，电力部门应当承担相应的民事责任。"

二、按规定巡视、检修，消除隐患

建立健全线路和变台区设备巡视维护制度，定期进行全面巡视。即使变台区的设计施工符合规程规定，但年月日久，自然侵蚀和人为损坏，会产生缺陷和安全隐患。如，紧挨变台区堆积石料、杂物、垃圾就等于减低了变台区的高度；在变台区周围种植植物或建筑构筑物无异于给孩子们提供攀爬变台的阶梯；风雨的侵蚀会使金属门窗、围栏锈蚀，使木制门窗、栅栏腐朽，使锁具锈蚀失灵或丢失，使安全警示牌损坏丢失或者字迹不清晰等等。总之，疏于管理就会产生缺陷和隐患。

1. 变台区的巡视、检查、维护、试验周期

根据《架空配电线路及设备运行规程》4.1.1 条规定，变台区的巡视、检查、维护、试验周期按照表 6-3 规定执行。

表 6 - 3　　　　　　　变压器和变压器台巡视、检查、维护、试验周期

序号	项 目	周 期	备 注
1	定期巡视	与线路巡视周期相同	
2	清扫套管检查熔丝等维护工作	一般一年一次	脏污地段适当增加
3	绝缘电阻测量	一年一次	
4	负荷测量	每年至少一次	
5	油耐压、水分试验	五年至少一次	

2. 预防触电的巡视、检查内容

（1）一、二次引线是否松弛，绝缘是否良好，相间或对构件的距离是否符合规定，对工作人员上下电杆有无危险。

（2）变台台架高度是否符合规定，有无锈蚀、倾斜、下沉；木构件有无腐朽；砖、石结构台架有无裂缝和倒塌的可能；地面安装的变压器围栏是否完好。

（3）变台上的其他设备是否完好。如，表箱、开关等。

（4）台区周围有无杂草丛生、杂物堆积，有无生长较高的农作物、树、竹、蔓藤植物类接近带电体。

>> 案例6-6　　2010 年 9 月 21 日下午，小学生杭杭到某市新航英语培训学校补习。16 时 10 分课程结束后，杭杭和部分同学留在学校向老师询问一些问题。当时，杭杭的母亲已经赶到学校，准备接孩子回家。杭杭问完问题后，告诉母亲他要去厕所，母亲便在培训学校里继续等着。可能是孩子天性好动，原本要上厕所的杭杭进入了学校所在小区内的一个配电房，又爬上了配电房中间的隔离墙，不幸的是，杭杭突然从墙头摔下来，跌到变压器上，随即夹在了变压器与隔离墙中间的狭小空间里。顿时，撕心裂肺的哭声从配电房内传出来。消防官兵闻讯赶到现场，切断电源，才将小杭杭抱出来，送到医院。"孩子当时口角流血，肚子附近的衣物已破碎，右小臂几乎成了黑炭，当时已一句话都不能说。"杭杭母亲伤心地回忆。经过一段时间的住院治疗，杭杭虽脱离了危险，但整个右手臂却被截肢。原本活蹦乱跳的孩子，转眼成了重症病人，并落下三级伤残。

关于赔偿问题多次交涉未果后，杭杭的父母一纸诉状将教室的出租人省机研所以及某供电公司、新航英语培训学校三家单位告上法庭，索赔各种损失

195 万余元。诉状称，配电房失去管理，连接多条高压线路的变压器房间不仅门窗损坏，而且连一处警示牌都没有。

2010 年 7 月 10 日，该案在区法院开庭审理。第一被告机研所辩称，配电房已做到与外界隔离，他们已尽到安全保障义务。造成事故的主要原因是杭杭玩耍攀爬配电房，次要原因系新航学校选址不当。被告某供电公司辩称，供电公司非肇事变压器的产权人和管理人，不应承担赔偿责任。被告新航学校辩称，原告是在该校补习结束后，不慎跌落配电房受伤的，新航学校并不知道该建筑系配电房，因而无法预见其高度危险性，新航学校在本案中无过错，不应承担责任。

法院审理认为，机研所作为配电房内电力设施的产权单位，负有对管理电力设施安全运行、设置警示标志、向公众明示危险性的义务，因此应对原告的损害结果承担 50% 的责任。新航学校选址时选择了高压架空线路附近这个不利于学生学习和身心健康甚至危及学生安全的场所，且未尽到对学生安全管理和教育的义务，因此应承担 30% 的责任。供电公司与机研所签订的《高压供用电合同》明文规定了其负有对机研所管理、维护用电设施的监督、指导义务，因此其应承担 10% 的责任。杭杭的母亲在其放学后应对其履行监护责任，因怠于监护自行承担 10% 的责任。

最终法院依法审查原告的诉讼请求，认为其中符合法律规定应予支持的金额总计 96 万余元，遂判决机研所、新航学校、市供电公司分别按照 50%、30% 和 10% 的比例承担赔偿责任，驳回了原告的其他诉讼请求。

评　析

本案配电房产权所有人，疏于巡视、检查和维护，配电房门窗破损，未能及时修缮，儿童可以随便出入，而且没有警示牌，缺失安全提示，是造成受害人的终生重症残疾的主要原因，应当承担主要赔偿责任。

三、设立保护标志和安全标志

《电力设施保护条例》第十一条规定，"县以上地方各级电力管理部门应采取以下措施，保护电力设施：（一）在必要的架空电力线路保护区的区界上，应设立标志，并标明保护区的宽度和保护规定；（二）在架空电力线路导线跨越重要公路和航道的区段，应设立标志，并标明导线距穿越物体之间的安全距离；（三）地下电缆铺设后，应设立永久性标志，并将地下电缆所在位置书面通知有关部门；（四）水底电缆敷设后，应设立永久性标志，并将水底电缆所在位置书面通知有关部门。"

《电力设施保护条例实施细则》第九条规定，"电力管理部门应在下列地点设置安全标志：（一）架空电力线路穿越的人口密集地段；（二）架空电力线路穿越的人员活动频繁的地区；（三）车辆、机械频繁穿越架空电力线路的地段；（四）电力线路上的变压器平台。"

1. 设立保护标志和安全标志的主体

《电力设施保护条例》第十一条规定了电力管理部门是设置电力设施保护标志的主体。《电力设施保护条例实施细则》规定了电力管理部门是设立安全标志的主体。实际上，县级电力管理部门设置不健全，缺少人力物力和专业技术，不堪担当此任。一般仍由电力企业来履行这份儿外的职责。有的地方法规正视现实，干脆规定电力企业继续履行好设立保护标志和安全标志的职责。如《山东省电力设施和电能保护条例》（简称《山东条例》）第十一条规定：电力设施产权人应当在电力设施易受损坏地段或者位置采取下列安全措施：（一）在架空电力线路保护区和输送管路保护区的显著位置，设置电力设施保护标志，标明保护区的宽度和相应的保护规定；（二）在地下电缆和水底电缆保护区的显著位置设置永久性保护标志，并将电缆具体位置及时书面报送住房城乡建设、水利、海洋与渔业等有关部门；（三）在架空电力线路跨越重要公路和航道区段的显著位置，设置安全标志，标明导线距跨越物体之间的安全距离；（四）在架空电力线路穿越人口密集以及人员、车辆（机械）活动频繁地段的显著位置设置安全标志；（五）在架空电力线路杆塔及变压器平台的显著位置设置安全标志。任何单位和个人不得破坏和擅自移动电力设施保护标志、安全标志。该条规定产权人设立保护标志和安全标志，而产权人大多是电力企业。就是说，电力企业是设立保护标志和安全标志的实际主体。电力企业主动履行好这个职责，对于保护自己的财产和避免承担触电人身赔偿责任，提高经济效益，颇有意义。因此，大可不必在事故发生后，强调这是电力管理部门的责任。此时强调为时已晚。

2. 设立场所

《电力设施保护条例》明确了保护标志的设立场所，《电力设施保护条例实施细则》明确了安全标志的设立场所，但是并不全面。《山东条例》则作了较为详细具体的规定如"（五）在架空电力线路杆塔及变压器平台的显著位置设置安全标志。"就补充了在架空线路杆塔上设立标志，在实践上也早已这样做了。如在杆塔的防爬带上标有"高压危险！"警示语。目前，有的触电受害人苛求电力企业到处设立安全标志。在输电线路上设立安全标志根据电力的物理特性缺乏可操作性，而且输电线路导线是裸线，如在上面悬挂标志，对线路产生磨损和扰动，将增加更大的危险性。安全标志的作用就是为了提示人们注意可能存在的危及人身、财产安全的客观情况。实际上高大矗立的电杆和凌驾于头顶上空的线路本身就是醒目的安全标志。完全民事行为能力人，甚至初中生以上的不完全民事行为能力人也应当知道电力是危险的。接近它，触及它，轻则受伤，重则丧命。尤其可笑的是，有些受害人对电力管理部门和电力企业履职的多次当面提醒置若罔闻，触电后就强调没有安全警示标志。声情并茂的劝告难道不比静默的警示牌更加生动感人吗？

四、暂停和废弃变台的安全管理

对暂停和废弃变台，电力企业要及时采取有效管理措施。从电源到配电变压器，或者从 T 接点到配电变压器一般都应由断路器来控制，这样不仅仅可以停掉跌落式熔断器以下的电力设备，还能使整条线路断电，达到减少触电之目的。除了及时断电之外，采取防爬、拆除、封闭、警示等措施。

1. 暂停变台管理

暂停变台上至少变压器已经停电，较长时期无人使用和管理，根据破窗原理，会给人以台区废弃的误解，误认为可以随意攀爬玩耍和拆卸设备，以致发生人身触电事故。因此，暂停变台更应该加强预防人身触电的管理。

（1）清除变台周围的堆积物和垃圾，保持变台的标准高度；

（2）增加防爬措施或者封闭措施，使孩童难以到达变台；

（3）设置安全警示标志和关于电力设施保护的法律法规的规定；

（4）将从电源或从 T 接点到变台区的一段线路断电，这样高压跌落式熔断器上不带电，即使攀上变台也不会发生触电危险，再说也可以减少线路损耗。暂停变台触电都是由于与跌落式熔断器以上带电造成的。

2. 废弃变台管理

废弃变台最好是立即拆除或者全封闭，否则就会成为高度危险遗失、抛弃物。如果不能立即拆除或全封闭，就如同上述的暂停变台管理。《侵权责任法》第七十四条规定，"遗失、抛弃高度危险物造成他人损害的，由所有人承担侵权责任。所有人将高度危险物交由他人管理的，由管理人承担侵权责任；所有人有过错的，与管理人承担连带责任。"就是说，遗失、抛弃高度危险物致害责任适用无过错责任。只要有遗失、抛弃高度危险物的行为，遗失、抛弃的高度危险物与他人损害之间存在因果关系，就要承担责任。如果废弃的变台区仍然带电，致使他人触电伤亡，当然要承担特殊侵权责任。如果变台及其输电线路交由他人管理，则由他人承担侵权责任。但如果产权所有人有过错的，如交由无管理资质的人，要与管理人承担连带责任。

>> 案例6-7　2003 年 8 月 31 日中午 12 时左右，吴某、吴某举、袁某、刘某四个小孩玩耍至变压器旁边时，吴某看见变压器上方跌开式熔断器的三支熔体管被人取走了，其下桩头还有三根一尺多长的铝线和铜质触头。又见变压器既没有进线也没有出线，吴某就对另外三个小伙伴说，爬上去拿那三根铝线和铜去卖。刘某听后，不同意，自己回家了。见其弟吴某举和袁某没说什么，吴某便在其弟吴某举的帮助下，爬上了距地面 2.85 米的变压器上。此时，袁某站在旁边看着。吴某爬上变压器上后，因伸手还未够到铝线和铜头处，就继续往上爬。吴某攀爬到变压器的跌开式熔断器横担上后，便动手拆卸跌开式熔断器下桩头上一尺多长的铝线和铜质触头。在拆完后想继续拆卸跌开式熔断器的上桩头时，不幸发生了。吴某被跌开式熔断器上桩头带有 10 千伏电压的铝导线电击，从横担上跌落在地，当场不省人事，除左肢被严重烧伤外，头部、背部、左右腿也有不同程度的烧伤。由于伤情过重，吴某左手被迫做了截肢手术。

触电事故发生后不久，吴某的家长认为，孩子被电击伤致残，龙洋公司、鑫井公司以及某县电力公司三家单位有不可推卸的责任，请求判令三被告连带赔偿医疗费、误工费、护理费、交通费、残疾生活补助费、残疾用具费、假肢安装费、精神损害抚慰金等共计542 400元。

2004 年 6 月 4 日，某中级人民法院委托某省医院、某法医学司法鉴定所对吴某作了伤残等级鉴定，最后定为"五级伤残"。中级人民法院经查实后认为：2003 年 8 月 31 日，吴某遭电击的变台上的变压器为被告龙洋公司出资建设，后又转让给龙某某等人，龙某某等人散伙后，又转让给鑫井公司。吴某是被变压器（已停止供电）上方跌开式熔断器上桩头带有 10 千伏高压电的铝导线击伤，而不是被该变压器击伤的事实已清楚。根据《民法通则》第一百二十三条和《触电解释》第一条、第二条等规定，被告龙洋公司、龙某某和鑫井公司转让变压器行为与吴某被电击伤没有法律上的因果关系，故不能承担责任。对于某县电力公司，原告吴某既不能证明该公司是事故高压线路的所有权人和实际占有人，亦不能证明其系高压线路的维护人，而某县电力公司安装该处高压电力设施符合国家技术规范的要求没有过错，对吴某的触电事故不承担民事责任。为此，驳回原告吴某的诉讼请求。

对某中级人民法院的判决，吴某及其监护人表示不服，依法向某省高级人民法院提出上诉。

2005年12月11日，某省高级人民法院经审理作出终审判决：吴某被高压电击伤的事实清楚。吴系限制民事行为的能力人，被电击伤与其法定监护人管理、教育不力有关，因此吴某请求赔偿依法应由其监护人负主要赔偿责任。某县电力公司虽然不是涉案高压线路的产权人，但该电力公司利用该线路向他人供电，是该线路的使用人、受益人，对停止使用且未作好安全防护措施的变压器冒险送电作业，对吴某触电虽无过错，但依《民法通则》第一百二十三条，该电力公司对吴某应承担次要赔偿责任，赔偿其15万元；龙洋公司赔偿5万元，鑫井公司赔偿5万元。

评　析

（1）法院以"原告吴某既不能证明该公司是事故高压线路的所有用人和实际占有人，亦不能证明其系高压线路的维护人，而某县电力公司安装该处高压电力设施符合国家技术规范的要求没有过错"为由，判定电力公司对吴某的触电事故不承担责任，在举证上存在问题。当事人无法完成的举证，必要时应由法院调查取证。最高人民法院《关于民事诉讼证据的若干规定》关于人民法院调查收集证据中，"第十五条　《民事诉讼法》第六十四条规定的'人民法院认为审理案件需要的证据，是指以下情形：（一）涉及可能有损国家利益、社会公共利益或者他人合法权益的事实；'第十七条　符合下列条件之一的，当事人及其诉讼代理人可以申请人民法院调查收集证据：（三）当事人及其诉讼代理人确因客观原因不能自行收集的其他材料。"

（2）该案判决有以下错误：①判决吴某的监护人承担主要责任是错误的。本案尽管没有交代吴某的年龄，但四个小孩的叙述可以推出，吴某的年龄是无民事行为人或至多是限制民事行为能力人。本案监护人至多承担次要责任。鑫井公司应当承担无过错责任，也应当承担主要责任；②认定电力公司是事故线路的使用人和受益人是错误的。因此判决电力公司承担赔偿责任也是错误的。当然，假如本案确属所有人与管理人难以分开的情形，法院依据《侵权责任法》第七十三条规定，"从事高空、高压、地下挖掘活动或者使用高速轨道运输工具造成他人损害的，经营者应当承担侵权责任，但能够证明损害是因受害人故意或者不可抗力造成的，不承担责任。被侵权人对损害的发生有过失的，可以减轻经营者的责任。"应当判决电力公司承担连带赔偿责任。

启 示

变台区停电一定要彻底到位，不仅变压器停电，线路亦须停电。如果本案鑫井公司已经按照手续申请停电，电力公司承担次要责任当属无疑。

>> 案例6-8 2007 年 6 月 4 日晚 21 时，初三学生杨某（已年满 16 周岁，非农业户口）和几位同学到某市人民公园玩耍，攀爬到公园东侧的变压器平台上（该平台系砖混石台，高 2.54 米、顶为 1.0 米×1.0 米的正方形），该平台向南 30 厘米处为一高 10 米的水泥电杆（无电力设施），平台向北 30 厘米处为高度 12 米的水泥电杆，该电杆上端有一角钢横担，横担向南连接三根 10 千伏高压线，横担上有跌开式熔断器，其熔体管已摘除，但上端桩头至 T 接点带电。杨某站在变压器平台上攀爬电杆，双手接触带电跌开式熔断器上桩头被电击伤。后鉴定属于八级伤残。2007 年 6 月，杨某即向法院起诉请求某市供电公司赔偿其损失共计 81 932.03 元。

一审法院查明，某市供电公司在人民公园内安装双杆构架台式变压器后，2005 年 7 月，该变压器的铁芯被盗，一审法院对盗窃人员进行刑事判决时，将其所得赃款判决退赔给了某市供电公司。变压器铁芯被盗后，变压器外壳和台架等附属设施随后被拆除，变压器台上无任何配电设施，但是供电公司并没有终止向废弃的支线供电，电杆上的跌开式熔断器上端桩头至 T 接端仍然带电，也无防护装置和警示标志。直至事故发生后，供电公司才终止了向上述废弃支线供电。

一审法院认为，公民的健康权应当受到法律的保护。某市供电公司没有终止向经废弃的变台供电，使电杆上带电的跌开式熔断器造成人身触电的潜在危险性，也没有采取任何防范措施，故供电公司的行为对于杨某的受伤是有过错的，应当承担相应的民事赔偿责任。杨某虽是限制民事行为能力人，但是作为年满 16 周岁的学生，以其年龄和智力的正常发育状况应当预见到擅自爬电杆的后果，故杨某对于事故的发生是有重大过错的，其监护人对此没有尽到教育监护义务，应当承担主要责任（70%）。于是，判决被告某市供电公司承担费用总额 81 932.03 元的 30%，即 24 579.61 元。

后二审法院改判为某市供电公司承担主要责任（60%），监护人承担次要责任（40%）。

评 析

撇开一二审判决不论，就说某市供电公司的变压器被盗两年了，也经历了对犯罪嫌疑人的审判，明明知道该变台区已经废弃，仍然留有横担和跌开式熔断器，并一直给该变台供电，直至酿成大祸，承担了赔偿责任。本案中几乎看不到某市供电公司对废弃变台区预防触电管理的痕迹，有的只是麻木不仁，放任不管。

第三节 家庭安全用电与其他

加强安全用电宣传，普及家用电器知识，增强农民的安全用电、自我保护意识。针对农民文化素质较低，安全用电知识缺乏的特点，运用电视、广播、标语、宣传栏等多种形式将家庭安全用电常识、家用电器使用的小知识、《农村安全用电规程》（DL 493—2001）等内容，不间断地向农民宣传，做到家喻户晓，人人皆知。这样农民安全用电常识多了，发生人身触电事故就减少了。

一、管好家用电源

据我国铜业协会在全国多个城市调查结果表明，以耗用相同的电量而言，我国居民住宅因电气线路配置不合理不合格而导致触电死亡的人数是发达国家的几十倍甚至上百倍，同时住宅电气火灾率近年也呈上升趋势。

1. 导致家庭触电和火灾的事故的原因

铜业协会对我国部分居民住宅的调查显示，因住宅配电导致触电和火灾大致有以下原因。

（1）住宅电气线路设计容量过低。住宅配电设计达不到国家住宅标准中明确要求的"电气线路应采用符合安全和防火要求"的敷设方式配线，导线应采用铜线，每套住宅进户线截面不应小于 10 平方毫米，分支回路截面应不小于 2.5 平方毫米等具体指标。

（2）开发商偷工减料。建筑入户配电所采用的电线、开关、插座以次充好。如不使用铜芯导线或者使用导线截面不合规定的铜芯导线，承载负荷减小。

（3）配置不合理。室内分支回路过少、固定插座过少，大量使用接线板，造成用电负荷集中，容易引起火灾。

（4）剩余电流动作保护器达不到"三率"。剩余电流动作保护器的安装率、运行率、灵敏率达不到 100%。

2. 住宅电源配置的要求

（1）住宅线路负荷。空调、电热水器等大功率家用电气设备正逐步进入寻常百姓家，因此消费者选择住宅线路负荷设计不仅要满足现在的需求，还应为将来添置新家电留下余地。住宅的线路设计负荷最好在 6 千瓦以上，电能表容量为 10（40）安以上。

（2）室内分支回路数量。室内分支回路过少，会给家庭生活造成不便，易使家电受损。因此，消费者最好选择购买 5 个回路以上的新居，应包括照明回路、空调回路、插座回路、卫生间独立回路、厨房独立回路等。

（3）室内插座数量。插座数量太少，使消费者不得不使用插座板，增加安全隐患。因此，住宅的插座数量应不少于 18 个（以两室一厅一厨一卫的两居室为例）。

（4）导线材质及截面。国家有规定，电能表前铜导线截面不应小于 10 平方毫米，住宅内的一般照明及插座铜导线截面不应小于 2.5 平方毫米，大功率电器用的铜导线截面应不小于 4 平方毫米。

（5）国家质量技术监督局和建设部联合发布的，于 1999 年 6 月 1 日施行的《住宅建设规范》（GB 50096—1999），给出了住宅商品房在电气配置等方面的最低要求。其中电源插座数量规定：卧室、起居室（厅），设置数量不少于一个单相三线和一个单相二线的组合插座两组；厨房、卫生间，应设防溅水型一个单相三线和一个单相二线组合插座一组；洗衣机、冰箱、排气机械及空调器，应设专用单相三线插座各一个。

因此，购房者在入住前别忘了向开发商要一份电气竣工简图，以便能够清楚自家墙内暗埋电气线路情况，方便将来在墙上施工钻孔或是电气线路检修或改造。

3. 家用电源安装施工要求

家用电源的安全是家庭安全用电的源头工作，从室内电源的安装入手，经常检查、维护，排除安全隐患，保证家庭安全用电。

（1）不能购买质量低劣的导线和开关、插座等。

（2）不要私拉乱接，要雇佣有资质的电工进行规范安装。

（3）插座和开关应完整无损，安装牢固，外壳和罩盖应完好、接头可靠，开关操作灵活有效。

（4）开关和插座距离地面高度不低于 1.3 米。插座也可低装，但离地不应低于 15 厘米。开关、插座要适用环境要求，在潮湿和蒸汽的环境下，采用防潮型的。

（5）露天的开关插座应采用防雨型的，必须安装牢固可靠。

（6）严格按照技术规程要求进行电器安装。

1）同一场所的电器进线方式要统一，如配电盘的开关进线为面向配电盘，三相四线从左到右为 N、U、V、W；单相排列为中性线、相线。

2）所有电气设备的开关均应控制相线。

3）插座的接线要求。① 单相 2 孔插座，水平安装时面对插座的右接线柱接相线，左接线柱接中性线，垂直安装时插座的上接线柱接相线，下接线柱接中性线；②单相 3 孔插座，面对插座的上孔接线柱在 TT 系统接接地线，在 TN‐C 系统接保护中性线，右孔接线柱接相线，左孔接线柱接中性线；③三相 4 孔插座，面对插座的上方接线柱在 TT 系统接接地线，在 TN‐C 系统接保护中性线，相线则由左孔接线柱起分别接 U、V、W 三相。

4）不同电压等级的插座安装于同一场所时，应有明显区别，且插头不能相互插入。

>> **案例6-9** 2010 年 4 月 17 日上午，房东刘某买了 1.5 立方米的砂子，找纪某扛上楼，给 100 元的工钱。纪某当时算了一下，扛 30 多袋，一袋管 3 元钱就与其工友们一起为房东刘某向楼上扛砂子。纪某扛着砂子进入房间，放下沙包后，刚直起腰来，就"啊啊"地叫了两声，一个瓦工看到他触电了，赶紧用脚把他踹开。纪某倒在地上，接着昏迷了过去。一名姓高的工友急忙将纪某背到楼下，另一名工友给房东打了电话，一会房东赶到将纪某送到了医院。在医院抢救了一个小时后，医生宣布抢救无效死亡。

现场勘查，在纪某触电的位置，一个墙壁线盒中有两根很长的线头露在外面。房东刘某家里也没有安装剩余电流动作保护器。另查明，房东刘某的线路是自己改造的，还没改造好。

■ **评 析** - - - - - - - - - ➤

本案刘某应对纪某之死承担主要责任。其一刘某私自改线将带电线头外露，形成触电的危险点。不能接入的带电线头应及时包扎。其二，刘某明知有外露带电线头没有履行告知和看护义务；其三，刘某违反了客户必须安装剩余电流动作保护器的规定，没有安装保护器，致使纪某触电也无法断开电源。

二、家庭安全用电

1. 家庭安全用电常识

（1）不超负荷用电。照明和各种电器的总电流不能超过电能表和电源线的最大额定电流，以免因过载而发生意外，如过热起火。装修期间临时用电，更容易发生过载用电情形。

（2）家用电器的外壳要可靠接地。一定要配置三相插座，并接好地线，以防外壳带电发生触电。

（3）严谨使用代用品。不能用铜丝、铝丝、铁丝代用熔丝。如果不按规定选择使用熔断器和熔丝，电气设备一旦发生漏电故障，短路电流就不能使熔丝及时熔断，从而失去切断电源之作用。

（4）不能用信号传输线代替电源线，不能用医用白胶带代替绝缘黑胶布。

（5）防止家用电器过流。电饭锅、电水壶、电暖气等大功率电热器不要随便接在小功率插座上；出现意外停电，要关闭所有开关，拔下用电插头。

（6）养成良好用电习惯。人走断电；不用湿手和湿抹布触摸、擦拭、操作电器，触摸电器壳体用手背；插拔电源插头要手捏绝缘部分，不要触及金属部分，更不能将手指插入插座孔；不要用金属丝捆扎导线，也不要把导线缠绕在铁钉等金属件上。

（7）电热设备远离燃气设备。电加热设备要远离煤气罐、煤气管道，发现漏气立即开窗通风，不要开合电源开关。

（8）发现电力异常情况立即断电。发现电压升高，或有异常声响、气味、温度、冒烟、火光，应立即用绝缘物断开电源，再进行检修；遇有起火，不要用水熄灭，应用不导电的灭火剂灭火，如二氧化碳、1121、干粉灭火器等。

（9）先断电源，再行检修。发现家电出现异常，如电灯不亮，电视无声像，冰箱、洗衣机不工作等情况，先断开电源再检修。更换灯泡时要站在干燥木凳等绝缘物体上。

2．经常检查电源和电气设备

（1）检查线路、插头和用电器有无老化、裸露和漏电部分，对老化、裸露和漏电的及时检修和更换。

（2）检查开关胶盖、灯头及插座的绝缘护罩、护盖有无破损，破损者应停止使用，予以更换。

（3）检查用电器具的外壳、手柄和防护有无破损和失灵等有碍安全的情况，如果存在有碍安全的情况，及时修理，未经修理前不得使用。

（4）检查电热器具是否紧挨着易燃易爆物，应使之保持一定的安全距离，且不用电器时断开电源。

3．家庭安全用电注意事项

（1）损坏的开关、插头、导线等应赶快修理或更换，不能将就使用。

（2）不懂电气技术和一知半解的人，对电气设备不要乱拆、乱装，乱改、乱接。

（3）灯头用的软线不要东拉西扯，灯头距地面不要太低，扯灯照明时，不要往金属线上系挂缠绕。

（4）在潮湿的房间里，慎用床头开关，不要用灯头开关。

（5）屋内电线太乱或发生问题时，不能私自摆弄，一定要找电气承装部门或电工来检修。

（6）拉铁丝搭东西时，千万不要触碰附近的带电导线。

（7）屋外电线和进户线要架设牢固，以免被挂断或掉落，发生危险。

（8）外线折断时，不要靠近或用手去拿，应找人看守，赶快通知电工修理。

（9）打扫卫生时，不要用湿抹布擦电线、开关和插销，也不要用水冲洗电线及各种用电器具。

（10）架设收音机、电视机天线，不要靠近电力线路，其距离应远大于天线的高度，以免天线倒伏，掉在输电线路上面而发生危险。

（11）当灯头的螺丝口露在灯口外面时，应安装灯伞成保护圈，或换用能把螺丝口包住的长灯头，以免更换灯泡时触电。

（12）应该经常教育子女，不要玩弄开关、插头和其他各种电器等，以免发生危险。

（13）不要在电线上晾晒衣服或搭挂手巾和衣服。

（14）移动台灯、收音机、电视机等电气用具时，必须先断开电源，然后再移动。

（15）家电不用时，断开电源，不是仅仅关闭电器上的开关，因为这样电器往往仍会带电。

（16）上房顶晒东西时，注意远离房屋上空或一侧的电线，以免触电。最好修筑隔离墙。

（17）保险盒要完好，熔丝熔断时，必须及时找出原因，换上同等容量的保险丝，不可用铜丝或铁丝代替。

（18）电视信号线、网线不能和输电线路混在一起，以免因绝缘不良，导致串电，发生危险。

三、安全使用移动电具

（1）所有移动电具的绝缘电阻不应小于 2 兆欧，引线和插头应完整无损，引线必须用三芯（单相电具）、四芯（三相电具）坚韧橡皮线或塑料护套软线，截面至少在 0.5 平方毫米以上，引线不得有接头，不宜过长，一般不要超过 5 米。

（2）所有移动电具宜装动作电流不大于 30 毫安、动作时间不超过 0.1 秒的剩余电流动作保护器。

（3）局部照明及移动式提灯的工作电压应按其工作环境选择适当的安全电压。

（4）遵守移动电具使用安全操作规程。穿戴绝缘靴和绝缘手套等防护用品。

（5）使用前应检测电气接零和绝缘情况，确认无误后使用。

（6）使用移动电具时，不要过分缠绕和扭曲电缆，以免破坏绝缘，或者是连接松动。

（7）在易燃易爆的场合不要使用移动电具，以免产生火花，酿成火灾。

（8）挪动移动电具时，只能握住手柄移动，不要抓住外壳、提及导线等其他部分。

>> 案例 6-10　2009 年 2 月 11 日，王甲家准备给孩子办十二天宴客，在王甲的哥哥王乙家院子里做菜，电源是从王甲家转接。死者王丙系王甲本家叔叔，义务帮工负责烧火，在挪动电鼓风机时触电，经抢救无效死亡。事故发生后，原告王丁（死者王丙之长女）委托某县卫校法医临床司法鉴定所对王丙死亡原因进行鉴定，鉴定意见为王丙因电击伤致死。发生事故的电鼓风机是王甲于 2009 年 2 月 10 日租赁二被告李某、冯某夫妇的，出租时经试可正常运转。事发后，某县公安局石店派出所立案调查，对相关人员进行调查询问，确定王丙死亡不是刑事案件。公安勘验笔录记载"检查发现电鼓风机连续有多处破损，经现场测试，破损处带电。电源是从王乙家北屋东里间的墙壁插座接的电，王乙家没有安装剩余电流动作保护器。"以上为本案事实。

法院认为，公民享有生命健康权，死者王丙在挪动电鼓风机过程中触电身亡。二被告李某、冯某作为电鼓风机的出租方，负有提供确保安全的租赁物的义务，其租赁物存在瑕疵是造成事故发生的主要原因，应承担民事赔偿责任。死者王丙作为成年人，在挪动电鼓风机时带电作业应预见到安全隐患，应承担相应过错责任。被帮工者王甲作为受益方，在租赁鼓风机时未尽到检查义务，宴客办事过程中私接电源，未按规定安装剩余电流动作保护器，在本案中存在过失，应承担相应赔偿责任。原告未主张对王甲的诉讼请求，经法院释明，原告放弃对王甲起诉。原告请求的抢救医疗费、被抚养人生活费、丧葬费、死亡赔偿金、尸检鉴定费用，合法有据，予以支持。依照《民法通则》第九十八条、第一百一十九条，《人损解释》第一条、第三条、第六条、第十三条、第十四条，《民事诉讼法》第六十四条、第一百零八条之规定，判决如下：一、被告李某、冯某于判决生效后十日内赔偿原告王丁抢救医疗费、丧葬费、死亡赔偿金、被抚养人生活费、尸体检验鉴定费用、用车费用、精神损害抚慰金共计97 287元。二、驳回原告的其他诉讼请求。

评　析

本案发生人身触电死亡案件，有以下原因：其一，王乙家没有安装剩余电流动作保护器；其二，属于私自接线用电，没有经专业电工指导验收；其三，租赁移动电具未进行漏电检查；最后，也是最重要的原因，没有切断电源挪动漏电移动电具。如上原因除了第二项，只要做到其一就会避免悲剧的发生。

案例6-11　2008年8月12日傍晚，王某在为李某家安装院内水管时受伤，随即拨打120将王某送到某市中医院抢救无效死亡。某市中医院出具居民死亡医学证明书一份，载明：直接导致死亡的原因是电击，发病至死亡的大概时间间隔40分钟。法院认为，死者王某在为李某安装水管的过程中使用切割机切割水管，突然受伤送到医院抢救，医院出具了医学死亡证明，诊断王某系电击死亡。因该证明为推断，不是具有法律效力的鉴定部门出具的死亡原因证明，故王某的死亡原因不明，原告要求被告承担赔偿20万元的诉讼请求，法院无法支持。但李某作为受益人，应当对王某进行适当补偿，于是判决被告李某补偿原告损失20 000元。

原告王某家属不服，提起上诉称：第一，原审法院认定事实不清。第二，原审适用法律错误。请求判令赔偿经济损失15万元，依法保护上诉人的合法权益。李某辩称：原审认定事实清楚，适用法律正确。因为被害人突发事故后，被上诉人多次要求做死亡鉴定。由于医院等部门均推定是电击，结论不科学，但是上诉人不愿意做死亡解剖鉴定，故原审认定死因不明是正确的。被上诉人与死者之间是承揽安装水暖合同关系，故王某的死亡与被上诉人无关，被上诉人不存在过错，不应当承担责任。而且用电是经过村电工许可的，请求维持原判。

二审审理认为：本案上诉人的亲属王某按照双方的约定为被上诉人李某安装水暖设施，双方之间形成承揽合同关系。王某作为承揽人应当以自己的设备、技术和劳动力独立完成工作。同时承揽人在工作中自己承担风险。被上诉人李某作为定做人本无义务向承揽人提供劳动工具。在公安机关调查时承认切割机系其本人提供，因此其对所提供的设备负有安全保障义务。因其提供的切割机存在安全瑕疵，致使王某在安装水管的过程中使用切割机切割水管时触电受伤，经抢救无效死亡，根据医院出具的医学死亡证明，诊断王某系电击死亡。因此李某在本案中存在过错，该过错与王某触电死亡损害事实发生存在因果关系，应当承担本案主要民事责任，即承担70%的民事赔偿责任。王某在承揽活动过程中存在疏忽大意过失，未尽到安全注意义务，自身防范不够，对事故的发生也存在过错，应当承担次要责任，即承担30%的民事责任。原告王某家属应获赔偿的项目总额合计为252 721.43元。由李某承担70%的民事赔偿责任，为176 905元，由于上诉人仅要求赔偿15万元，应视为上诉人对自己民事权利的处分，本院不予干涉，对超出150 000元的部分，本院不予支持。

评 析 ----------▶

二审改判的主要事实根据是，否认了王某死因不明，确认王某为电击致死，确认了李某提供漏电工具乃致王某触电的主要原因，因此判决李某承担主要责任。

启 示 ----------▶

电器漏电不可见，使用之前细检验。线路、设备有缺陷，容易触电不安全。

四、剩余电流动作保护器的安装和管理

剩余电流动作保护器，是利用线路漏电或人身触电时，进出零序互感器的电流矢量和不为零，零序互感器的二次侧产生感应电流，经过放大电路，使执行机构切断电源的装置。

1. 剩余电流动作保护器的作用

(1) 监测电网漏电，防止漏电引起电气火灾和设备损坏的事故；

(2) 防止发生人身触电伤亡事故。

2. 剩余电流动作保护器的安装与测试

(1) 安装

《农村安全用电规程》（DL 493—2001）5.4 规定"用电设施安装应符合DL/T 499—2001 规定的要求，验收合格后方可接电，不准私拉乱接设备。"《农村低压电力技术规程》（DL/T 499—2001）5.3.1 规定，"采用 TT 系统方

式运行的，应装设剩余电流总保护和剩余电流末级保护。对于供电范围较大或有重要用户的农村低压电网可增设剩余电流中级保护。"5.3.4规定"剩余电流末级保护可装在接户或动力配电箱内，也可装在用户室内的进户线上。"由此可知，总保护和末级保护是必须安装的。

（2）测试

《农村低压电力技术规程》（DL/T 499—2001）5.8.4规定，"剩余电流动作保护器安装后应进行如下测试：1）带负荷分、合开关3次，不得误动作；2）用实验按钮试跳3次，应正确动作；3）各相用1千欧左右的电阻或40～60W的灯泡接地试跳3次，应正确动作。"

3. 剩余电流动作保护器的产权和维护

《农村用电安全规程》（DL 493—2001）4.3.5规定了电力使用者的职责，"必须安装防触、漏电的剩余电流动作保护器并做好运行维护工作。"据此可以明确剩余电流动作保护器应由客户投资安装，产权归客户并由客户负责日常运行管理。

（1）经常试验剩余电流动作保护器的动作可靠性，对不能正常动作的要及时通知供电部门进行更换或维修，在发现剩余电流动作保护器动作后无法正常投运时，要及时检查故障原因，待设备故障排除后，方可送电，严禁私自退出剩余电流动作保护器的运行，强制送电。

（2）不能以为安装了剩余电流动作保护器就可以万事大吉了。剩余电流动作保护器只是防止人身触电的一种措施，最重要的措施仍然是，牢记安全用电，珍惜生命健康，时时提防，处处注意，哪怕有丝毫的侥幸心理都会引发触电事故，酿成人生悲剧。

剩余电流动作保护器部分详见本书第三篇第十章第三节内容。

案例6-12　2009年7月3日，被告李甲所建房屋二楼楼顶浇灌混凝土，受害人李乙在未采取安全措施的情况下站在二楼楼顶边侧施工，在将平板震动机插头插入破损的电插板时，喊了一声有电，随后从二楼楼顶坠落摔伤。事故发生后，受害人李乙先后被送往某县人民医院、某市人民医院、某县中医院住院治疗，经诊断为重型颅脑挫伤。受害人李乙在治疗过程中因花费较大，其亲属急于救治将其办理出院，其于2009年12月10日在家中去世。

某县法院经公开审理查明：2009年，被告李甲将其新建房屋建设工程发包给无施工资质的受害人李乙承建，受害人李乙作为承包人雇用曾某等人对承建工程进行施工。在施工过程中，被告李甲委托其父被告李丙对新建房屋建设工程进行看护。因房屋建设工程需要，经被告李甲申请，被告供电公司下属单位城关供电所为被告李甲安装临时用电线路。该线路为平板震动机供电，未安装剩余电流动作保护器，线路产权人属于李甲。

某县人民法院根据上述事实和证据认为：公民的生命健康权受法律保护。受害人李乙没有取得建筑施工资质，即给他人建设房屋，在工作中疏忽大意，安全意识淡薄，施工时站在二楼楼顶边侧且没有采取任何安全措施，明知电插板有安全隐患而继续使用，致其从二楼楼顶触电后高空坠落摔伤。在治疗过程中因花费较大，四原告李乙家属将未治愈的李乙办理出院，后在家中去世。受害人李乙自身的重大过错及四原告的怠于救治是导致本案损害发生及后果扩大的直接和主要原因，应当承担绝大部分责任。依法确定受害人李乙及四原告承担损失总额的85％。被告李甲作为建房发包人，在选择承包人时应当审查其资质，而其疏于审查，且没有进行安全教育，对受害人李乙从二楼楼顶触电后高空坠落摔伤致死具有一定过错，应当承担相应的赔偿责任。依法确定被告李甲承担损失总额的15％。被告李丙作为被告李甲的帮工，在从事帮工活动中不存在重大过失，对受害人李乙的死亡亦没有过错，故对四原告要求被告李丙承担赔偿责任的诉讼请求，本院不予支持。《供电营业规则》第五十一条规定："在供电设施上发生事故引起的法律责任，按供电设施产权归属确定。"本案中，受害人李乙发生触电的线路产权属被告李甲所有。依据上述规定，被告供电公司依法不应承担赔偿责任。关于四原告诉称受害人李乙触电后高空坠落摔伤致死是因被告供电公司未安装剩余电流动作保护器所致。经查，受害人李乙的死亡并非是触电致死，而是高坠后致重型颅脑挫伤致死，其死亡的原因是其在没有采取安全措施的情况下站在二楼楼顶边侧施工，在瞬间触电后身体失控从二楼高空坠落摔伤致死，在当时这种情况下即使剩余电流动作保护器发生作用，也不能完全避免受害人李乙触电后高空坠落的发生，因此受害人李乙死亡与是否安装剩余电流动作保护器无关。

于是法院判决如下：一、被告李甲于本判决生效后十五日内赔偿四原告李乙家属各项损失66 380.87元。二、驳回原告李乙家属的其他诉讼请求。

评析

本案判决受害人承担责任过重。法院以"即使剩余电流动作保护器发生作用，也不能完全避免受害人李乙触电后高坠的发生，因此受害人李乙死亡与是否安装剩余电流动作保护器无关"为由，判决供电公司免责，而实际上触电危害程度与触电时间关系极大，通常以 30 安秒为安全限值。而且触电时间长，人体电阻急剧下降，同时电流增大。时间和电流两个因数的增大，其乘积不是大大增加吗？怎么能说无关呢？末级剩余电流动作保护器的最大分断时间为≤0.1 秒，不会产生电流和时间双增加的致命危险。《农村安全用电规程》（DL 493—2001）4.3.5 条规定，"电力使用者必须安装防触、剩余电流动作保护器，并做好运行维护工作。"5.4 条规定，"用电设备安装应符合 DL/T 499 规定的要求，验收合格方可接电。"本案中，供电公司为李甲安装临时用电线路时，未按照规程规定安装剩余电流动作保护器并对李甲用电安全进行有效的安全管理，其过错行为与受害人李乙的死亡具有一定的因果关系，故应依法承担相应的赔偿责任。

如果本案不是供电公司安装的临时用电线路，而是李甲本人私拉乱接，李甲应当承担更大比例的赔偿责任。

五、临时用电与其他

1. 按规定申请办理临时用电手续

《电力供应与使用条例》第二十三条规定，"申请新装用电、临时用电、增加用电容量、变更用电和终止用电，均应到当地供电企业办理手续，并按照国家有关规定交付费用；供电企业没有不予供电的合理理由的，应当供电。"临时用电是指小型基建工地、农田基本建设和非正常年景的抗旱、排涝等用电，时间一般不超过 6 个月。如家庭中的临时修缮、装修或其他作业用电需要事先向电力企业申请报告获准并办理临时用电审批手续。

2. 专业人员安装

《农村安全用电规程》（DL 493—2001）5.4 规定，"用电设施安装应符合 DL/T 499 规定的要求，验收合格后方可接电，不准私拉乱接设备。"非专业人员或电工不得私自拉扯供电线路。安装临时用电设备，应由专业人员严格按照安全规程操作进行。

（1）用户受电、用电设施的选用应符合国家或行业规定。

（2）临时用电设施应经过电力企业验收后才能接电。

（3）严禁使用挂钩线、破股线、地爬线和绝缘不合格的导线。

（4）严禁采用"一相一地"方式用电。

（5）临时线应为绝缘良好的橡皮线，悬空或沿墙敷设。架设时，户内距离地面高度不低于 2.5 米，户外不低于 3.5 米；临时线与设备、水管、热水管、门窗的距离应在 0.3 米以外。如果线路距离比较长，档距不超过 25 米；电线固定在绝缘子上，线间距离不小于 200 毫米。

（6）临时用电应设置配电箱，配电箱内应配装控制保护电器、剩余电流动作保护器和计量装置。

3. 及时检查维护

临时用电期间应派人看管临时用电设施；《农村安全用电规程》（DL 493—2001）5.4 规定，"临时用电期间用户应设专人看管临时用电设施，用完及时拆除。"严禁利用临时用电线路私设电网防窃、用电捕鱼、捕捉野兽、捕鼠，危及公共安全，人为导致触电伤亡及电气火灾事故。发现这种情形应立即制止并责令拆除私设电网或报告电力管理部门处理。

4. 及时拆除或转为正式用电

《供电营业规则》第十二条规定，"临时用电期限除供电企业准许外，一般不得超过六个月，逾期不办理延期或永久性正式用电手续的，供电企业应终止供电。……如需改为正式用电，应按新装用电办理。"临时用电结束，应及时拆除临时用电设施，或者按照新装程序转为正式用电。

>> 案例6-13　2001 年 4 月，某供电公司对槟榔村进行电改，电改线路施工由上诉人供电公司委派的唐某承接。供电公司与槟榔村委会签订了《槟榔村委会低压线路安装协议》，其第一、三条规定，供电公司管理到集中电表箱，接户线由农户自行管理，农户接户线支撑物（如木杆等）、户内电线和电器由农户自备等。唐某负责的施工分队依照公司规定，给每个申请用电户拉接线路，即从电表箱处出线 30 余米，各用户自行立好电杆后即予接电。罗某光及李少某等 6 户用电户属于 20 号电杆用户，当时已有 3 户人家牵出电线，因李少某家新房尚未建成，安装线路的人员拉出 30 米线后将已带电的电线头密封绝缘后捆放在电箱上，但未实际供电。罗某光家自行立好电杆后，已由安装线路的人员接线到家并正常供电。同年 6 月 2 日，李少某因建房需要，私自把放在电表箱的自家电线拉下安装在罗某光家立的木柱上。在未征得罗某光同意的情况下将罗家用来接电抽水的花线和水泵接在其电线上抽水，事后又将未完全绝缘密封的线头吊在柱上。罗某光家则在接电线的木柱和另一根木柱之间拉上一条细铁丝，用于晾晒衣服。2001 年 7 月 5 日上午 10 时许，罗某光之妻吉丽将其洗好的衣服在上述铁丝上晾晒时，李少某家未绝缘的带电线头触及罗某光家晒衣服的铁丝，致吉丽触电，经抢救无效死亡。

原告罗某光等四人请求李少某和供电公司赔偿死亡赔偿金、丧葬费、被抚养人生活费共计106 236元。

一审法院认为，根据审理认定事实和法律规定，被告李少某应予以赔偿，被告某供电公司承担连带清偿责任。于是判决：一、被告李少某应于本判决生效之日起十日内一次性赔偿原告罗某光等四人死亡赔偿金、丧葬费、被抚养人生活费共计106 236元；某供电公司负连带赔偿101 236元的责任。二、驳回原告方的其他诉讼请求。诉讼费3063元由被告李少某负担。

某供电公司不服一审判决，上诉称：①原判认定事实错误，主观臆断，对供电公司所谓过错胡乱认定，错把"电表箱"认作"配电箱"，认定其公司没有在电表箱内安装电闸开关和剩余电流动作保护器的前提下即行供电，存在过错，应承担过错责任，不顾李少某私拉乱接电线，导致触电事故发生的事实，把李少某的过错嫁祸到供电公司头上，显失司法公正；同时罗某光家抽水建房以及此后的李少某家抽水建房用电均属临时用电，均没有向电管站申请，且用完后不及时拆除长期带电的电线，接头不包扎好，以致漏电到晒衣服的铁丝上致人触电死亡。这种明显违章的行为，原审判决竟认定罗某光家在供电设施方面并未违反操作规程，明显错误。②原判适用法律错误，其判决不适用电力法及相关的电力法规的具体规定，也不适用《农村安全用电规程》和《农村低压电力技术规程》中与本案直接相关的规定，适用法律明显不当；同时原判要求其公司对李少某所造成的人身损害赔偿费负连带赔偿责任，这是对《民法通则》第一百三十条关于"共同侵权"规定的随意歪曲和错误适用，实属荒唐。请求二审法院依法撤销原判。

二审法院认为，被上诉人李少某违反《农村安全用电规程》，私拉乱接电源电线，且用完电后不及时拆除电线，线头又不做绝缘包扎，致其线头触及被上诉人罗某光家晾晒衣服的铁丝，造成罗某光之妻吉丽触电身亡的后果。李少某的违章行为与吉丽的死亡后果有直接的因果关系，对此，李少某应承担此次触电事故的主要赔偿责任。同时，上诉人供电公司在对农村电网进行改造时，未严格按照农村安全用电规程操作，在罗某光等人自立电杆不符合安全用电要求的情况下给予送电，与吉丽触电有因果关系，对此上诉人亦应承担相应的过错责任。上诉人提出被上诉人罗某光家违反《农村安全用电规程》，擅自在接电的木柱上绑扎铁丝晾晒衣服，导致其妻触电身亡有过错，主张罗某光对该触电事故应承担一定的过错责任于法有据，本院予以采信。上诉人提出其与被上诉人李少某私拉乱接造成的触电事故发生的过错行为没有相互联系，没有共同过失的主张符合法律规定，原审判决认定上诉人对被上诉人李少某的赔偿责任承担连带责任，没有事实根据和法律依据，对此，本院应予纠正。原审判决认定上诉人在给槟榔村线路改造时，没有在配电箱内安装电闸开关及剩余电流动作保护器与事实不符。按照《农村低压线路安装规程》及《农村安全用电规程》等规定，配电箱是安装在变压器低压侧的配电装置，而安装在电杆上的是"电表箱"，不是"配电箱"；剩余电流动作保护器则应安装在配电箱内，末级剩余电流动作保护器可装在接户线或动力配电箱内，也可装在用户室内的进户线上，故上诉人主张其未在农户的进户线上安装配电箱及剩余电流动作保护器并无过错，于法有据，本院予以采信。原审判决未根据造成本案触电事故发生的客观事实及各方当事人的过错程度，确定各方当事人应承担的赔偿责任，明显不当，本院应予纠正。根据各方当事人损害行为的过错程度，应确定被上诉人李少某承担此次触电事故 50% 的主要赔偿责任，即 53 118 元；上诉人某供电公司承担 40% 的赔偿责任，为 43 494.4 元；被上诉人罗某光自行承担 10% 的责任为 10 623.6 元，较为妥当。综上所述，上诉人的上诉理由部分成立，本院予以采纳，但其主张对此次触电事故不承担任何赔偿责任，不符合法律规定，应不予采信。原审法院认定本案部分事实有误、适用法律和处理结果均欠妥当，应予改判。

评析

本案供电公司对槟榔村网改之初就存在错误：线路不入户，自立电杆，带电线路放在电表箱内，任农户自己拉线接电。在这种安全隐患重重的情况下就送电，明显违反《农村安全用电规程》5.4 的规定，"用电设施安装应符合 DL/T 499 规定的要求，验收合格后方可接电，不准许私拉乱接用电设备。"由此看来，供电公司承担赔偿责任当属无疑。

>> 案例 6-14　原审法院经审理查明，受害人施甲系农村闲散泥匠杂工。施甲的父母已亡，其无妻子、无子女，施乙系其胞姐，施丙系其胞弟。2007 年 7 月 25 日下午 3 时许，杨某所建的楼房二层顶部进行混凝土浇筑，当时现场施工运作的机械有卷扬机和震动机，震动机在二层楼顶部施工，卷扬机置地面，卷扬机的人字形支架（铁质）立在二层楼的顶部，通过钢索上下吊装混凝土，受害人施甲在地面，负责将混凝土沙包挂上卷扬机吊钩后运至楼顶，当卷扬机吊钩下降后，施甲一手拿混凝土沙包，另一手抓卷扬机吊钩时，突然触电倒地，后经抢救无效死亡。经复旦大学医学院法医鉴定中心鉴定，结论为：施甲

为电击死亡。

2007年9月，施乙、施丙诉至原审法院，请求法院判令杨某、陆某、施丁赔偿各项费用合计285 485.50元。

原审法院另查明，杨某系建房户，受害人施甲发生事故的当天，杨某所建的楼房二层顶部进行混凝土浇筑。杨某与施丁在同一民间施工队干活。杨某与施丁未签订书面建房施工承包合同。施工设备中，卷扬机、脚手架及打泥机由施丁提供，震动机由陆某出租。原审法院委托上海某安全事务所对卷扬机、震动机的设备安全技术性能进行鉴定，结论为：①卷扬机电源电缆线老化、破损严重，且无接地保护、无漏电保护。故卷扬机漏电发生触电事故不能排除。②震动机短电缆与长电缆的接头用电工绝缘布包裹，这种接头与含水混凝土接触，能发生漏电，且无接地保护、无漏电保护。综上所述，施工机械漏电发生触电事故不能排除。原审法院经审理后认为，受害人施甲以自己的劳动和技术按照杨某的要求参与建房活动，与杨某之间形成承揽关系，承揽方在完成工作过程中造成自身损害的，定作方不承担赔偿责任，但定作方对选任有过失的，应承担相应的赔偿责任。杨某选用无相关资质的施甲为其施工以致施甲在完成工作中死亡，杨某对此应负相应的赔偿责任。陆某出租的震动机与施丁提供的卷扬机均有漏电的瑕疵，导致受害人施甲触电身亡的事故，对此，陆某与施丁对损害后果承担连带赔偿责任。施甲无相应的施工证书，未加强自我保护，其自身也有过失，可适当减轻杨某、陆某、施丁的赔偿责任。原审法院据此作出判决：一、杨某应于本判决生效之日起十日内赔偿施乙、施丙的经济损失共计人民币64 479元；二、陆某、施丁应于本判决生效之日起十日内各赔偿施乙、施丙的经济损失人民币53 733元；三、杨某应于本判决生效之日起十日内赔偿施乙、施丙精神损害抚慰金人民币4000元；四、陆某、施丁应于本判决生效之日起十日内各赔偿施乙、施丙精神损害抚慰金人民币3000元；五、陆某、施丁对上述二、四项赔偿款项承担连带赔偿责任；六、施乙、施丙的其余诉讼请求，不予支持。

原审判决后，上诉人施乙、施丙、陆某、施丁均不服，提起上诉。

二审法院认为，本案施甲在为杨某建房过程中被电击死，该事实已由法医作出鉴定，予以确认。原审法院认定杨某作为定作方选任无资质的人员进行施工存有过错，并判决杨某承担相应的赔偿责任是正确的。基于受害人施甲明知自己无施工资质而参与建房，亦存在过错，原审法院确定据此可减轻赔偿人的责任也是正确的。因此，上诉人施乙、施丙要求增加精神损害抚慰金的上诉请求，缺乏事实依据，二审不予支持。至于丧葬费的赔偿，确属施乙、施丙诉请的组成部分，其请求赔偿的数额亦在规定的幅度内，二审依法根据本案当事人的责任予以判决。

关于上诉人陆某、施丁提出异议的震动机、卷扬机是否存在漏电隐患，二审经审核认为，原审法院审理中就上述争议已委托具有专项安全评价资质的上海某安全事务所对涉案震动机、卷扬机进行安全技术性能鉴定，该所经检测，作出均不能排除涉案震动机、卷扬机漏电发生触电事故的结论，因此，原审法院判决震动机的出租者、卷扬机的提供者连带承担本案赔偿责任有事实依据。上诉人陆某、施丁上诉称其提供的机器本身不存在漏电隐患，即可不承担赔偿责任，对此，二审认为，首先，震动机、卷扬机的连接电缆、绝缘布等设施是否不属机器本身设备，上诉人并未提供证据予以证明；其次，陆某、施丁作为震动机、卷扬机的出租者和提供者，应当知道上述机器在建房施工中需要带电运作，也应当明知该设备在使用中带电作业可能带来的隐患，因此，其对出租及提供的设备应承担相应的附随义务。综上，上诉人陆某、施丁称出租或提供给他人使用后其即不承担相应责任的理由，二审未予采信；其上诉请求，二审不予支持。据此，二审在维持原判赔偿数额的基础上再判决：杨某应于本判决生效之日起十日内赔偿施乙、施丙丧葬费人民币 5206.05 元；陆某应于本判决生效之日起十日内赔偿施乙、施丙丧葬费人民币 4338.38 元；施丁应于本判决生效之日起十日内赔偿施乙、施丙丧葬费人民币 4338.38 元；陆某、施丁对上述丧葬费的赔偿承担连带责任。

评析

本案未经检查使用移动电具，触电身亡。建筑人发包建房工程给无资质的受害人施工，存在选任过错，应当承担赔偿责任；设备出租存在缺陷，也应当承担赔偿责任。

启示

且不说当事人有偿出租带有缺陷的设备要承担责任，即使无偿提供缺陷设备致人触电伤害，也要承担责任。

第三篇

多次不公的行动不过弄脏了水流，一次不公的裁判却弄混了水源。

——弗兰西斯·培根

人身触电案件处理法律实务

法拉第的电磁感应理论之后，雅可比于 1834 年制造出世界上第一台电动机，从此宣示人类掌握并能够应用电这一特殊物质。于是，电，伴随着现代科技文明走向辉煌。现代科技的发展，使得电能生产、传输、控制技术取得了极大的进步。反过来，电力的发展又进一步推动现代工业的发展，并不断提高人们的生活质量。电已经与人类的日常生活、社会生产紧密相连，密不可分。电在社会中起着积极作用的同时，也会带来侵害人身和财产的消极作用。近年来，由触电人身损害引发了大量的民事赔偿纠纷，对这些纠纷能否做出公平的裁判，昭示着法律的尊严，影响着人民对法律的信赖和信心。

本篇在法律理论指导的基础上，对高、低压人身触电案件的处理实务加以阐述和讨论。

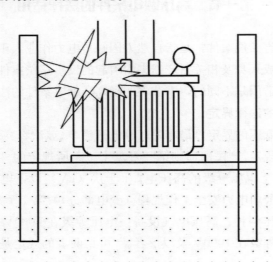

人身触电案件法律适用与赔偿

人身触电案件处理的司法实践中，对性质相同的案件，法院判决结果有时却出现较大的差异。造成这种状况的最主要的原因是法律的适用问题。因为民法和电力法律法规以及有关的司法解释等，针对触电人身损害赔偿有着不同的规定，造成理解和适用法律的困难。判断案件适用的法律法规就是犹太律所说的"界石"。只有居于中正的"界石"，才能做出公平的裁判。因此，从社会和司法实践需要的角度出发，弄清触电人身损害赔偿法律法规的适用，对触电人身损害赔偿做出正确的处理大有必要。

本章将讨论讨论高、低压人身触电的法律适用和辨析以及举证和赔偿项目解析。

第一节　高压触电案件的法律适用

触电人身损害赔偿案件，是指自然人因触及电力作业人正在作业的高、低压电力设备，造成人身及相关财产损害而引起的民事赔偿案件。高、低压人身触电案件的法律适用是不同的，本节将明确高压触电案件的法律规定和适用。

一、高电压的法律界定

对于高压与低压的界定，最高院《触电解释》（《法释》〔2001〕3 号）第一条做了明确的规定："民法通则第一百二十三条所规定的'高压'包括 1 千伏（kV）及其以上电压等级的高压电；1 千伏（kV）以下电压等级为非高压电。"《国家电网公司电力安全工作规程（变电部分）》第 1.7 条规定，"电气设备分为高压和低压两种：高压电气设备：电压等级在 1000V 及以上者；低压电气设备：电压等级在 1000V 及以下者。"可见两者的规定是一致的。有的地方法院根据我国的电压等级体制 220/380 伏、10 千伏、35 千伏、66～110 千伏、154～220 千伏、330 千伏、500 千伏、750 千伏、1000 千伏。将上述规定变通为"高压电是指 380 伏以上电压等级，低压电是指 380 伏及其以下电压等级。"这是错误的。因为变压器低压侧出口附近触电应该是大约 400 伏，高于 380 伏，低于 1000 伏，难道应该适用低压触电？个人通过变压手段将 380 伏电压变为 600 伏，引发触电事故也应该适用低压触电。

二、特殊侵权和高度危险作业

1. 一般侵权行为

（1）一般侵权行为又称普通侵权行为，是指行为人基于过错致人损害，因而适用民法上的一般侵权责任条款的行为。

（2）一般侵权行为的构成要件：①有受害人损害事实存在；②损害的行为与受害人损害事实之间有因果关系；③行为的违法性；④行为人有过错。

2. 特殊侵权行为

（1）特殊侵权行为是指行为人即使无过错，被侵权人的损害确系因与行为人有关的行为、事件或者特殊原因所致，因而适用民法上的特别责任条款或者民事特别法的规定应负民事责任的行为。譬如，我国《民法通则》规定的特殊侵权行为有：职务侵权行为、产品质量责任、高度危险作业、环境污染、地面施工、建筑物（工作物、搁置物）致人损害、饲养动物致人损害、被监护人致人损害。《侵权责任法》还增加了机动车交通事故责任、医疗损害责任，而且对产品责任、高度危险责任、饲养动物损害责任、建筑物致人损害责任的范围均有所扩大或补充。

（2）特殊侵权行为的构成要件：各种特殊侵权行为的构成要件为：违法行为、损害事实、侵权行为与损害事实之间的因果关系。特殊侵权行为必须在法律有明文规定的情况下才能够存在。就是《民法通则》第一百二十一～一百二十七条、第一百三十三条规定的上述几种特殊侵权行为。在其他民事特别法上还有其他种类的特殊侵权行为。《侵权责任法》第五至十一章、第四十一条至第九十一条为关于特殊侵权责任之规定。

3. 高度危险作业

高度危险作业又称高度危险业务、高度危险来源，是指利用现代科学技术设施从事对周围环境的人身或财产安全具有高度危险性的业务操作活动。根据《民法通则》的规定，主要是指高空、高压、易燃、易爆、剧毒、放射性、高速工具等对周围环境有高度危险的作业。《侵权责任法》第七十二条和第七十三条也有相关规定，后者的调整范围还明确规定了"地下挖掘活动。"因为高压电是人类生命力不能抵御，无法承受的，稍有不慎就会致人伤亡，并且在我们现有的科技水平之下，高压电对周围环境特别是对人身安全的高度危险，是不能完全有效地控制和防止的，符合高度危险作业的特征。但是，随着社会化大生产的迅速发展及科学技术的不断进步，人们为了提高社会生产力以发展经济和提高物质文明水平，追求高效、快捷，必然借助某些具有高度危险性的作业；但高度危险作业本身对人们的人身和财产潜藏着巨大危险性，即使高度危险作业人和周围的人们竭尽最大的谨慎和注意力，也不能完全避免损害的发生。

《民法通则》第一百二十三条规定了从事高空、高压、易燃、易爆、剧毒、放射性、高速运输工具等属于对周围环境造成高度危险的作业。其中所说的高压，并没有说是高电压、高水压，还是高气压。最高人民法院的观点是，高压触电伤亡，肯定是高风险作业，不管技术多么高，措施多么保险，最终都难以避免高电压作业带来的风险。据此，最高人民法院的《触电解释》第一条做了明确的规定，"民法通则第一百二十三条所规定的'高压'包括 1 千伏（kV）及其以上电压等级的高压电；1 千伏（kV）以下电压等级为非高压电。"把高电压作业界定为高度危险作业。

三、高压触电案件处理的法律规定

1. 民法规定

我国《民法通则》第一百二十三条规定，"从事高空、高压、易燃、易爆、剧毒、放射性、高速运输工具等对周围环境有高度危险的作业造成他人损害的，应当承担民事责任；如果能够证明损害是由受害人故意造成的，不承担民事责任。"第一百三十一条规定，"受害人对于损害的发生也有过错的，可以减轻侵害人的民事责任。"

2.《侵权责任法》规定

第六十九条规定，"从事高度危险作业造成他人损害的，应当承担侵权责任。"第七十三条规定，"从事高空、高压、地下挖掘活动或者使用高速轨道运输工具造成他人损害的，经营者应当承担侵权责任，但能够证明损害是因受害人故意或者不可抗力造成的，不承担责任。被侵权人对损害的发生有过失的，可以减轻经营者的责任。"第七十六条规定，"未经许可进入高度危险活动区域或者高度危险物存放区域受到损害，管理人已经采取安全措施并尽到警示义务的，可以减轻或者不承担责任。"

3. 电力法律法规规定

（1）《电力法》第六十条规定，"因电力运行事故给用户或者第三人造成损害的，电力企业应当依法承担赔偿责任。电力运行事故由下列原因之一造成的，电力企业不承担赔偿责任：（一）不可抗力；（二）用户自身的过错。因用户或者第三人的过错给电力企业或者其他用户造成损害的，该用户或者第三人应当依法承担赔偿责任。"本条针对电力运行事故，不是针对人身触电事故，但有些人身触电事故是在电力运行事故中发生的。

（2）《触电解释》第二条规定，"因高压电造成人身损害的案件，由电力设施产权人依照《民法通则》第一百二十三条的规定承担民事责任。但对因高压电引起的人身损害是由多个原因造成的，按照致害人的行为与损害结果之间的原因力确定各自的责任。致害人的行为是损害后果发生的主要原因，应当承担主要责任；致害人的行为是损害后果发生的非主要原因，则承担相应的责任。"第三条规定，"因高压电造成他人人身损害有下列情形之一的，电力设施产权人不承担民事责任：（一）不可抗力；（二）受害人以触电方式自杀、自伤；（三）受害人盗窃电能，盗窃、破坏电力设施或者因其他犯罪行为而引起触电事故；（四）受害人在电力设施保护区从事法律、行政法规所禁止的行为。"

四、高压触电的归责原则

1. 无过错责任

（1）无过错责任

无过错责任也称为严格责任、危险责任或风险责任。高压电作业适用无过错责任，即无论作业人在操作的过程中是否存在过错，只要造成了他人的损害，就应当承担民事责任。即高电压作业人无论是否尽到警示、告知、谨慎注意义务，只要发生高压触电伤害事件，都要承担赔偿责任。当然，无过错责任也不是绝对责任，侵权人也有权进行抗辩，只是没有过错不是抗辩的理由。

（2）为什么适用无过错责任

1）高压电作业人从事高危作业，在满足公众需求的同时也从中获得了利益，根据报偿理论，即"谁享受利益，谁承担风险"的原则，自然应由高压作业人承担高危作业带来的风险。无过错责任是指责任的承担不以过错为前提，没有过错也要承担责任，其出发点不在于惩罚加害人，而在于补偿受害人。因此在高压触电案件上，只要受害人的损害与电力企业的行为之间存在因果关系，即使电力企业没有过错也要对损害承担赔偿责任。

2）俗话说，解铃还得系铃人。高电压作业人制造了危险，是有责任、也有能力控制危险的人，再者限于电力设施产权、专业知识和技能，也非其莫属。根据危险控制理论，即"谁应当并能够控制、减少危险，谁承担责任"的原则，高度危险作业人应当并能够最大限度地控制危险，尽可能避免危险。规定其承担赔偿责任，能够促使其谨慎作业，提高作业人的责任心，尽可能避免危险，有利于消除或减少社会危险因素，保障社会安定，平衡风险收益分配，保护弱势群体的合法权益，及时、妥善地救济受害者。

3）大多数人认识到高电压作业带来的触电事故的风险，也认识到这是社会文明发展需要。在这两难选择面前，选择了愿意享受现代文明，摒弃古朴田园生活，正视触电事故风险与现代文明一路同行的现实。这如同美国公民明知人民持有和携带武器有风险，但是为了抗击暴政，捍卫自由和安全还是义无反顾的选择了美国宪法的1791第二条修正案。但是，不管如何选择，社会依然要奉行保护大多数弱势群体利益的原则。因此，对高电压作业致害实行无过错责任，有效保护了无辜受害人的利益。

（3）适用无过错责任的要件

第一，有高度危险作业造成的损害且无须推定加害人主观上存在过错；第二，损害事实和加害行为或者物件之间有因果关系；第三，责任的承担完全基于法律的特别规定，不得任意扩大无过错责任的适用范围。

1）特定的责任主体。《民法通则》第一百二十三条和最高院《触电解释》第二条第一款所指的从事高度危险作业的人，即特定的责任主体：实际支配、控制电力设施（包括发电设施、变电设施和电力线路设施及其有关辅助设施，下同）并利用其谋取利益的自然人、法人或者其他组织，包括电力作业人和经营人、电力设施的产权人、占有人、使用人、管理人、收益人。这些人都有可能成为损害赔偿的责任主体。实践中的第三人，如电力设施安装人，如果施工质量不合格也会成为高压触电人身损害赔偿的主体。

2）要有高压电作业行为。高压电作业的行为包括电力系统中电压等于或超过1000伏的发电、输电、供电、配电行为。没有运行，也就没有高压触电事故。《民法通则》第一百二十三条规定的损害事实，必须是由高度危险作业行为造成的，而不是其他行为造成的损害赔偿责任。

3）要有客观的损害事实。损害事实的客观存在是构成任何损害赔偿责任的前提条件，如果某种行为未造成损害，就不会发生损害赔偿的民事责任。可预见的损害还没有形成客观存在的事实，也不发生损害赔偿责任。如电力线路架设不合规定，也没有安全警示标志，这只是安全事故隐患，在高压电作业过程中尚未造成损害，那么就不发生损害赔偿责任。

4）要有必然的因果关系。因果关系是揭示自然界和社会中先后相继、彼此制约的事物或现象相互联系的一对范畴。任何现象都是在一定条件下由另一现象引起的，引起后一现象出现的现象就是原因，后一现象则是结果。这种原因和结果之间的内在联系就是因果关系。高压电作业行为与损害事实之间的因果关系是构成高压电致人损害这种特殊侵权责任的必要条件。如，不是死于高压电，而是高压线下高空坠落致死，就不属于高电压作业造成的特殊侵权。

2. 适用无过错责任的纠结

在适用无过错责任的同时，只能适用无过错归责与过失相抵、责任自担等观点一直在争论不休，有必要加以澄清和统一，以利于案件的正确处理。

（1）同一案件中同时适用多个归责原则。最高院《触电解释》第二条第二款规定，"但对因高压电引起的人身损害是由多个原因造成的，按照致害人的行为与损害结果之间的原因力确定各自的责任。致害人的行为是损害后果发生的主要原因，应当承担主要责任；致害人的行为是损害后果发生的非主要原因，则承担相应的责任。"该条说明当损害结果是由多个原因力共同作用产生时，对不同主体适用不同的归责原则。对高度危险作业人，如果没有过错就只适用无过错责任原则，如果有过错，过错部分就适用过错责任原则；对于受害人和第三人则适用过错责任原则。就是说，对有过错的高危作业人适用无过错责任的同时，另加追究过错责任，或者说在无过错责任的基础上因其存在过错而加重其赔偿责任，而不是仅仅追究无过错或过错部分责任。例如，如果高危作业人在高压触电案件中只有未设立安全警示标志的过错，如果仅仅追究这个责任，显然是次要责任，这样势必就忽视主要责任——高危作业的特殊侵权责任，对受害人显然是不公平的。这种多原则并用的理由在于：一是在受害人有过错的情况下，必然产生高度危险作业的无过错责任与过错责任并存；二是一案存在两个以上的法律关系时，必然要适用两个以上的归责原则；三是无过错责任原则是为弥补过错责任原则的不足而设立的，二者在公平的分担侵权行为造成的损害这一点上是统一的。

（2）过失相抵与责任自担。由于人们片面的理解，在高压触电案件中只能唯一适用无过错归责原则，对于造成事故有原因力的受害人和第三人也承担责任就不理解，误认为这违背了无过错归责原则，拿着受害人和第三人的过错去抵消高危作业人的无过错责任和过错责任（如果高危作业人同时也有过错的话）。前已述及，无过错责任原则只对高危作业人适用，而不对案件的所有主体都适用。

高电压作业是高度危险作业，属于严格责任范围。但是，在电力设施保护区，高压线及其设施符合国家的技术标准，且有明显的安全警示标志。有人胆大妄为，明知房顶上有高压电线，在安装天线过程中不加注意，把自己电死了，难道就不应该为自己疏忽大意的过失承担责任？受害人有间接故意或重大过失，应该对其适用过错责任原则，根据原因力大小承担责任，不能让电力企业承担全部责任。这样裁判会纵容高电压作业周围的人们滋长无视安全，不珍惜自己生命健康的意识。《民法通则》第一百三十一条规定，"受害人对于损害的发生也有过错的，可以减轻侵害人的民事责任。"该条没有说明是适用过错责任还是无过错责任，应该理解为两者皆适用。《侵权责任法》第七十三条规定，"从事高空、高压、地下挖掘活动或者使用高速轨迹运输工具造成他人损害的，经营者应当承担侵权责任，但能够证明损害是因受害人故意或不可抗力造成的，不承担责任。被侵权人对损害的发生有过失的，可以减轻经营者的责任。"

过失相抵在法理上的意义在于任何人不能把因为自己的原因造成的损害转嫁给他人。意味着虽然你是受害者，别人是加害人，但是你自己的过失对造成损害的发生或扩大也有原因力，两个原因或更多的原因结合起来造成你的损害，难道应该让一个主体来承担吗？所以说，每个人都要对自己的行为负责，不能把自己的过错算在别人身上，这是过失相抵的法理意义，也是责任自担理论，就是说谁的过错谁负责任。把过失相抵理解成过失与过失相对抗，相抵销，是望文生义的错误理解。过失相抵是对自己的过错承担那份相应的责任，当然最终表现形式是受害人得到的赔偿数额少了，他忘记了还有自己应该承担的那一份。这就是高危作业人可以抗辩的理由。我是加害人，造成了损害，但是如果受害人或第三人不违章作业，这个事故不会发生，或者伤害不会这么严重，因此对受害人或第三人原因造成的损失不能全部由我承担。正因为如此，无过错责任当中适用过错原则，表现为减轻了加害人的赔偿责任。这也是《触电解释》第二条第二款的含义，即尽管高危作业是严格责任，是无过错责任，但受害人和第三人有过错造成损害结果发生或扩大，要减轻高危作业人的责任。

最高院《人损解释》在此规定的基础上，对过失相抵制度作出了更为详尽明确的规定，该解释第二条规定，"受害人对同一损害的发生或者扩大有故意、过失的，依照民法通则第一百三十一条的规定，可以减轻或者免除赔偿义务人的赔偿责任。但侵权人因故意或者重大过失致人损害，受害人只有一般过失的，不减轻赔偿义务人的赔偿责任。适用民法通则第一百零六条第三款规定确定赔偿义务人的赔偿责任时，受害人有重大过失的，可以减轻赔偿义务人的赔偿责任。"其次，无过错责任是指不考虑加害人过失，而不是不考虑受害人过失，过失相抵并不是将受害人过失与加害人的过失相抵。高压触电事故中，往往受害人有过错，而高电压作业人没有过错，何来的抵销呢？

五、高压触电案件处理的法律适用

《民法通则》第一百二十三条规定，"从事高空、高压、易燃、易爆、剧毒、放射性、高速运输工具等对周围环境有高度危险的作业造成他人损害的，应当承担民事责任；如果能够证明损害是由受害人故意造成的，不承担民事责任。"前已述及，在高压触电案件中如果适用本条，就是对高电压作业人适用无过错责任原则。《侵权责任法》第七十三条规定，"从事高空、高压、地下挖掘活动或者使用高速轨道运输工具造成他人损害的，经营者应当承担侵权责任，但能够证明损害是因受害人故意或者不可抗力造成的，不承担责任。被侵权人对损害的发生有过失的，可以减轻经营者的责任。"这与适用《电力法》第六十条不同。

《电力法》第六十条规定，"因电力运行事故给用户或者第三人造成损害的，电力企业应当依法承担赔偿责任。电力运行事故由下列原因之一造成的，电力企业不承担赔偿责任。（一）不可抗力；（二）用户自身的过错。因用户或者第三人的过错给电力企业或者其他用户造成损害的，该用户或者第三人应当依法承担赔偿责任"。很明显，适用《电力法》第六十条就不是无过错责任，而是过错推定责任。即法律直接规定加害人有过错，而由加害人证明自己没有过错，如果加害人不证明或者不能证明自己不存在过错时，则认定其有过错，应当承担侵权责任。反之，则否定侵权责任。过错推定责任是从侵害事实中推定行为人有过错，免除了受害人对加害人存在过错的举证责任，加重了行为人的证明责任，利于保护受害方利益。高电压作业人因电力运行事故给用户或者第三人造成的损害，一定是存在过错的，因此应当依法承担赔偿责任。

2011年1月21日起实施《触电解释》明确了高压触电案件适用无过错归责原则。因此，目前审理高压触电大多适用《民法通则》、《侵权责任法》和《触电解释》，而极少适用《电力法》。这就提醒电力企业当前参与高压触电案件诉讼，作为致害人一方在法理和证据上应该从《民法通则》、《侵权责任法》和《触电解释》入手。

关于法律适用问题详见本章第三节论述。

>> 案例7-1　2009年8月9日下午4至5点，原告小张（男，8岁）到双河口被告供电公司所有的变压器附近玩耍，不慎被电击中，致原告头面部、颈部、胸腹部及上肢多处电烧伤，原告受伤后，先后在镇中心卫生院、县人民医院、重庆医科大学附属第一医院治疗。变压器属于高度危险物，被告将变压器安装在道路旁边，在变压器四周未设置任何安全防护栏、警示牌，变压器的基台安装高度不足2.2米，其高度未达到2.5米之规定，且基台采用毛石堆砌而成，表面参差不齐，易于小孩攀缘，由于被告是该变压器的所有权人，未尽到安全管理义务，应承担赔偿义务。因此，原告向法院提起诉讼，请求：①被告立即支付原告人身损害赔偿金220 239.03元，其中医药费39 189.03元、交通费5098.00元、护理费8100.00元、住院伙食补助费4400.00元、后续治疗费108 000.00元、伤残赔偿金55 452.00元；②被告立即支付原告的精神损害赔偿金80 000.00元；③由被告承担本案的诉讼费、鉴定费等费用。

被告辩称：被告不是本案适格的被告，不应承担赔偿责任，事故发生时，被告并非涉案工程的管理人，且被告不存在过错，原告受伤系从事法律法规禁止性行为所致，被告应当免责；原告受伤是由于施工单位未完全履行安全职责及原告监护人未履行监护职责所致，施工单位及原告监护人均应承担责任，原告不是玩耍时受伤，而是攀爬变压器时受伤，原告放弃对施工单位的请求，并不影响施工单位承担相应的赔偿责任。

法院经审理查明，2009年8月9日下午4至5点，原告到双河口的变压器附近玩耍，不慎被电击中，致原告头面部、颈部、胸腹部及上肢多处电烧伤的事实属实。经重庆医科大学附属第一医院诊断：①面颈部、右肩部、胸腹部及双上肢电烧伤，21%TBSA，Ⅱ度；②脐部及右中指电烧伤，1%TBSA，Ⅲ度。致原告触电的变压器系被告所有。原告受伤后，由于其父母不在场，工地上民工将其送到县医院治疗。

法院认为：公民的身体健康权，依法受法律保护。原告在被告所有的变压器附近玩耍，被高压电烧伤，致原告构成构成Ⅴ级伤残，被告作为变压器的产权人，应当承担赔偿责任。由于事发时，原告年仅8岁，无相应的识别能力，原告在高压变压器的基台下玩耍，其监护人未尽到监护职责，亦应承担相应的责任。根据本案的客观事实以及产权人、监护人的行为与原告损害结果之间的原因力大小，法院认为被告承担80%的责任，原告的监护人自行承担20%的责任为宜。对被告提出其不是涉案工程的管理人，没有任何过错，不是本案适格的被告，不应承担赔偿责任的抗辩理由，法院认为高压电致人触电的人身损害赔偿适用的归责原则是无过错责任原则，不是过错责任原则，不以被告是否有过错来划分责任，由于被告是变压器的产权人，就应当承担赔偿责任，因此，被告不仅是本案适格的被告，而且还是赔偿义务人，至于被告是否是涉案工程的管理人，与本案无关联，被告是否将变压器交由施工单位管理，系被告与施工单位之间的内部关系，被告可在依法承担赔偿责任之后，依双方的约定，向施工单位追偿，故对被告上述抗辩理由法院不予采纳。被告提出原告不是玩耍时受伤，而是攀爬变压器时受伤的抗辩理由，但并未提供相应的证据予以证明，故对被告的该抗辩理由法院难以支持。被告还提出原告受伤系从事法律法规禁止性行为所致，被告应当免责的抗辩理由，法院认为，被告的该抗辩理由于法无据，不予采纳。于是根据《民法通则》第一百二十三条和《触电解释》第二条，判决被告赔偿原告合理的损害范围为263 395.33元的80%，即210 716.26元。

评 析

本案是高压触电，适用无过错责任。即使原告攀爬变压器触电，因其为无民事行为能力人，被告也不能适用免责条款，况且本案被告尚存在未设置安全警示标志的过错。即使按过错责任原则归责，被告也应承担相应的责任。

六、高压触电案件的举证责任负担

德国法谚曰："举证责任是民事诉讼的脊椎。"举证责任是指当事人对自己提出的主张，有提出证据加以证明的责任。其基本含义包括当事人对自己的主张应当提供证据；自己提供的证据能够证明自己的主张；如果对自己提供的证据不能证明自己的主张，将承担不利的裁判后果。

1. 一般侵权案件的举证责任负担

根据我国民事诉讼法的规定，遵循"谁主张，谁举证"的原则。就是说，无论是原告、被告、共同诉讼人、诉讼代表人，还是有独立请求权的第三人，都有责任对自己的主张提供证据加以证明。

2. 举证责任倒置

举证责任倒置，是指按照一般举证责任负担原则，将提出主张的一方当事人应负担的举证责任，因法律规定转嫁给另一方当事人承担的情况。侵权案件中的举证责任倒置，通常是把一般侵权损害赔偿案件中某些本应由原告承担的举证责任转移给被告承担。主要情形是对原告提出的主张，被告否认的，由被告举证。一般是针对特殊侵权而言。

3. 高压触电案件不完全是举证责任倒置

(1) 免责抗辩才实行举证责任倒置

《民法通则》第一百二十三条规定，"从事高空、高压、易燃、易爆、剧毒、放射性、高速运输工具等对周围环境有高度危险的作业造成他人损害的，应当承担民事责任；如果能够证明损害是由受害人故意造成的，不承担民事责任。"由本条的"如果能够证明损害是由受害人故意造成的，不承担民事责任。"可以见出，只有高电压作业人证明受害人的损害是故意造成的，以达到免责的抗辩时，才对其适用举证责任倒置原则，并非在整个案件都适用。就是说，当原告主张在受到高压电侵害时本身没有主观故意时，由被告来举证受害人存在主观故意。《最高人民法院关于民事诉讼证据的若干规定》第四条规定，"下列侵权诉讼，按照以下规定承担举证责任：（二）高度危险作业致人损害的侵权诉讼，由加害人就受害人故意造成损害的事实承担举证责任；"该条款明确了加害人就被害人故意实行举证倒置。至于原、被告的其他主张都由己方举证。不能一概理解成触电事故一旦发生，应由高电压作业人承担全部的举证责任，受害人也应承担必要的举证责任。如，向人民法院就其损伤与高电压作业人之间是否存在有因果关系及其伤情、治疗费等进行举证。

(2) 误认为高压触电侵权案件实行举证责任倒置的原因

1) 因为高压触电案件属于特殊侵权行为，适用无过错责任原则。其实无过错责任只是省却了被害人证明加害人有过错的举证以及加害方不能以自身无过错抗辩免责。

2) 最高人民法院《关于适用〈中华人民共和国民事诉讼法〉若干问题的意见》第七十四条第二项规定，"在诉讼中，当事人对自己提出的主张，有责任提供证据。但在下列侵权诉讼中，对原告提出的侵权事实，被告否认的，由被告负责举证：2. 高度危险作业致人损害的侵权诉讼，由加害人就受害人故意造成损害的事实承担举证责任；"这一规定让人误解为在高压触电案件中损害事实、因果关系等都要被告来举证。果真如此的话，在司法实践中也是无法操作的。如，原告提出诉讼请求主张损害赔偿的数额，就应由原告自己就其实际损失举证。否则，甚至都无法启动诉讼程序。

4. 双方应尽的举证责任

由上可知，高危作业侵权责任案的被告否认原告提出的侵权事实时或者试图证明有原告故意导致损害时，才实行举证责任倒置。并非原告的所有主张都实行举证责任倒置。实践中，受害方和加害方都要承担举证责任。受害人（被侵权人）即原告应当举证证明被告的违法行为、损害事实和因果关系三个要件。在受害人（被侵权人）完成上述证明责任后，侵权人主张不构成侵权责任或免责，才承担举证责任，即履行举证责任倒置。侵权人能够证明损害是由被侵权人的故意所引起的即免除赔偿责任。

（1）受害人的举证责任

1）在高压触电人身伤害案中受害人应证明因高压电作业而受到损害的事实。损害事实是请求赔偿的依据，受害人应提供高压触电人身伤害的医院抢救治疗证明、证人证言、照片和录像等证据资料，以及其后的伤残等级鉴定证明等，这是高压触电侵权责任成立的基本前提。

2）受害人应当证明加害人从事高压电作业行为的事实。高压电作业，一般都具有一定的规模性和公开性，容易被周围的人们认识和了解。高压电作业人通常都在电力设施、设备周围悬挂有明显的警示标志或者告知说明等，便于识别或防范。高压触电侵权诉讼中，受害人一般应指出发生高压触电伤害案件的具体地点，必要时还需提供110出警、120抢救等记录甚至公证机构的相关资料，以此来判断肇事线路的电压等级和电力设施、设备的产权归属等问题。

3）受害人应当就其受到损害的事实与加害人所从事的高压电作业之间的因果关系承担举证责任，高压电作业与损害后果之间的因果关系是构成高压电侵权责任的必要条件。高压电侵权与损害后果之间的因果关系，一般可通过住院病历、医师诊断记录、权威部门鉴定、治疗药物等证据。

4）受害人主观上对受损没有过错。如果受害人有过错，加害人或者免责或者受害人要为自己的过错承担相应的责任。

（2）加害人的举证责任

1）免责抗辩的举证。①"加害人"证明本身不是肇事高电压设备的作业人、产权人、使用人和管理人。②证明受害人的损失由于受害人故意造成的。如，受害人以触电方式自杀、自伤；受害人盗窃电能，盗窃、破坏电力设施；因其他犯罪行为而引起触电事故；受害人在电力设施保护区从事法律、行政法规所禁止的行为。③损害由于不可抗力造成。

2）可以减轻责任的举证。①加害人提出反证能够使对方的证据处于真伪无法判断或者证据不实或者违法等状态时，也可以起到免除或者减轻侵权责任的效果。②第三人过错。③监护人监护不尽职。

案件审理中，法院应当向当事人行使解释权，说明举证的要求及法律后果，促使当事人在合理期限内，积极、全面、正确、诚实地完成举证，否则，负有举证责任的当事人将承担不利后果。

第二节 低压触电的法律适用

低压人身触电事故属于一般侵权，与高压触电的最大不同是，适用过错责任原则，电力作业人承担责任的要件之一是有主观过错，否则，不承担责任。双方举证责任负担按照一般原则，而不是举证责任倒置。

一、低电压的法律界定

《触电解释》把 1000 伏以下电压称作为低压，目前我国普遍采用的低压是 220 伏/380 伏。在低压配电系统中相线与中性线之间的电压是 220 伏，相线间电压是 380 伏，居民生活用电全部按照 220 伏这个标准。日常使用的家用电器，如电视、冰箱、空调、电热器，还有手提电脑、手机、MP4 等设备的充电电压等级都是 220 伏，380 伏用于动力上，在厂矿企业中，各种机床、天车等动力均采用 380 伏电源。

二、低压触电案件的归责原则

过错责任归责原则是指以当事人的主观过错为构成侵权行为的必备要件的归责原则。《民法通则》第一百零六条第二、三款规定，"公民、法人由于过错侵害国家的、集体的财产，侵害他人财产、人身的应当承担民事责任。没有过错，但法律规定应当承担民事责任的，应当承担民事责任。"《侵权责任法》第六条，"行为人因过错侵害他人民事权益，应当承担侵权责任。根据法律规定推定行为人有过错，行为人不能证明自己没有过错的，应当承担侵权责任。"第七条，"行为人损害他人民事权益，不论行为人有无过错，法律规定应当承担侵权责任的，依照其规定。"即原则上采取过错责任原则，例外的采取无过错责任原则。法有明文规定时采取过错推定责任原则和无过错责任原则，如高压触电事故就是适用无过错责任原则。低压触电事故属于一般民事侵权行为，按照过错责任原则承担民事赔偿义务。在低压触电案件中，按过错的程度和各方对造成受害人损害事实的原因力的大小，划分电力作业人、受害人和第三人应承担责任的大小。

三、低压触电案件法律适用

低压电造成的人身损害赔偿，我国民事法律没有明确的法律规定。最高院的《触电解释》的第六条仅仅对此作了授权性规定，"因非高压电造成的人身损害赔偿可以参照第四条和第五条的规定处理。"也就是说对于低压电造成的人身损害仅仅明确了赔偿项目参照执行高压电的规定处理。对归责原则适用和责任划分没做出具体规定。因为低压触电案件属一般侵权责任，应当适用民事法律规定。又因为电力行业的专业性、公用性和自然垄断属性，还应当适用电力法律法规。诸如，《民法通则》、《侵权责任法》、《电力法》、《电力供应与使用条例》、《电力设施保护条例》和最高院《关于贯彻执行〈中华人民共和国民法通则〉若干问题的意见》、《关于确定民事侵权精神损害赔偿责任若干问题的解释》、《人损解释》、《触电解释》等有关法律法规、规章和司法解释参照《供电营业规则》、《用电检查管理办法》等部门规章。

案例7-2　2003年3月19日下午，十岁儿童张某与其堂弟在某市场三楼玩耍，发现平台上有一塑料瓶，遂爬过1米高围栏，跳到落差2米的平台。平台上一根连接射灯的电源线因老化磨损导致漏电，张某误触该电线，被电击倒。同时平台上有约35厘米深的积水，致使张某被电击伤后倒在平台的积水中溺水身亡。张某的父母于是将该市场及涉案线路产权所有人某股份有限公司（以下称某公司）告上法院，要求其赔偿人民币217 616元。后某公司申请法院追加某供电公司为共同被告。

　　法院经审理认为，某市场和某供电公司并非涉案线路的所有人和管理人。被告某公司因疏于管理其所有的电源线路，导致平台射灯的电源线漏电，加上平台积水，是导致张某死亡的主要原因。张某是限制行为能力人，原告作为监护人，对张某未尽到监护责任，原告对其子死亡所造成的损失应负一定的责任。对于该损失，应由被告承担70%、原告自负30%的责任。原告请求赔偿超过法律规定的部分，法院不予支持。在法院审理过程中，某公司撤回了追加某供电公司为被告的申请。

评 析

　　本案所涉的电力线路系220伏居民用电，适用过错责任原则。即供电企业须有过错，才应承担责任。由于供电公司不是该低压线路的产权人、管理人和维护人，其对张某触电及溺水身亡并不具有主观故意或过失，因此供电公司无须承担法律责任。

启 示

　　①某公司申请追加某供电公司为被告，想借此减少承担的责任。②在大量低压用户集中的城中村地区和老式住宅区，低压线路混乱且存在安全隐患，发

生触电事故就要追究管理者的管理责任。供电企业与用户签订供用电合同时应明确产权分界点，同时，供电企业应通过签订协议、责任书等方式将应由客户自己进行维护管理的事宜予以明确。③供电企业也应对此类地区进行定期巡查，发现安全隐患应及时发出整改通知书并将问题书面上报当地政府电力管理部门，避免在发生纠纷时被认定疏于管理而承担法律责任。

四、低压触电案件的举证责任

低压触电损害属于一般侵权行为，适用一般举证原则，即谁主张、谁举证。如果没有证据或者证据不足以证明自己的主张的，将会负有举证不能的法律后果。

1. 受害方举证责任

（1）责任主体与作业行为：①被告是肇事电力设施的产权人、作业人、管理人或使用人之一，或既是产权人又是使用人、管理人或作业人；②肇事电力设施正在运行供电或者处于热备用状态的事实。

（2）触电伤亡的事实：现场拍照、录像、证人证言、勘察笔录、医院诊断结论、鉴定证书等。

（3）触电人身损害事实与电力作业的因果关系：举证损害是由于电力作业引起的，或者说电力作业是导致损害的起因。

（4）侵害主体的主观过错：①电力设施的缺陷。主要是设计、施工、设备等不符合标准或规程规定的证据。如线路对地距离不足，接户线、进户线材料不合格、安装质量不合格；变台高度不够、没有防爬措施等。②疏于管理的过错。应该设立安全警示标志的电杆或变台没有警示标志、落地变压器围墙、围栏损毁失修、丢失门锁无人问津等。

（5）与赔偿项目相关的证据：医疗费用；与误工、伙食费和营养费、护理费、住宿费有关的天数；与残疾人生活补助费、残疾用具费、死亡补偿费、被抚养人生活费有关的年龄和被扶养人的年龄和子女数；交通费等。

>> 案例7-3　2005年9月20日16时许，陆某在未采取防护措施的情况下进行室外电焊作业时，因电焊机发生漏电事故，致其当场触电死亡。涉案电焊机的工作电压为单相220伏。陆某从事电焊业务过程中，没有办理营业执照。事发当日系阴雨天气。事发后不久该电焊机已被转卖他人，电焊机上的焊把已被更换，并增加了四个绝缘轮。陆某的亲属于2006年1月12日将某供电公司

告上法庭，要求其赔偿各种损失合计143 050.19元。

原告诉称：陆某在从事电焊业务时突然发生漏电事故，致陆某触电死亡，该事故的发生与某供电公司没有安装剩余电流动作保安器（注：中级保护）具有因果关系。供电公司具有过错，故应由其承担赔偿责任。

被告辩称：①陆某不具有操作电焊机的资格，也未取得营业执照，属于非法经营，因此产生的损害后果应由其自行承担；②根据产权归责原则，陆某是触及自有的电焊机而死亡，故供电公司不应承担责任；③陆某擅自拆除剩余电流动作保护器（末级），冒雨作业，未按规定采取防护措施，主观上存在重大过失，应当对本案承担责任；④《农村低压电力技术规程》规定，剩余电流动作保护器（中级保护）只有在供电范围较大或有很重要用户的农村低压电网可增设，本网不符合该条件，不须安装。再者，剩余电流动作保护器（中级保护）安装与否与触电伤亡没有因果关系。剩余电流中级保护的范围是及时切除分支线路上产生较大接地电流的故障。陆某触电事故发生在用户内部电路上，不属于中级保护范围。该事故的发生与剩余电流动作保护器（中级保护）是否动作没有因果关系。综上，供电公司不应承担赔偿责任。

法院审理认为，本案的涉案电压等级为1千伏以下，属于低电压，适用过错责任原则。根据《农村安全用电规程》4.3电力使用者的职责第4.3.5条规定，必须安装防触、漏电的剩余电流动作保护器（注：末级保护），并做好运行维护工作；第4.3.7条规定，发生事故后必须保护事故现场，配合做好对人身触电伤亡事故的调查和处理工作。陆某在阴雨天气条件下进行室外作业，未按规定采取防护措施，原告在事故发生后没有保护现场，而是转卖肇事设备，导致对触电具体原因无法查明，应由原告承担相应的不利法律后果。

根据《农村低压电力技术规程》第5.1.1条规定，"剩余电流动作保护器是防止因低压电网剩余电流造成故障危害的有效技术措施，低压电网剩余电流保护一般采用剩余电流总保护（中级保护）和末级保护的多级保护方式。a）剩余电流总保护和中级保护的范围是及时切除低压电网主干线路和分支线路上断线接地等产生较大剩余电流的故障。"从剩余电流动作保护器（中级保护）的保护范围分析，即使被告供电公司在事故发生前安装了剩余电流动作保护器（中级保护），也不能对陆某的触电死亡产生保护作用。故陆某的死亡与被告供电公司是否安装剩余电流动作保护器（中级保护）不存在因果关系。

综上所述，法院认为原告未能就被告的过错及因果关系两个构成要件完成举证责任，故根据《电力法》第六十条第二款第二项，《民事诉讼法》第六十四条第一款，最高人民法院《关于民事诉讼证据的若干规定》第二条的规定，判决驳回了原告的诉讼请求。

▶ 评　析

本案的原告自行拆除了末级保护，自知过错，就追究供电公司的中级保护，中级保护的范围不覆盖客户内部线路。原告在本案承担了对其损害与供电公司未安装中级保护的因果关系的举证不能的法律后果。

该案适用《电力法》决案，用户自身过错，责任自担。

2. 加害方举证责任

（1）反驳受害方证据的举证，对抗、削减或湮灭对方的证据，使之证明是假证或者证明力不足。

（2）证明己方非产权人、作业人、使用人、管理人。

（3）证明己方的肇事电力设施符合规程和标准。

（4）证明在电力设施管理方面没有过错并恪尽职守。

（5）证明受害人在受害过程中的自身过错。

第三节　触电案件法律适用的困惑

在审理触电人身损害赔偿案件中，适用民法还是电力法之争一直在演绎着、继续着。实际上也无非是法律位阶认识、适用原则应用和电力企业免责条件的理解等问题。值得注意的一个焦点问题是：对电力企业具有免责情形的，仍然按无过错原则让电力企业承担民事赔偿责任。本节将着力讨论这些问题。

一、法律渊源和法律位阶

1. 我国的法律渊源

我国的法律渊源分为：宪法、法律、行政法规、地方性法规（民族自治法规）、部门规章和地方政府规章、特别行政区法律、国际条约和惯例。

2.《民法通则》和《电力法》的位阶

法律是指由全国人民代表大会和全国人民代表大会常务委员会制定颁布的规范性法律文件，即狭义的法律，其法律效力仅次于宪法。法律分为基本法律和一般法律（非基本法律、专门法）两类。基本法律是由全国人民代表大会制定的调整国家和社会生活中带有普遍性的社会关系的规范性法律文件的统称，如刑法、民法、诉讼法以及有关国家机构的组织法等法律。一般法律是由全国人民代表大会常务委员会制定的调整国家和社会生活中某种具体社会关系或其中某一方面内容的规范性文件的统称。其调整范围较基本法律小，内容较具体，如电力法、森林法等。

立法法并未对"法律"再作不同位阶的划分。宪法、立法法在论及我国法律体系和效力关系时，都是将"基本法律"与"基本法律之外的其他一般法律"统称为"法律"，并未规定它们的效力存在不同。可见，基本法律《民法通则》和一般法律《电力法》只有调整关系之分，没有位阶高下之分，即《电力法》和《民法通则》在同一位阶。在适用上，上位法优于下位法，即首先适用上位法。既然二者法律位阶相同，在处理有关电力纠纷的案件时，《民法通则》就不能作为上位法而优先适用。不能人为的区分位阶高低，适用《民法通则》而不适用《电力法》。

二、特别法与普通法

与《民法通则》相比，《电力法》是规范电力建设、生产、供应和使用的特别法。按照特别法优于普通法的法律适用原则，在处理有关电力纠纷的案件时，应当优先适用《电力法》。对此，最高院也有有关规定。2000年最高人民法院回复黑龙江省高级人民法院《关于从事高空高压等对周围环境有高度危险作业造成他人损害的，应适用〈民法通则〉还是〈电力法〉的复函》（〔2000〕法民字第5号）回复，"经研究认为：《民法通则》规定，如能证明损害是由受害人故意造成的，电力部门不应承担民事责任。《电力法》规定，由于不可抗力或用户自己的过错造成损害的，电力部门不承担民事责任，这两部法律对归责原则的规定是有区别的，但《电力法》是《民法通则》颁布实施后对民事责任规范所作的特别规定，根据特别法优于普通法，后法优于前法的原则，请示的案件应适用《电力法》。"

三、电力企业免责情形讨论

电力企业在高压触电案件中应当承担无过错责任，如果有过错同时还要承担过错责任。在低压中，应当承担过错责任。但是无过错责任并非绝对赔偿责任。不是说电力企业在任何时候都要承担民事赔偿责任，民事法律和电力法律法规都规定了电力企业的免责情形。对于符合法律规定免责条件的，应当免责。否则电力企业岂不成了绝对的被告、绝对的赔偿人。难道说其安全生产和运行工作无论做得如何完美无缺，也必须承担赔偿责任吗？当然不是！

1. 民法规定的免责条件

《民法通则》第一百二十三条规定，"从事高空、高压、易燃、易爆、剧毒、放射性、高速运输工具等对周围环境有高度危险的作业造成他人损害的，应当承担民事责任；如果能够证明损害是由受害人故意造成的，不承担民事责任。"可以看出，"能够证明损害是由受害人故意造成的，不承担民事责任。"换句话说，受害人"故意"，就是高电压作业人的免责条件。

民事法律中的故意，是指行为人预见到自己行为的有害结果仍然希望或放任有害结果的发生。

1）直接故意。行为人预见到自己行为的有害结果，希望这种有害结果的发生。如触电自杀、自伤。

2）间接故意。行为人预见到自己行为的有害结果，虽不希望却有意识地放任有害结果的发生。如预见到高压线下违章建房触电伤亡的有害结果却放任不管。

人们对该条中"故意"一词的理解在司法解释出台前的理解也仅限于直接故意（如使用电力自杀、自残等），而现在应扩大到包括间接故意。在实际发生的因触电人身伤亡事故中，有相当数量的案件是由于受害人在电力设施保护区从事了法律、行政法规所禁止的行为，例如攀登杆塔，在高压线底下钓鱼或放风筝，私拉乱接等。在这种情况下，受害人虽不希望或追求人身伤亡的结果，但损害是因受害人实施违法行为所造成，其主观心理状态存在间接故意，即放任损害的发生，也属于《民法通则》第一百二十三条中规定的"故意"的一种。所以，受害人只能自吞苦果，不能要求电力设施产权人承担所谓的"无过错责任"。

2. 电力法规定的免责条件

《电力法》第六十条规定，"因电力运行事故给用户或者第三人造成损害的，电力企业应当依法承担赔偿责任。电力运行事故由下列原因之一造成的，电力企业不承担赔偿责任：（一）不可抗力；（二）用户自身的过错。因用户或者第三人的过错给电力企业或者其他用户造成损害的，该用户或者第三人应当依法承担赔偿责任。"该条可以分解出以下免责条件。

（1）不可抗力

1）不可抗力的定义。不可抗力是指不能预见、不能避免、不能克服的客观情形。与触电人身伤害相关的客观情况，如地震、洪水、飓风、雷暴雨、泥石流等。

2）不可抗力免责的依据。民法没有规定不可抗力为高电压作业人的免责条件，没有将不可抗力作为无过错责任人的免责事由，意在强化对受害人的保护。实际上对高电压作业人适用无过错责任，就是强化对受害人的保护。让加害人承担无过错责任，免除受害人的举证责任，但无过错责任也是考虑因果关系的，损害是由不可抗力引起的情况下，损害发生与高电压作业人的经营行为没有因果关系，所以应当免除其责任。《民法通则》第一百零七条规定，"因不可抗力不能履行合同或者造成他人损害的，不承担民事责任，法律另有规定的除外。"该规定是侵权责任的一般规定，对于所有侵权责任都产生效力，除了明确规定不可抗力造成损害行为人也应当承担责任的以外，不可抗力都应当属于免责条件。

3）不可抗力与电力设施的设计施工。不可抗力不是免责的绝对条件。①不可抗力现象未必导致不可抗力后果。地震、洪水、飓风、雷暴雨、泥石流等自然现象确实具有不可抗拒性。但是高电压作业发展到如今的特高压及超高压智能电网阶段，对其高度危险具有了一定的可预防性、可控制性。即使气象部门认定的不可抗力也未必会导致电力设施出现故障。从这个意义上讲，作为不可抗拒的自然现象本身未必就是免责的抗辩理由。②因为高电压作业是高度危险作业，其设施的设计、施工比一般作业设施在抗拒自然力方面要求更严格，必须由国家或行业标准和规程来规范。如，《110—500kV架空送电线路设计技术规程》6.0.3第二款"110～330kV送电线路的最大设计风速不应低于25m/s。500kV送电线路计算导、地线的张力、荷载以及杆塔荷载时最大设计风速不应低于30m/s。"6.0.5"大跨越最大设计冰厚，除无冰区外，宜较附近一般送电线路的最大设计覆冰增加5mm。"如果110—330千伏送电线路在风速23米/秒，500千伏送电线路风速28米/秒，大跨越线路在较附近一般送电线路覆冰增加4毫米的情况下，发生断线导致人身触电事故，即使自然现象被气象行政部门认定为不可抗力，高电压作业人也未必免责。如台风的风速大于24.5～28.4米/秒，与500千伏送电线路设计风速持平。③不可抗力与高电压作业人的其他过错。在不可抗力灾害到来之前，作业人行为存在过错，该过错与不可抗力造成的损害结果之间有因果关系，即作业人的行为在发生不可抗力后对造成受害人的损害具有原因力，就应当承担责任。如对客户要求停用的高压线路仍然送电且未设立警示标志，在发生不可抗力后致人损害的应当承担相应的责任。

2010年7月1日实施的《侵权责任法》第七十二条，也肯定了不可抗力作为高危作业损害的免责条件。

（2）受害人自身过错

过错，包括故意和过失。过失，包括疏忽大意的过失和过于自信的过失。

所谓过失，是指行为人应当预见到自己的行为可能发生不良后果而没有预见到（疏忽大意的过失），或者虽然预见到了但却轻信这种后果可以避免（过于自信的过失）的心理状态。故意与过失的区别在于：行为人是否实际预见到其行为的后果和对此种后果所持的态度。过失分为一般过失和重大过失。一般过失是指欠缺善良管理人之注意，未能遵守法律对某些事情注意程度较高的要求而致损害发生；重大过失是指欠缺普通人之注意，即一般人稍加注意即可避免的事情，而行为人却没能避免。

上已述及，《民法通则》第一百二十三条将受害人故意作为高度危险作业人的免责条件，过失显然不是高电压作业人免责的抗辩事由。尽管受害人的过失不能免除加害人的责任，并不意味着讨论受害人的过失就没有意义。前已述及，在加害人适用无过错责任的同时，仍然是考虑受害人的过错的，受害人要为自己的过错承担责任，根据造成损害的原因力的大小来划分责任，实际上就减轻了加害人的赔偿责任。但由于高电压作业具有高度危险性，存在着一般人即使尽到了一般的注意也难以完全避免其危险的现实。因此，与一般侵权责任中的减责事由有一定的区别。从保护受害人的角度出发，受害人的一般过失，不应成为触电人身损害中作业人减轻责任的抗辩事由。但受害人的重大过失在触电人身损害中可作为作业人减轻责任的抗辩事由。《人损解释》（法释〔2003〕20号）第二条规定，"受害人对同一损害的发生或者扩大有故意、过失的，依照民法通则第一百三十一条的规定，可以减轻或者免除赔偿义务人的赔偿责任。但侵权人因故意或者重大过失致人损害，受害人只有一般过失的，不减轻赔偿义务人的赔偿责任。适用民法通则第一百零六条第三款规定确定赔偿义务人的赔偿责任时，受害人有重大过失的，可以减轻赔偿义务人的赔偿责任。"《民法通则》第一百零六条第三款规定，"没有过错，但法律规定应当承担民事责任的，应当承担民事责任。"就是适用无过错责任的情形。综上，在高压触电人身损害赔偿案件中，受害人不为其一般过失触电承担责任，只有受害人的重大过失才可作为高压电作业人减轻责任的抗辩事由。

（3）第三人过错

《电力法》第六十条第三款规定，"因用户或者第三人的过错给电力企业或者其他用户造成损害的，该用户或者第三人应当依法承担赔偿责任。"第三人承担责任，可以理解为电力企业免责。《民法通则》第一百二十三条中也未将第三人的过错作为电力企业免责的抗辩事由。这里的电力企业应扩展为高电压设施的产权人、作业人、经营人、管理维护人。

从民事法律关系上讲，高危作业人与过错的第三人之间是一般的侵犯财产权关系。高危作业人与高压触电受害人是特殊侵权关系。受害人与过错的第三人没有直接的法律关系，不能直接诉求过错第三人赔偿。从这个法律关系上讲，第三人过错不会导致高危作业人免责。高危作业人应当承担特殊侵权责任后再向过错的第三人追偿。这里分两种情况：①高危作业人没有任何过错，即第三人的过错行为与作业行为间接结合造成触电事故，高危作业人向受害人赔偿后，再向过错的第三人追偿；②高危作业人有过错，即第三人过错行为与作业行为直接结合造成触电事故，作业人与第三人对受害人共同承担赔偿责任（或者连带赔偿责任）。

>> **案例7-4** 某房产建筑工地上，供电公司的 10 千伏线路先于地产公司开发的房屋已安全运行多年。地产公司塔吊操作人员在运行过程中不小心将邻近供电公司的高压线撞断，恰巧工地之外的高压线下行人李某触线电击身亡。李某家属状告供电公司，请求赔偿。

供电公司以《电力法》第六十条第三款"因用户或者第三人的过错给电力企业或者其他用户造成损害的，该用户或者第三人应当依法承担赔偿责任"，抗辩本案应由地产公司承担全部责任，供电公司不承担责任。法院没有追加地产公司，直接判决供电公司承担赔偿责任。并提醒供电公司另行起诉。

评 析 ------------->

（1）本案的法律关系：①供电公司的高压电作业行为与李某的损害结果之间存在着直接的必然的因果关系，属于特殊侵权关系，应承担特殊侵权的赔偿责任。②地产公司的建筑施工行为与李某的损害结果之间不存在直接的因果关系，地产公司的行为是通过供电公司的高压电作业行为造成对李某的损害结果，那么地产公司和李某之间就不存在直接的法律关系，更不存在特殊的侵权关系。③地产公司的行为直接造成对供电公司的损失，不只是供电公司先行赔付人身触电损失，还有断落线路修复费用和由此引起的停电损失等，属于一般侵权关系，地产公司应对供电公司承担一般侵权的赔偿责任。

（2）本案第三人对供电公司承担过错责任，但不属于特殊侵权责任。供电公司没有免责，仍应承担无过错责任，承担责任后再向第三人追偿。地产公司与供电公司对受害人不存在共同故意和共同过失，不属于共同侵权，不能承担共同侵权的法律责任。

（3）因为本案的受害人诉求的是人身损害赔偿，而供电公司的线路修复损失、停电损失应由地产公司承担，这是两个法律关系。因此，法院对此案的处理无瑕疵。

3.《触电解释》的免责条件

《触电解释》第三条，"因高压电造成他人人身损害有下列情形之一的，电力设施产权人不承担民事责任：（一）不可抗力；（二）受害人以触电方式自杀、自伤；（三）受害人盗窃电能，盗窃、破坏电力设施或者因其他犯罪行为而引起触电事故；（四）受害人在电力设施保护区从事法律、行政法规所禁止的行为。"

（1）前已述及不可抗力免责，不再赘述。

（2）受害人自杀、自伤，无疑属于直接故意行为，受害人在追求自杀、自伤的结果。

（3）受害人盗窃电能，盗窃、破坏电力设施或者因其他犯罪行为而引起触电事故。上述违法或犯罪行为，虽然不是直接追求伤亡的结果，但是对犯罪过程中的触电伤亡结果有放任的心理态度，属于间接故意。其次，盗窃、破坏使用中的电力线、变压器等电力设施，盗窃电能是严重的犯罪行为，由此引起的触电损害只能由行为人自己来承担。再次，法律不应当保护违法犯罪行为。

（4）受害人在电力设施保护区内从事电力法律、行政法规禁止的行为，实际上是一种间接故意。受害人虽不希望也不追求损害结果的发生，但损害是因受害人故意实施违法行为造成的，其主观心理状态存在间接故意，即放任损害的发生。"电力法律、行政法规禁止的行为"有：

1)《电力法》。①第五十二条规定，"任何单位和个人不得危害发电设施、变电设施和电力线路设施及其有关辅助设施。在电力设施周围进行爆破及其他可能危及电力设施安全的作业的，应当按照国务院有关电力设施保护的规定，经批准并采取确保电力设施安全的措施后，方可进行作业。"②第五十三条第二、三款规定，"任何单位和个人不得在依法划定的电力设施保护区内修建可能危及电力设施安全的建筑物、构筑物，不得种植可能危及电力设施安全的植物，不得堆放可能危及电力设施安全的物品。在依法划定电力设施保护区前已经种植的植物妨碍电力设施安全的，应当修剪或者砍伐。"③第五十四条规定，"任何单位和个人需要在依法划定的电力设施保护区内进行可能危及电力设施安全的作业时，应当经电力管理部门批准并采取安全措施后，方可进行作业。"④第五十五条规定，"电力设施与公用工程、绿化工程和其他工程在新建、改建或者扩建中相互妨碍时，有关单位应当按照国家有关规定协商，达成协议后方可施工。"

2)《电力设施保护条例》。①第十三条规定，"任何单位或个人不得从事下列危害发电设施、变电设施的行为：（一）闯入发电厂、变电站内扰乱生产和工作秩序，移动、损害标志物；（二）危及输水、输油、供热、排灰等管道（沟）的安全运行；（三）影响专用铁路、公路、桥梁、码头的使用；（四）在用于水力发电的水库内，进入距水工建筑物 300 米区域内炸鱼、捕鱼、游泳、划船及其他可能危及水工建筑物安全的行为；（五）其他危害发电、变电设施的行为。"②第十四条规定，"任何单位或个人，不得从事下列危害电力线路设施的行为：（一）向电力线路设施射击；（二）向导线抛掷物体；（三）在架空电力线路导线两侧各 300 米的区域内放风筝；（四）擅自在导线上接用电器设备；（五）擅自攀登杆塔或在杆塔上架设电力线、通信线、广播线，安装广播喇叭；（六）利用杆塔、拉线作起重牵引地锚；（七）在杆塔、拉线上拴牲畜、悬挂物体、攀附农作物；（八）在杆塔、拉线基础的规定范围内取土、打桩、钻探、开挖或倾倒酸、碱、盐及其他有害化学物品；（九）在杆塔内（不含杆塔与杆塔之间）或杆塔与拉线之间修筑道路；（十）拆卸杆塔或拉线上的器材，移动、损坏永久性标志或标志牌；（十一）其他危害电力线路设施的行为。"③第十五条规定，"任何单位或个人在架空电力线路保护区内，必须遵守下列规定：（一）不得堆放谷物、草料、垃圾、矿渣、易燃物、易爆物及其他影响安全供电的物品；（二）不得烧窑、烧荒；（三）不得兴建建筑物、构筑物；（四）不得种植可能危及电力设施安全的植物。"④第十六条规定，"任何单位或个人在电力电缆线路保护区内，必须遵守下列规定：（一）不得在地下电缆保护区内堆放垃圾、矿渣、易燃物、易爆物，倾倒酸、碱、盐及其他有害化学物品，兴建建筑物、构筑物或种植树木、竹子；（二）不得在海底电缆保护区内抛锚、拖锚；（三）不得在江河电缆保护区内抛锚、拖锚、炸鱼、挖沙。"⑤第十七条规定，"任何单位或个人必须经县级以上地方电力管理部门批准，并采取安全措施后，方可进行下列作业或活动：（一）在架空电力线路保护区内进行农田水利基本建设工程及打桩、钻探、开挖等作业；（二）起重机械的任何部位进入架空电力线路保护区进行施工；（三）小于导线距穿越物体之间的安全距离，通过架空电力线路保护区；（四）在电力电缆线路保护区内进行作业。"

3)《电力供应与使用条例》。第三十一条规定，"禁止窃电行为。窃电行为包括：（一）在供电企业的供电设施上，擅自接线用电；（二）绕越供电企业的用电计量装置用电；（三）伪造或者开启法定的或者授权的计量检定机构加封的用电装置；（四）故意损坏供电企业用电计量装置；（五）故意使供电企业的用电计量装置不准或者失效；（六）采用其他方法窃电"。

4）行政规章。电力法律法规以列举的形式难以穷尽违法行为。如颇具争议的线下钓鱼行为，虽然未明确规定其为禁止行为，但按"举轻以明重"的原理，在架空线路导线两侧 300 米区域放风筝尚且是禁止行为，毫无疑问在架空电力线路下钓鱼更应是禁止行为。国家经贸委〔2000〕1 号回复新疆电力公司《关于触电事故有关问题的复函》"二、根据《电力设施保护条例》第十四条的规定，不得向导线抛掷物体和从事其他危害电力线路设施的行为。因此，在电力线路保护区内甩杆钓鱼属于违反此条规定的行为。"很明确，在电力线路保护区甩杆钓鱼，属于违反《电力设施保护条例》第十四条规定之行为。

4.《民法通则》和《电力法》关于免责规定的比较

《民法通则》关于高电压作业人的免责条件是触电受害人的"故意"，《电力法》的免责条件是触电受害人"过错"和"第三人过错"，《触电解释》列举的免责条件为四个方面。因此可得出如下结论。

（1）《电力法》规定"过错"中的过失、"不可抗力"和"第三人过错"，与《民法通则》的规定不吻合。

（2）《触电解释》规定的"（一）不可抗力"与《民法通则》规定不吻合。但是其（二）、（三）、（四）项符合《民法通则》的"故意"的规定（包括直接故意和间接故意）。

5. 结论

（1）《民法通则》第一百二十三条规定的"能够证明损害是由受害人故意造成的，不承担民事责任。"与《电力法》规定的"过错"中包含的"故意"以及《触电解释》中规定的"（二）受害人以触电方式自杀、自伤；（三）受害人盗窃电能，盗窃、破坏电力设施或者因其他犯罪行为而引起触电事故；（四）受害人在电力设施保护区从事法律、行政法规所禁止的行为。"是没有实质性区别的，是同一的。在审理案件时是应当适用的。

（2）至于《触电解释》中的"（一）不可抗力"的免责条件，根据前边关于不可抗力的论述和"特别法优于一般法"、"新法优于旧法"的原则，也是应当适用的。

▶▶ 案例 7-5 2005 年 6 月 10 日，某县供电公司在该县桥乡罗村大柳树台区架设的 10 千伏电力支线工程竣工。6 月 14 日，该工程经竣工验收合格，交付使用。该支线长 0.432 千米，杆数 6 根，线型为 LGJ-35，其中第 3～4 号杆间高压裸铝线东西向跨柳义自然村外缘一片水面，距水面 4 米左右。此后，村民刘某在该线路第 3～4 号杆间的水面南侧筑基，并于 2005 年开始新建住宅楼。此前，县人民政府及县土管局、县供电公司向全县发过保护电力设施的书面通告。2005 年 3 月，桥乡供电所电管员柳青告知刘某不能在此建房。4 月 22 日，柳青通知刘某停止建房。4 月 28 日，柳青送达安全协议给刘某同住成年家属，通知其整改。6 月 28 日，柳青再次赶到施工现场劝止。刘某均置若罔闻。2005 年 6 月 29 日上午，刘某雇佣瓦工曹某、柳某等人在一楼楼顶绑扎钢筋准备浇注混凝土。后曹某改到厅堂西北角楼梯间绑扎钢筋。8 时许，曹某与柳某合作从屋面搬运钢筋到楼梯间时，曹某在转角平台处独自手持 5.7 米长钢筋从平台北窗台上方伸出，碰触 10 千伏高压裸铝线，曹某当场因电击身亡。上述事实，有原、被告双方陈述及经庭审质证的证据证实，且无相反证据反驳，足以认定。

原告方认为，①被告未在事故现场附近设立标志标明保护区的宽度和保护规定，曹某的死亡与未设立安全标志有直接因果关系。②曹某没有实施违法行为，而是在正常工作。③被告通知拆除违章建筑，显然与其法律地位和法定职责不符。④被告在大柳树台区架设的高压电力线路不符安全标准。

就上述问题法院认为，法律、行政法规仅要求电力设施产权单位在必要的架空电力线路保护区的区界上设立标志，而事故现场并非必要的架空电力线路保护区的区界。要求供电公司在架空电力线路的每一段都设立标志显然没有必要，且没有法律依据。更何况，前有县人民政府及县土管局、县供电局书面通告，后有电管员柳青的特别提示警告与劝止，足以令刘某及有关人员知悉新建住宅楼在架空电力线路保护区内，且该兴建房屋行为违反法律、行政法规的规定。设立标志之目的就在于提示警告，但具有普泛性，针对不特定对象，而柳青数次临门提示、警告、劝阻具有明确的针对性，对象特定，其行为效果在法律意义上优于设立标志行为。所以原告方该项诉讼理由不能成立。

《触电解释》（法释〔2001〕3 号）第三条规定的具体免责事由有：不可抗力，受害人自杀、自伤，盗窃、破坏等犯罪行为，受害人在电力设施保护区从事法律、行政法规所禁止的行为。曹某的行为属于在电力设施保护区从事法律、行政法规所禁止的兴建建筑物施工行为。

被告通知拆除违章建筑，是其应尽的义务。

原告方认为供电公司在大柳树台区架设的高压电力线路不符合安全标准，存在诸多隐患，与本案无密切关联。

综上，对原告的诉求不予支持。

于是，法院依照《民事诉讼法》第一百二十八条，《民法通则》第一百二十三条，《触电解释》第三条，《中华人民共和国电力法》第五十三条第二款、第五十四条，《电力设施保护条例》第十条第（一）项、第十五条第（三）项之规定，判决如下：驳回原告全部诉讼请求。本案受理费3560元，其他诉讼费136元，合计人民币5696元，由原告负担。

评　析

（1）本案的争议焦点是受害人曹某有无在电力设施保护区从事法律、行政法规所禁止的行为。《电力法》第五十三条第二款规定，"任何单位、个人不得在依法划定的电力设施保护区内修建可能危及电力设施安全的建筑物、构筑物。"第五十四条规定，"在依法划定电力设施保护区内进行可能危及电力设施安全的作业时，应经电力管理部门批准并采取安全措施后，方可进行作业。"本案中，大柳树台区10千伏架空电力线路架设在先，刘某新建住宅楼在后，新建住宅楼与10千伏架空电力线路水平距离远远小于行政法规规定的5米距离，恰在架空电力线路保护区内。受害人曹某是成年人，具有完全民事行为能力。在明知其参与施工的住宅楼位于架空电力线路保护区内，该兴建行为具有极大危险性的情况下，仍自愿承担风险，在明知离电线只有2米左右距离的情况下，仍搬运5.7米长钢筋，结果触电身亡。供电公司具有法定免责事由，不需承担民事责任。

（2）法院对原告方提出的供电公司在大柳树台区架设的高压电力线路不符安全标准，存在诸多隐患，认为与本案无密切关联，而不予审理是错误的。根据本案线路设计及施工情况：该支线长0.432千米，杆数6根，线型为LGJ-35，其中第3～4号杆间高压裸铝线东西向跨柳义自然村外缘一片水面，距水面4米左右。而《66kV及以下架空电力线路设计规范》（GB 50061—1997）11.0.7规定，导线与地面的最小距离，在最大计算弧垂的情况下，应符合10千伏架空线路跨越交通困难地区的对地距离为4.5米。因此，本案涉案线路如果不足4.5米，供电公司应当承担过错责任。不能因为适用无过错责任具备法定的免责事由而免去过错责任。

四、《侵权责任法》关于归责原则和免责的规定

1. 《侵权责任法》对高压触电适用的归责原则

（1）无过错责任原则。《侵权责任法》第七条规定，"行为人损害他人民事权益，不论行为人有无过错，法律规定应当承担侵权责任的，依照其规定。"该条解读为：第一，无过错责任不以过错为要件，只要有损害他人的民事行为，除非法律规定的免责事由，行为人就要承担责任。第二，其特征为，①归责适用于高度危险；②不以过错为要件；③减免责事由由法律规定；④有的特别法规定最高赔偿额。对于高电压作业规定在《侵权责任法》第七十三条有规定，"从事高空、高压、地下挖掘活动或者使用高速轨道运输工具造成他人损害的，经营者应当承担侵权责任，但能够证明损害是因受害人故意或者不可抗力造成的，不承担责任。被侵权人对损害的发生有过失的，可以减轻经营者的责任。"本条肯定了高电压作业适用无过错责任。

（2）对有过错的受害人适用过错责任原则。《侵权责任法》第七十三条规定，"被侵权人对损害的发生有过失的，可以减轻经营者的责任。"这里不是过失相抵销的意思，而是过错责任自担，就是说发生损害的受害人自己也有一份责任的，这一部分损害则由受害人自己承担。表面上，好像是抵销了一部分经营者的过错，减轻了责任。但是实质却是不同的。很显然，在无过错责任原则下，经营者根本就没有任何过错，何来的与经营者抵销过错？《侵权责任法》第二十六条规定，"被侵权人对损害的发生也有过错的，可以减轻侵权人的责任。"这样明确规定，在司法实践中更具有操作性。

2. 《侵权责任法》规定的免责事由

（1）受害人故意。《侵权责任法》第二十七条规定，"损害是因受害人故意造成的，行为人不承担责任。"第七十三条规定，"从事高空、高压、地下挖掘活动或者使用高速轨道运输工具造成他人损害的，经营者应当承担侵权责任，但能够证明损害是因受害人故意或者不可抗力造成的，不承担责任。被侵权人对损害的发生有过失的，可以减轻经营者的责任。"第七十六条规定，"未经许可进入高度危险活动区域或者高度危险物存放区域受到损害，管理人已经采取安全措施并尽到警示义务的，可以减轻或者不承担责任。"这些规定与《民法通则》相同，而《电力法》第六十条规定的是自身过错，范围扩大到过失。与《触电解释》第三条规定也是相同的。

（2）第三人过错。《侵权责任法》第二十八条规定，"损害是因第三人造成的，第三人应当承担侵权责任。"该条与《电力法》第六十条规定相同，但

《民法通则》无此规定,《电损解释》也无此规定。

(3) 不可抗力。《侵权责任法》第二十九条规定,"因不可抗力造成他人损害的,不承担责任。法律另有规定的,依照其规定。"作为专门法的《电力法》第六十条恰恰也有相同的规定。《民法通则》第一百零七条规定,"因不可抗力不能履行合同或者造成他人损害的,不承担民事责任,法律另有规定的除外。"与《触电解释》第三条第一项规定也是相同的。不可抗力免责,已成为通说,前已述及,不再赘述。

(4) 正当防卫。《侵权责任法》第三十条规定,"因正当防卫造成损害的,不承担责任。正当防卫超过必要的限度,造成不应有的损害的,正当防卫人应当承担适当的责任。"正当防卫是行为人为保卫自己或者他人(包括社会公共)的合法利益,对于正在进行的不法侵害,在必要的限度内采取的防卫措施。实质上是以合法行为制止不法行为,已成为刑事、民事法律中的法定抗辩事由。正当防卫行为应满足以下六个条件:①必须是为自己或者他人(包括社会公共)的合法利益免受不法侵害实施的;②必须针对不法行为;③必须以不法行为存在为前提;④不法行为正在进行;⑤必须针对不法侵害人实施;⑥必要性。如,当遇到有人破坏电力设施时,在合理的限度内,采取措施保护电力设施,应属正当防卫,即使给破坏者造成损失也不承担责任。

(5) 紧急避险。《侵权责任法》第三十一条规定,"因紧急避险造成损害的,由引起险情发生的人承担责任。如果危险是由自然原因引起的,紧急避险人不承担责任或者给予适当补偿。紧急避险采取措施不当或者超过必要的限度,造成不应有的损害的,紧急避险人应当承担适当的责任。"紧急避险采取措施必须是面临紧急的危险,在迫不得已的情况下,采取紧急避险损失小于所保护权益的损失的措施。该条说明,当电网遇到自然原因引起的危及电网安全运行的紧急情况时,采取紧急避险措施给客户造成损害的应予免责或给予客户适当补偿。

结论:与高压触电关联密切的免责事由为上述的 (1)、(2)、(3),除了《电力法》规定的"自身过错"和"第三人过错"之外,三个法的规定基本一致,没有冲突。

《立法法》第八十三条规定,"同一机关制定的法律、行政法规、地方性法规、自治条例和单行条例、规章,特别规定与一般规定不一致的,适用特别规定;新的规定与旧的规定不一致的,适用新的规定。"上述三个法位阶相同,应当按照"特别法优于一般法"、"新法优于旧法"的原则适用法律。据此,

《触电解释》第三条第（四）项"受害人在电力设施保护区从事法律、法规所禁止的行为"当属免责事由无疑。

3.《侵权责任法》自身的冲突

（1）比较《侵权责任法》的第七十三条和第七十六条

1）《侵权责任法》第七十三条规定，"从事高空、高压、地下挖掘活动或者使用高速轨道运输工具造成他人损害的，经营者应当承担侵权责任，但能够证明损害是因受害人故意或者不可抗力造成的，不承担责任。被侵权人对损害的发生有过失的，可以减轻经营者的责任。"该条对经营者规定了无过错责任，对被侵权人规定了过错责任以及受害人故意和不可抗力为免责事由。

2）《侵权责任法》第七十六条规定，"未经许可进入高度危险活动区域或者高度危险物存放区域受到损害，管理人已经采取安全措施并尽到警示义务的，可以减轻或者不承担责任。"①不承担责任，即免责；②本条没有说明受害人进入高危活动区和高危物存放区是过错、故意还是过失，一般应理解为过错。③如果因为受害人的过错，经营者就不承担责任（免责），那就是对经营者（管理人）适用过错责任原则。如果仅仅规定可以减轻责任，那就是对经营者（管理人）适用无过错责任原则，对受害人适用过错责任原则。但第二十六条"被侵权人对损害的发生也有过错的，可以减轻侵权人的责任"之规定又肯定了"可以减轻侵权人的责任"，而不是"可以减轻或者不承担责任。"看来是倾向于减轻责任而不是不承担责任。或者理解为：被侵害人故意、侵害人免责；过失，减责。因为由于受害人过错，高危作业人（经营者、管理人）就不承担责任，即给予免责，这与《民法通则》第一百二十三条和《侵权责任法》第二十六条、第七十三条相冲突。

（2）问题

如果我们不去刻意理解《侵权责任法》第七十六条的意思为"被侵害人故意，侵害人免责；过失，减责（不是司法解释）"，出现了"未经许可进入高度危险活动区域或者高度危险物存放区域受到损害，管理人已经采取安全措施并尽到警示义务"的情况，是减轻管理人的责任呢？还是免除管理人的责任？受害人"故意"不消说，乃是经营者的免责事由，那么"过失"呢？适用《侵权责任法》第二十六条和第七十三条，明确不能免责，而适用第七十六条则"可以减轻或者不承担责任"，不承担责任即为免责。如何适用？如，有人进入已采取安全措施并尽到警示义务的变电站，追逐其家禽，触及高压电力设备致死。

4.《侵权责任法》的实施对人身触电案件审理的影响

《侵权责任法》在电力设施产权人（经营人、管理人）免责事由的认定上与《电力法》基本一致。《侵权责任法》第二十七条、第二十八条、第二十九条规定，不承担责任主要有三种情形：（一）受害人的故意；（二）第三人的过错；（三）不可抗力。《电力法》多了"用户自身过错"一项。实施《侵权责任法》对于高电压作业人的免责适用，会产生一定的积极、正面影响。但《触电解释》第三条第（四）款"受害人在电力设施保护区从事法律、行政法规所禁止的行为"这种免责情形，《侵权责任法》也没有给出明确的答案。问题的焦点仍然是，是否将这些"禁止的行为"认定为间接故意行为。

>> 案例 7-6　2008 年 7 月 15 日，某市东河区的房主陈某进行沿街二层楼建筑施工，施工队负责人朱某承接了这项工程，并且双方签订了施工合同。2008 年 8 月 10 日，某市供电公司发现陈某在电力设施保护区内实施违法施工后，立即对其进行了制止。该供电公司向陈某下达了安全隐患整改通知，告知陈某"不准在电力线路保护区域内建房，否则，因此造成的一切后果，由其负全部责任"。供电公司作为企业，没有行政执法权，不能强行制止陈某的违法行为。于是，该公司向该区经贸局行文，汇报了案情并请区经贸局依法拆除违法建筑。然而，陈某和施工队负责人朱某并没有停止违法施工行为。2008 年 9 月 16 日 17 时许，施工队员工李某在拆除二层的模板时，手中的撬棍不慎接触到旁边的高压线。李某当场被电击伤，并从二楼摔到地面上。经法医鉴定，李某属于电击后高空坠落摔伤，全身九级伤残和十级伤残各一处。2009 年 9 月 14 日，李某将陈某、朱某和供电公司三方一同起诉至区人民法院，要求三被告赔偿其各类损失近 10 万元。

原告李某认为，房主陈某违反《电力法》和《土地管理法》有关规定，在未经审批的情况下，在电力设施保护区内施工建房。施工队负责人朱某和自己有雇佣关系，在未采取任何安全防护措施的情况下，即让原告在高压线附近从事高空作业，应当对李某的损失承担责任。第三被告供电公司，应按照《电力法》第五十三条、《电力设施保护条例》第十一条相关规定，在高压线附近设置安全警示标志，对房主陈某的违法行为也未及时发现和制止，因其未尽到上述义务，也应当承担赔偿责任。

供电公司辩称，陈某和朱某是在电力设施保护区内兴建建筑物，违反了《电力法》和《电力设施保护条例》的有关规定，属于违法行为。根据最高院

《触电解释》规定，受害人在电力设施保护区从事法律、行政法规所禁止的行为，而造成的人身损害，电力设施产权人不承担责任。另外，《电力法》第五十三条规定，设立警示标志的是电力管理部门的职责，而不是电力企业。况且，事故发生前供电公司已经对陈某和朱某的违法行为，提出了警示并送达了隐患整改通知书并告电力管理部门处理。因此，在本案中，供电公司不应当承担原告的赔偿责任。另外两方被告也各自陈述了申辩理由。

法院审理查明，陈某房檐外的 1.5 米处，是一条供电公司所属的 10 千伏高压线路。陈某的建筑项目未经有关部门审批，系违法建筑。《电力法》第五十三条第二款"任何单位和个人不得在依法划定的电力设施保护区内修建可能危及电力设施安全的建筑物、构筑物。"《电力设施保护条例》规定，10 千伏线路边导线向外延伸 5 米形成的区域为电力设施保护区，该区域内不得兴建建筑物。

法院认为，房主陈某和施工队负责人朱某系农村建筑工程承揽合同关系，并认定陈某为定做人，朱某为承揽人。同时，法院认定施工队负责人朱某与受害人李某为雇佣关系。法律规定，雇员在雇佣活动中遭受人身损害的，雇主应承担赔偿责任。同时认定，陈某在电力设施保护区内建筑施工系违法行为，供电公司对李某触电摔伤不承担责任。2009 年 12 月 14 日，一审法院作出裁决，由被告陈某和朱某共同承担受害人李某的赔偿责任，赔偿李某各类损失总计 5 万余元。供电公司不承担赔偿责任。

李某向某市中级人民法院提出上诉。在二审审理期间，2010 年 7 月 1 日，我国新的《侵权责任法》颁布施行，这使得案件面临新法的挑战。《侵权责任法》第七十三条规定，"从事高空、高压、地下挖掘活动或者使用高速轨道运输工具造成他人损害的，经营者应当承担侵权责任，但能证明损害是因侵权人故意或不可抗力造成的，不承担责任。被侵权人对损害的发生有过失的，可以减轻经营者的责任。"该条款的规定中，即使被侵权人对损害发生有过失，也只是"减轻"经营者的责任。于是，李某要求法院按照新颁布的《侵权责任法》对本案进行审理，并追究供电公司的责任。

某供电公司辩称，最高人民法院关于新的《侵权责任法》的司法解释中明确规定："侵权行为发生在《侵权责任法》施行前，但损害后果出现在侵权责任法施行后的民事纠纷案件，适用《侵权责任法》。"本案侵权行为和损害后果均出现在新《侵权责任法》施行之前，所以不应适用该法。而且，《侵权责任法》第七十六条也规定，"未经许可进入高度危险活动区域或者高度危险物存放区域受到损害，管理人已经采取安全措施并尽到警示义务的，可以减轻或者不承担责任。"本案中对于陈某和朱某高压线路下违法建筑行为，供电公司已经送达安全隐患通知书，并且向电力行政主管部门提出了制止违法行为申请，已经最大程度尽到了管理义务，不应承担责任。同时，根据《触电解释》第三条的规定，受害人在电力设施保护区从事法律、行政法规所禁止的行为，供电公司不承担民事责任。

2010 年 8 月 2 日，某市中级人民法院作出终审裁决，驳回李某的上诉，维持原判。至此，某供电公司赢得了这场长达两年的诉讼。

评　析

（1）本案法院适用了《触电解释》的免责条款，受害人在电力设施保护区从事法律、行政法规所禁止的行为，电力设施产权人不承担民事责任。陈某和朱某的违章建筑行为系在电力设施保护区从事法律、行政法规所禁止的行为，所以，供电公司免责。

（2）原告强调没有设立警示标志，这也是该类案件原告及其代理人惯用的理由。实际上，当面制止和送达隐患整改通知这些动态的过程比静态的警示标志更为有效，而且往往事故发生地并非《电力设施保护条例实施细则》规定的设立安全警示标志的地点。

（3）本案供电公司发现违章建房后及时采取各种力所能及的措施，尽到了安全管理职责，也是不承担责任的重要理由之一。

（4）供电公司充分发挥了专业优势，据理力争，提出了逻辑严谨、条件充分的免责抗辩理由。审判人员采纳了电力行业专业法律人员的抗辩理由。

（5）如果撇开本案适用《侵权责任法》的时间问题，法院可能会根据《侵权责任法》第七十三条，以受害人有过失为由，判决供电公司承担相应责任。供电公司关于适用《侵权责任法》第七十六条的抗辩，不无牵强附会之嫌。因为该条所指的高度危险活动区域和高度危险物存放区域，一般应理解为静态的、封闭的区域，而不会是居住区域。

第四节　赔　偿　与　执　行

生命无价，健康珍贵。《民法通则》第一百零六条第二款规定，"公民、法人由于过错侵害国家的、集体的财产，侵害他人财产、人身的应当承担民事责任。"当公民的生命健康受到损害，尽管再多的金钱也买不到生命和健康，但对于受害人及其亲属给予安慰和赔偿的最通常又最必要的形式仍然是金钱。本节将讨论触电人身赔偿的范围、具体项目和赔偿执行。

一、触电人身损害赔偿法律适用与赔偿范围

1. 赔偿的法律适用

在适用法律上，有最高院的专门解释《关于审理触电人身损害赔偿案件的若干问题的解释》（法释〔2001〕3号，简称《触电解释》）、最高院《关于确定民事侵权案件精神损害赔偿责任若干问题的解释》（法释〔2001〕7号，简称《精神赔偿解释》）、最高院《关于审理人身损害赔偿案件适用法律若干问题的解释》（法释〔2003〕20号，简称《人损解释》）。根据"特别法优于一般法"的原则，应当适用《触电解释》，但是《人损解释》晚于《触电解释》实施，"新法优于旧法"的原则，应当适用《人损解释》。《人损解释》第三十六条第二款明确规定，"在本解释公布施行之前已经生效施行的司法解释，其内容与本解释不一致的，以本解释为准"。显然最高人民法院在作出此司法解释时，顾及到了正在施行的《触电解释》，强调"内容不一致，以本解释为准"。尽管《触电解释》和《人损解释》赔偿范围和项目的具体规定并无较大的差异，但还是有区别的，对于触电人身损害赔偿项目和赔偿数额，往往存在分歧。因此，在法律适用上应以《触电解释》为主，兼顾《人损解释》和《精神赔偿解释》。在触电人身损害赔偿案件审理的实践中，也不仅仅依据《触电解释》，如《触电解释》的赔偿范围中没有"精神损害赔偿"。案件审理结果往往判决高电压作业人，给付受害人或其亲属"精神损害赔偿"，其依据就是《人损解释》第十八条第一款规定，"受害人或者死者近亲属遭受精神损害，赔偿权利人向人民法院请求赔偿精神损害抚慰金的，适用《最高人民法院关于确定民事侵权精神损害赔偿责任若干问题的解释》予以确定。"根据此条规定，适用《精神赔偿解释》。《侵权责任法》实施后，人身损害赔偿范围又有所变化。《侵权责任法》第十六条规定，"侵害他人造成人身损害的，应当赔偿医疗费、护理费、交通费等为治疗和康复支出的合理费用，以及因误工减少的收入。造成残疾的，还应当赔偿残疾生活辅助具费和残疾赔偿金。造成死亡的，还应当赔偿丧葬费和死亡赔偿金。"《侵权责任法》第五条规定，"其他法律对侵权责任另有特别规定，依照其规定。"根据本条可知，对侵权责任，若特别法另有规定的，应适用特别法规定；没有特别法规定时，则适用《侵权责任法》的一般规定。

2. 赔偿范围

表7-1为《触电解释》《人损解释》《侵权责任法》赔偿范围的比较表，以便于读者梳理。

表7-1　　《触电解释》《人损解释》《侵权责任法》赔偿范围比较表

序号	《触电解释》范围	《人损解释》范围	《侵权责任法》范围
1	医疗费	医疗费	医疗费
2	误工费	误工费	误工费
3	住院伙食补助费和营养费	住院伙食补助费	—
4	护理费	护理费	护理费
5	残疾人生活补助费	残疾赔偿金	残疾赔偿金
6	残疾用具费	残疾辅助器具费	残疾生活辅助具费
7	丧葬费	丧葬费	丧葬费
8	死亡补偿费	死亡赔偿金	死亡赔偿金
9	被扶养人生活费	被扶养人生活费	
10	交通费	交通费	交通费
11	住宿费	住宿费和伙食费	
12	—	营养费	—
13		精神损害赔偿	精神损害赔偿
14			赔偿财产损失

（1）计算标准不同。注意表7-1中《触电解释》中的"残疾人生活补助费"和"死亡补偿费"与《人损解释》、《侵权责任法》中的"残疾赔偿金"和"死亡赔偿金"的不同之处。"补助"、"补偿"的标准是"平均生活费"；"赔偿"的标准是"可支配收入或纯收入"。后者标准显然高于前者。由此可知，按照《触电解释》的"补助"、"补偿"标准，不足以弥补受害人的伤残和死亡带来的财产损失。

（2）赔偿项目不同。《侵权责任法》中没有"被扶养人生活费"一项。这是因为采用了"可支配收入或纯收入"标准，就是说伤残者和死亡者的收入损失全部给你赔偿了，相关的被扶养人和继承人的抚养费和继承财产份额，各自包含在"残疾赔偿金"和"死亡赔偿金"中了。

（3）注意《人损解释》的规定。《人损解释》在采用"可支配收入或纯收入"标准的情况下，依然保留"被扶养人生活费"。

3. 《侵权责任法》规定的赔偿范围

《侵权责任法》也对人身损害赔偿范围作出了规定。如果根据"新法优于旧法的原则",应该适用《侵权责任法》的规定。《侵权责任法》毕竟对《民法通则》、《人损解释》、《触电解释》有关人身损害赔偿范围的规定作了修改与补充,其不同之处应当适用,如精神损害赔偿和人身损害同时的财产损害赔偿。当然《侵权责任法》规定了残疾赔偿金和死亡赔偿金以及精神损害抚慰金,但是没有规定被扶养人生活费的赔偿项目,也没有规定残疾赔偿金和死亡赔偿金的计算依据。这些方面仍然要适用其他法律和解释。

《侵权责任法》第十六条规定,"侵害他人造成人身损害的,应当赔偿医疗费、护理费、交通费等为治疗和康复支出的合理费用,以及因误工减少的收入。造成残疾的,还应当赔偿残疾生活辅助具费和残疾赔偿金。造成死亡的,还应当赔偿丧葬费和死亡赔偿金。"该条以不完全列举的方式提出的"侵害他人造成人身损害的,应当赔偿医疗费、护理费、交通费等为治疗和康复支出的合理费用",这里的合理费用未免不包括住院伙食补助费和营养费等未列举的费用。第二十条规定,"侵害他人人身权益造成财产损失的,按照被侵权人因此受到的损失赔偿;被侵权人的损失难以确定,侵权人因此获得利益的,按照其获得的利益赔偿;侵权人因此获得的利益难以确定,被侵权人和侵权人就赔偿数额协商不一致,向人民法院提起诉讼的,由人民法院根据实际情况确定赔偿数额。"该条肯定了"侵害他人人身权益造成财产损失的,按照被侵权人因此受到的损失赔偿"。第二十二条规定,"侵害他人人身权益,造成他人严重精神损害的,被侵权人可以请求精神损害赔偿。"该条支持精神损害赔偿诉求。

由上见出,《侵权责任法》比《民法通则》多了死亡赔偿金这一赔偿项目,而少了死者生前扶养的人必要的生活费的赔偿项目。《侵权责任法》与《人损解释》相比,少了营养费、后续治疗费、住宿费、住院伙食补助费、被扶养人生活费的赔偿项目,多了侵害他人人身权益造成财产损失的赔偿项目。《侵权责任法》与《触电解释》相比,少了住院伙食补助费、营养费、被抚养人生活费、住宿费的赔偿项目,多了侵害他人人身权益造成财产损失的赔偿项目。借鉴《美国宪法》第九条修正案〔1791〕,"本宪法对某些权利的列举,不得被解释为否定或忽视由人民保留的其他权利。"同样,《侵权责任法》第十六条对赔偿项目采取不完全列举,未列举的也未必就不支持。

二、赔偿项目解析

下面以《触电解释》为主，在比对《人损解释》的基础上，解析赔偿范围的各个项目。在两个解释明确规定的范围内，应当按照"就高不就低的"原则计算赔偿数额。

1. 医疗费

（1）医疗费。指医院对因触电造成伤害的当事人进行治疗所收取的费用。

（2）范围。医疗费还应当包括继续治疗费和其他器官功能训练费以及适当的整容费。继续治疗费既可根据案情一次性判决，也可根据治疗需要确定赔偿标准。器官功能恢复训练所必要的康复费、适当的整容费以及其他后续治疗费，赔偿权利人可以待实际发生后另行起诉。但根据医疗证明或者鉴定结论确定必然发生的费用，可以与已经发生的医疗费一并予以赔偿。

（3）确认的依据和计算。医疗费根据治疗医院诊断证明、处方和医药费、住院费的单据确定。当事人选择的医院应当是依法成立的、具有相应治疗能力的医院、卫生院、急救站等医疗机构。当事人应当根据受损害的状况和治疗需要就近选择治疗医院。

费用的计算参照公费医疗的标准。医疗费的赔偿数额，按照一审法庭辩论终结前实际发生的数额确定。赔偿义务人对治疗的必要性和合理性有异议的，应当承担相应的举证责任。

《人损解释》则取消了对受害人就诊医疗机构的不合理限制，只要当事人的医疗费用属合理支出，法院均应认定。

2. 误工费

（1）误工费。因触电伤害未能参加日常工作而导致收入减少时，可申请误工补助费。

（2）计算方法和依据。误工费根据受害人的误工时间和收入状况确定。有固定收入的，按实际减少的收入计算。没有固定收入或者无收入的，按事故发生地上年度职工平均年工资标准计算。误工时间可以按照医疗机构的证明或者法医鉴定确定；依此无法确定的，可以根据受害人的实际损害程度和恢复状况等确定。受害人因伤致残持续误工的，误工时间可以计算至定残日前一天。

3. 住院伙食补助费和营养费

（1）住院伙食补助费和营养费。住院伙食补助费是受害人住院治疗期间，其本人及其陪护人员的伙食费补助。营养费是为了恢复受害人身健康状况而必须的营养费用。

（2）计算方法和依据。住院伙食补助费应当根据受害人住院或者在外地接受治疗期间的时间，参照事故发生地国家机关一般工作人员的出差伙食补助标准计算。受害人确有必要到外地治疗，因客观原因不能住院，受害人本人及其陪护人员实际发生的伙食费，其合理部分应予赔偿。

人民法院应当根据受害人的伤残情况、治疗医院的意见决定是否赔偿营养费及其数额。营养费根据受害人伤残情况参照医疗机构的意见确定，但一般情况下最高不超过当地年平均生活费的2倍。

4. 护理费

（1）护理费。受害人住院期间，因不能自理或不能完全自理所需要护理的人工费。

（2）计算方法和依据。护理费根据护理人员的收入状况、护理人数（如，有时需要2人）和护理期限确定。

受害人住院期间，护理人员有收入的，按照误工费的规定计算；无收入的，按照事故发生地平均生活费计算，也可以参照护工市场价格计算。《人损解释》规定，护理人员没有收入或者雇佣护工的，参照当地护工从事同等级别护理的劳务报酬标准计算。护理人员原则上为一人，但医疗机构或者鉴定机构有明确意见的，可以参照确定护理人员人数。

（3）后续护理。受害人出院以后，如果需要护理的，凭治疗医院证明，按照伤残等级确定，残疾用具费应一并考虑。《人损解释》规定，护理期限应计算至受害人恢复生活自理能力时止。受害人因残疾不能恢复生活自理能力的，可以根据其年龄、健康状况等因素确定合理的护理期限，但最长不超过二十年。受害人定残后的护理，应当根据其护理依赖程度并结合配制残疾辅助器具的情况确定护理级别。如受害人伤残等级在三级以上（含三级），且同时具备护理依赖条件的，可根据其护理等级（护理等级参照工伤护理三个等级标准鉴定）确定护理年限，并按当地平均生活费计算护理费。

5. 残疾人生活补助费

（1）残疾人生活补助费。受害人致残丧失或者部分丧失劳动能力，致使没有收入或收入减少，应给与的补助或者赔偿费用。

（2）计算方法和依据。根据丧失劳动能力的程度或伤残等级，按照事故发生地平均生活费计算。自定残之月起，赔偿二十年。但五十周岁以上的，年龄每增加一岁减少一年，最低不少于十年；七十周岁以上的，按五年计算。《人损解释》中该项目叫做残疾赔偿金，根据受害人丧失劳动能力程度或者伤残等级，按照受诉法院所在地上一年度城镇居民人均可支配收入或者农村居民人均纯收入标准，自定残之日起按二十年计算。但六十周岁以上的，年龄每增加一岁减少一年；七十五周岁以上的，按五年计算。

受害人因伤致残但实际收入没有减少，或者伤残等级较轻但造成职业妨害严重影响其劳动就业的，可以对残疾赔偿金作相应调整。

6. 残疾用具费

（1）残疾用具费。受害残疾人因日常生活或辅助生产劳动需要，必须配制包括假肢、代步车、义眼等（但不含电动假肢）辅助器具的费用。

（2）使用时间和费用计算。凭医院证明按照国产普通型器具的费用计算。伤情有特殊需要的，可以参照辅助器具配制机构的意见确定相应的合理费用标准。并按全国人均寿命减去残疾者实际年龄后结合用具使用年限计算，再加上10％～15％的维修保养费。5～18 岁的，每 1～2 年更换一次；18～70 岁的，每 3～4 年更换一次。

7. 丧葬费

（1）丧葬费。殡葬受害人所花费的费用。

（2）计算方法和依据。国家或者地方有关机关有规定的，依该规定；没有规定的，按照办理丧葬实际支出的合理费用计算。目前丧葬费大多按照受诉法院所在地上一年度职工月平均工资标准，以六个月工资总额计算。

8. 死亡补偿费

（1）死亡补偿费。受害人死亡，对其自死亡之年到平均寿命期间的劳动收入的补偿。

（2）按照当地平均生活费计算，补偿二十年。对七十周岁以上的，年龄每增加一岁少计一年，但补偿年限最低不少于十年。《人损解释》规定，死亡赔偿金按照受诉法院所在地上一年度城镇居民人均可支配收入或者农村居民人均纯收入标准，按二十年计算。但六十周岁以上的，年龄每增加一岁减少一年；七十五周岁以上的，按五年计算。

9. 被扶养人生活费

（1）被抚养人生活费。死者生前或者残疾者丧失劳动能力前实际抚养和扶养的、没有其他生活来源的人的生活费。

（2）计算方法和依据。以死者生前或者残疾者丧失劳动能力前实际抚养和扶养的、没有其他生活来源的人为限。被扶养（抚养）人生活费根据扶养（抚养）人丧失劳动能力程度，按照受诉法院所在地上一年度城镇居民人均消费性支出和农村居民人均年生活消费支出标准计算。被扶养人为未成年人的，计算至十八周岁；被扶养人无劳动能力又无其他生活来源的，计算二十年。但六十周岁以上的，年龄每增加一岁减少一年；七十五周岁以上的，按五年计算。被扶养（抚养）人是指受害人依法应当承担扶养（抚养）义务的未成年人或者丧失劳动能力又无其他生活来源的成年近亲属。被扶养人还有其他扶养人的，赔偿义务人只赔偿受害人依法应当负担的部分。被扶养人有数人的，年赔偿总额累计不超过上一年度城镇居民人均消费性支出额或者农村居民人均年生活消费支出额。

10. 交通费

（1）交通费。是指救治触电受害人实际必需的合理交通费用，包括必须转院治疗所必需的交通费。

（2）计算方法和凭据。交通费根据受害人及其必要的陪护人员因就医或者转院治疗实际发生的费用计算。交通费应当以正式票据为凭；有关凭据应当与就医地点、时间、人数、次数相符合。

11. 住宿费

（1）住宿费。受害人因客观原因不能住院，又不能住在家里确需就地住宿的费用。受害人确有必要到外地治疗，因客观原因不能住院，受害人本人及其陪护人员实际发生的住宿费，其合理部分应予赔偿。

（2）确定方法和标准。其数额参照事故发生地国家机关一般工作人员的出差住宿标准计算。

12. 当事人亲友发生的费用

当事人的亲友参加处理触电事故所需交通费、误工费、住宿费、伙食补助费，参照如上的有关规定计算，但计算费用的人数不超过三人。

案例7-7 2008年7月4日下午，原告李某驾驶被告严某的解放牌自卸车到锻造厂拉锻件，并答应把王某承包的磁选砂厂的废铁拉到5吨炉处。当李某在磁选砂厂升起车厢倒空杂物准备装载废铁时，车厢碰到了上方的10千伏高压线路，造成触电人身损害。李某系被告严某雇佣的司机，为严某拉锻件，月薪1500元。

经鉴定，李某左下肢及右足缺失构成四级伤残；李某左前臂缺失构成五级伤残。李某起诉锻造厂、严某和王某赔偿各种损失和精神损害70万元。

经审理，法院对原告李某要求被告严某、王某承担赔偿责任的主张，不予支持。判决锻造厂承担主要责任（90%），原告本人承担次要责任（10%）。

李某，男，31岁；李某之父李甲58岁、母王乙57岁；长女李丙不足2岁、次女李丁不足1岁。李某姐弟三人。某市残疾人假肢矫形器技术中心是某省资格认证三家合格单位之一，是中国残联《长江普及型假肢》定点装配单位。该中心证明：李某完全具备安装假肢条件，应安装国产普及型中档假肢，价格分别为：前臂假肢（13 000～16 000元）；小腿假肢8500元；足部假肢（2500～3600元）。需每年定期维修保养二次，费用按装配价格的10%计算，每次使用寿命为3年（赔偿年龄到70周岁止）。

某省2007年农村居民纯收入：3851.60元/年；2007年农村居民人均年消费支出：2676.41元/年。

具体赔偿项目和数额：（1）医疗费为42 622.84元。（2）误工费（计算至定残前一日）：110天×40元/天＝4400元。（3）住院生活补助费为81天×10元/天＝810元、住院期间的营养费为81天×10元/天＝810元。（4）护理费（2人）：每人每天按20元计算共为81天×2人×20元/天/人＝3240元、出院后至定残之日护理费按1人护理，每日按20元计算共30天×20元/天＝600元。（5）残疾赔偿金为3851.60元/年×20年×70%＝53 922.40元。（6）残疾用具费：李某前臂假肢、小腿假肢和足部假肢以及装配维修四部分价格折合为33 150元，按每三年更换一次，计算到70岁，应为13次。金额应为33 150元×13＝430 950元。（7）被抚养人生活费：①长女李丙2676.41元/年×17年×70%÷2＝15 924.64元；②次女李丁2676.41元/年×18年×70%÷2＝16 861.38元；③父李甲2676.41元/年×20年×70%÷3＝12 489.91元；④母王乙2676.41元/年×20年×70%÷3＝12 489.91元。（8）鉴定费400元。（9）精神损害抚慰金6万元。以上共计人民币654 604.62元。

评 析

本案计算赔偿费用按照"就高不就低"原则，游刃于两解释之间而适用标准：①残疾赔偿不是按照《触电解释》"平均生活费"，而是按《人损解释》"农村人均纯收入"计算的；②被扶养人生活费，也是按照《人损解释》标准和年限（《人损解释》规定赔偿年数减少以60岁为界，《触电解释》规定为50岁）计算的；③两处伤残有4级和5级，均按4级计算（即乘以70%）；④假肢费的计算，价格取高限，使用寿命则取低限。折合价格按照取中间值计算应该是28 655元，不是33 150元。对起诉没有执行能力的个人被告不予支持。

三、赔偿执行

《触电解释》第五条规定，"依照前条规定计算的各种费用，凡实际发生和受害人急需的，应当一次性支付；其他费用，可以根据数额大小、受害人需求程度、当事人的履行能力等因素确定支付时间和方式。如果采用定期金赔偿方式，应当确定每期的赔偿额并要求责任人提供适当的担保。"

1. 赔偿执行的原则

（1）抢救费、医疗费和急用费现行给付。

（2）对赔偿义务人应当赔偿的受害人已实际发生的费用，赔偿义务人应一次性支付。

（3）对致害人所应赔偿的各项费用，赔偿义务人支付有困难，应根据受害人需求缓急、赔偿数额大小、致害人履行能力等因素，确定支付的期限和方式。

（4）对残疾用具费等数额较大（一般在 5 万元人民币以上）又不急需的费用，如致害人履行能力有限，可分期支付，但期限最长不超过 5 年。如果期限太长赔偿义务人变更或者消失，将会使得判决成为空文，不利于保护受害人的权益。

2. 监护人侵害受害人所获赔偿款的情形

无民事行为能力或限制民事行为能力的受害人所获赔偿款，扣除已实际发生和近期急需的费用后仍有较大的余额（一般在 10 万元人民币以上），如确有证据证实其监护人会损害其财产权益的，人民法院可在征询有认知能力的受害人及其有关近亲属意见后，将余款存入银行专用账户，按受害人实际需求分期支付给其监护人；受害人具有完全民事行为能力后，应将余款交其自行管理。

四、精神损害赔偿

人身损害的损失包括财产损失和精神损失。财产损失，受害人因伤害致肢体残疾，部分丧失或者全部丧失劳动能力而产生收入损失，给自身和被扶养人带来的财产损失或者因死亡而完全失去收入，给被扶养人或继承人带来的财产损失。精神损失，由伤害造成的肢体残损和死亡给自身和亲属造成的终生的精神痛苦，应当赔偿。

1. 关于精神损害赔偿的法律规定

（1）《侵权责任法》规定。《侵权责任法》第二十二条规定，"侵害他人人身权益，造成他人严重精神损害的，被侵权人可以请求精神损害赔偿。"

（2）《人损解释》规定。《人损解释》第十八条规定，"受害人或者死者近亲属遭受精神损害，赔偿权利人向人民法院请求赔偿精神损害抚慰金的，适用《最高人民法院关于确定民事侵权精神损害赔偿责任若干问题的解释》予以确定。"

（3）《精神赔偿解释》规定。《精神赔偿解释》（法释〔2001〕7号）第一条规定，"自然人因下列人格权利遭受非法侵害，向人民法院起诉请求赔偿精神损害的，人民法院应当依法予以受理：（一）生命权、健康权、身体权；（二）姓名权、肖像权、名誉权、荣誉权；（三）人格尊严权、人身自由权。违反社会公共利益、社会公德侵害他人隐私或者其他人格利益，受害人以侵权为由向人民法院起诉请求赔偿精神损害的，人民法院应当依法予以受理。"

2. 精神损害赔偿的适用条件

（1）严格限制在侵害人身权益上，不包括财产权的侵害。

（2）《侵权责任法》第二十二条没有规定适用何种归责原则，应当理解为，无论适用何种归责原则，只要侵害的是他人的人身权益且造成了严重的精神损害，就产生精神损害赔偿责任。

（3）只有造成"严重"的精神损害才可以请求赔偿。法律对于何为"严重"没有相应规定，这就要靠法官的良心裁判。

3. 如何确定精神损害赔偿

《精神赔偿解释》第十条规定，"精神损害的赔偿数额根据以下因素确定：（一）侵权人的过错程度，法律另有规定的除外；（二）侵害的手段、场合、行为方式等具体情节；（三）侵权行为所造成的后果；（四）侵权人的获利情况；（五）侵权人承担责任的经济能力；（六）受诉法院所在地平均生活水平。法律、行政法规对残疾赔偿金、死亡赔偿金等有明确规定的，适用法律、行政法规的规定。"第十一条规定，"受害人对损害事实和损害后果的发生有过错的，可以根据其过错程度减轻或者免除侵权人的精神损害赔偿责任。"

4. 对《精神赔偿解释》第九条的理解

《精神赔偿解释》第九条规定，"精神损害抚慰金包括以下方式：（一）致人残疾的，为残疾赔偿金；（二）致人死亡的，为死亡赔偿金；（三）其他损害形式的精神抚慰金"。这是否就意味着，在人身损害赔偿案件中，受害人若提起死亡赔偿金或残疾赔偿金的同时，又要求精神损害赔偿时，应不予支持。答案是：不尽然！判断的标准就是：财产损失弥补填平，另有精神赔偿。

《人损解释》在确定了残疾赔偿金或死亡赔偿金的基础上，在第十八条提出精神损害赔偿应当认为是不同于前二者的独立请求权。同样，《侵权责任法》在肯定残疾赔偿金和死亡赔偿金的基础上，在第二十二条也提出了精神损害赔偿。《精神赔偿解释》第九条规定，精神损害抚慰金包括以下方式：（一）致人残疾的，为残疾赔偿金；（二）致人死亡的，为死亡赔偿金。该两项只有当受害人的财产损失完全弥补后，并有超过的部分才能认为是精神抚慰金。譬如，对于伤害致残，给了被扶养人生活费，残疾者生活费也给了，如果还有残疾赔偿金，就再理解为财产损失，就是重复赔偿，这时的残疾赔偿金应属精神损失赔偿。至于《人损解释》中，没有残疾者生活补助费，是因为被吸收到残疾赔偿金当中去了。残疾赔偿金是按收入损失来赔的，既然收入损失全部赔偿给你了，再给你残疾者生活补助费就重复了，因此把它吸收到残疾赔偿金当中。《人损解释》把残疾赔偿金、死亡赔偿金参照《国家赔偿法》的规定，将它规定为收入损失，是一种财产损失，除此以外，还应当再给精神损失。基于此，死亡赔偿金也是财产损失，还应当另行赔付精神损害赔偿。

5. 触电人身损害赔偿案件是否应该赔偿精神损失

《触电解释》中没有精神损害赔偿项目，这不能认定在触电人身损害赔偿案件中不应该有精神损害赔偿项目。《侵权责任法》第二十二条的规定，精神损害赔偿有其适用的条件：一是侵害的是人身权；二是造成他人严重精神损害。人身触电非死即残，对受害人自身及其亲属造成的精神损害不可谓不严重。至于《精神赔偿解释》第十条规定，"精神损害的赔偿数额根据以下因素确定：（一）侵权人的过错程度，法律另有规定的除外；"该条只能理解为过错程度是确定精神损害赔偿数额的一个因素，决不能反推出过错是承担精神损害赔偿的必备要件。认为精神损害赔偿责任的成立以侵权人主观上有故意或过失为要件之一，对适用无过错责任的侵权人只应承担财产损失赔偿，而不适用精神损害赔偿的认识是错误的。

司法实践中，残疾赔偿金和死亡赔偿金都是按照收入损失的标准计算的财产损失，而没有考虑《精神赔偿解释》第十条中的因素。因此说，人身损害案件中的残疾赔偿金和死亡赔偿金仅仅是财产损失，独立于精神损害赔偿之外。

对于高电压作业的电力企业而言，可以根据《精神赔偿解释》第十条"精神损害的赔偿数额根据以下因素确定：（一）侵权人的过错程度，法律另有规定的除外"之规定，以无过错为抗辩事由，请求减免精神损害赔偿。精神损害赔偿可由对事故发生有过错的其他当事人来分担，未必一定是无过错的高电压作业人来承担。如果原告只起诉了电力企业或者说案件中没有其他应当承担赔偿责任的当事人，而电力企业又无过错，对原告精神损害赔偿的请求，人民法院应当考虑电力企业的无过错因素和其他当事人主观过错程度、致害行为的具体情节和后果、致害人承担责任的能力等因素，确定是否赔偿精神损害抚慰金及赔偿数额和分担。

第八章

疑 难 案 件 处 理

虽说"疑难"，其实并不难，只要统一适用法律，依法办案，思路应该清晰的。但是，在高、低压人身触电案件审理的司法实践中，还真是让电力企业感觉到疑惑和困难。诸如赔偿义务主体的确定、电力企业的"管理"、所谓未尽职责和电力企业最终承担兜底责任的问题，这有待于讨论、厘清，通过立法来解决。

第一节　触电案件都有哪些赔偿义务主体

由于不同的法律、法规、规章和解释对赔偿义务主体的规定和称谓不同，触电案件的赔偿义务人没有统一的称谓。实际上，赔偿义务主体在不同案件中的身份和角色就是不同的。

一、高压电力作业人和电力经营者、管理人

《民法通则》第一百二十三条规定，"从事高空、高压、易燃、易爆、剧毒、放射性、高速运输工具等对周围环境有高度危险的作业造成他人损害的，应当承担民事责任；如果能够证明损害是由受害人故意造成的，不承担民事责任。"根据该条可以理解为"高压电力作业人"为触电案件的赔偿义务主体。最高人民法院印发《关于贯彻执行〈中华人民共和国民法通则〉若干问题的意见（试行）》第154条也是这样称谓的"从事高度危险作业，没有按有关规定采取必要的安全防护措施，严重威胁他人人身、财产安全的，人民法院应当根据他人的要求，责令作业人消除危险。""作业人"应该理解为使用并管理控制高压电力设施的主体。其概念不仅包含产权人（经营者），还应该包含高压电力线路的承租人、管理人、使用人和有偿代维护人等。但《侵权责任法》第七

十三条规定，"从事高空、高压、地下挖掘活动或者使用高速轨道运输工具造成他人损害的，经营者应当承担侵权责任，但能够证明损害是因受害人故意或者不可抗力造成的，不承担责任。被侵权人对损害的发生有过失的，可以减轻经营者的责任。"在这里又提出了"经营者"的概念，应当比"作业人"的外延更大，既包括狭义上的产权人，也包括供电人、设施维护管理人等责任主体。"经营者"应涵盖了产权人，扩大了主体的适用范围，影响到触电人身损害责任主体的选择定性。即使电力设施产权不属于电力企业，一旦有触电人身损害事故发生，受害人就可能以供电经营、维护管理为由认定电力企业是经营者、管理者，要求其承担责任。第七十六条规定，"未经许可进入高度危险活动区域或者高度危险物存放区域受到损害，管理人已经采取安全措施并尽到警示义务的，可以减轻或者不承担责任。"这里又提出了"管理人"为主体。这对于电力企业有偿代管或无偿代管电力设施提出了新的挑战。这就扩大了电力企业在触电人身损害案中作为赔偿义务主体的范围，加大了诉讼风险。

二、电力设施产权人

《触电解释》第二条规定，"因高压电造成人身损害的案件，由电力设施产权人依照《民法通则》第一百二十三条规定承担民事责任。"《供电营业规则》第五十一条规定更加明确，"在供电设施上发生事故引起的法律责任，按供电设施产权归属确定，产权归属于谁，谁就承担其拥有的供电设施上发生事故引起的法律责任。"这里产权人的概念包含在所有权人之内。因为究其实质的话，电力企业的高压电力设施的所有权属于国家，国家委托当地电力企业经营管理。所以当出现触电致人损害的事故后，赔偿责任主体就变成了电力企业。

在司法实践中，往往出现一遇到触电案件，受害人及其律师和法官条件反射一样，立即想到电力企业就是产权人，应当承担赔偿责任。有些原告根本不知道发生事故的电力设施的产权人，也先将电力企业作为赔偿责任主体推上被告席，等到电力企业出庭出示初始证据证明己方并非产权人，才得以解脱。当事人无法弄清电力设施真正的产权人，应该由法院来收集证据。《民事诉讼法》第六十四条第二款规定，"当事人及其诉讼代理人因客观原因不能自行收集的证据，或者人民法院认为审理案件需要的证据，人民法院应当调查收集。"而不应该随意下传票让电力企业出庭，造成无端的成本浪费。实质上就是立案错误，因为主体错了。审理过程可以追加主体，但主体错误的案件不应该开庭审理。

我国改革开放以后，用电量需求急剧增加，截至 1995 年底，刚过 2 亿千瓦时，电力缺口很大。1996 年施行的《电力法》第三条规定，"电力事业应当适应国民经济和社会发展的需要，适当超前发展。国家鼓励、引导国内外的经济组织和个人依法投资开发电源，兴办电力生产企业。电力事业投资，实行谁投资、谁收益的原则。"在多元化投资的政策号召下，各行各业，尤其是生产性企业自己建设电力设施的现象遍地开花，呈现出我国电力设施产权多元化的态势。因此，在确定电力设施产权人的时候，不能采用"凡是电力设施，其产权人就是电力企业"的定式来确定。

当然，农网改造完成后，已将原来属于村民委员会，居民委员会乃至乡、镇政府所有的电力设施进行了改造，改造后的产权，大多明确属于国有，由当地电力企业经营管理。

三、其他赔偿义务主体

《触电解释》第二条第二款规定，"但对因高压电引起的人身损害是由多个原因造成的，按照致害人的行为与损害结果之间的原因力确定各自的责任。"这里的多个原因力，纵向上没有时间界定，横向上没有范围界定，因果关系上也没有界定直接原因还是间接原因。这为法官寻找更多的涉嫌原因力当事人来分担触电人身损害赔偿责任提供了极大的方便。于是，以下单位也有可能会成为赔偿主体。

1. 设计和施工单位

《电力供应与使用条例》第十五条规定，"供电设施、受电设施的设计、施工、试验和运行，应当符合国家标准或者电力行业标准。"《供电营业规则》第三十八条规定，"用户新装、增容或改装受电工程的设计安装、试验与运行应符合国家有关标准；国家尚未制订标准的，应符合电力行业标准；国家和电力行业尚未制定标准的，应符合省（自治区、直辖市）电力管理部门的规定和规程。"据此，电力设计部门如果设计不合标准和技术规定，电力建设施工单位施工不符合标准和技术规定并且损害后果的发生与其有因果关系，无论发生高压、低压触电事故，两者均可以作为赔偿责任主体。目前，电力工程建设的设计和施工还没有真正走向市场，许多电力工程设计和施工单位是电力企业或者是电力企业的辅业单位。

2. 电力客户也可能成为赔偿义务主体

高压专线客户的自有电力设施引发触电事故，客户作为产权人自然成为赔偿义务人。低压客户有时也会成为赔偿义务人。如农网改造后，由集表箱之后的表出线、套户线和进户线上发生触电事故，低压客户应为赔偿义务人。因为表后的线路产权归低压客户。

3. 违章批建的政府行政部门

土地和建设规划部门违章批准在电力设施保护区建设房屋，之后由于该房屋与电力线安全距离不足引发人身触电事故。违章批准部门也对人身触电事故有原因力，也会成为赔偿义务人。

4. 第三人

一般是在电力设施保护区违章施工的单位和个人，违法危及电力设施，造成人身触电事故。如自卸车翻斗挂线，传递物件和起重机吊臂触碰线路等。从法律关系上讲，第三人应承担过错责任，但不属于特殊侵权损害赔偿责任中的免责事由，高压电作业人仍应承担无过错责任，承责后再向第三人追偿。理由如下：一是从特殊侵权法律关系上看，高压电作业人是直接致害人，该第三人是特殊侵权法律关系以外的第三人，他和高压电作业人之间是一般侵权关系，侵害的是高压电产权人或经营管理人的财产权益，只能对高压电产权人或经营管理人承担过错责任，他和受害人之间没有直接的法律关系，不能直接承担特殊侵权的无过错责任。二是从心理态度上看，第三人和高压电产权人或经营管理人对受害人不存在共同故意和共同过失，不属于共同侵权，不能承担共同侵权的法律责任。三是特殊侵权的免责条件是法定的，不能随意扩大，但是如果分开审理要浪费司法资源且不利于调查取证，没有必要判决产权人赔偿后，再向第三人追偿。这也是《触电解释》的"原因力"之说提高效率的一面。

根据《电力法》第六十条规定，"因第三人的过错而引起的触电人身损害赔偿案件应由第三人承担赔偿责任，电力企业不承担责任。"司法实践中，如果没有免责事由，还是按照原因力之说，由各个赔偿义务人承担责任。这样避免受害人因第三人不明或第三人无力赔偿而权益得不到保护。当然，如果第三人故意利用高度危险作业致人损害的，则由第三人应承担全部赔偿责任。

综上可见，《触电解释》第二条第二款规定，"但对因高压电引起的人身损害是由多个原因造成的，按照致害人的行为与损害结果之间的原因力确定各自的责任。"权且称之为"原因力"之说吧。这一笼统模糊的"原因力"之说，导致了触电人身损害赔偿案件的赔偿义务主体复杂化。究竟谁是正确的触电人身损害赔偿义务人？

实际上谁能管控给周围环境造成高度危险的电力设施，谁就应当是义务赔偿人；谁直接危及电力设施引发触电事故谁就应当成为赔偿义务人。这比产权、收益、设计、施工的原因力作用更大、更直接，更利于案件的调查和审理。对于没有管控义务和条件的主体苛责，着实勉为其难。这如同家长把孩子送到了学校之后，孩子发生人身损害，应该由学校承担责任，因为家长已经脱离监护，无法实施监护。同理，如客户的电力设施，电力企业不是管理人，无法管控高度危险，发生事故也不应该承担责任。

四、各种赔偿义务主体的法律关系

由于"原因力"之说导致了触电人身损害赔偿案件赔偿义务主体的复杂化，同一案件中实际上包含了几种法律关系，导致法官的自由裁量范围增大。如果各种法律关系纠纷得以及时解决的话，也许人身触电案件不会发生。违章建筑不能及时拆除，导致后来引发人身触电案件，就是最现实、最普遍、最生动的例子。

（1）电力设施产权人自己使用、经营并管控电力设施的情形，理当由电力设施产权人承担其设备上发生的触电人身损害赔偿责任。

（2）设计、施工单位的设计、施工不符合国家标准和技术规定，应当是建设合同关系。在工程竣工验收之后的诉讼时效期间内就应该处理完毕，而没有理由纳入数年之后的侵权案件中来处理。这样追根究底的话，电力设备制造者，是否也该追究责任呢？显然是没有法律依据的，因为制造者与产权人是买卖合同关系。再说岁月日久运行之后，当年合格的设备和工程也许就不合格了。否则，就不必维护维修了。如果触电事故是由于设计、施工、制造而引发的，应依据合同法和产品质量责任法追究法律责任。

（3）政府行政部门的批建属于行政行为，对该违章批建的行为提起诉讼应属行政诉讼，而触电人身损害赔偿案件属于民事诉讼。另外，纠正行政行为违法的行政诉讼也有时效规定。《行政诉讼法》第三十九条规定，"公民、法人或者其他组织直接向人民法院提起诉讼的，应当在知道作出具体行政行为之日起三个月内提出。法律另有规定的除外。"实际上往往是违章批建房屋数年后发生人身触电事故。此时此刻才追诉数年之前的政府行政部门的违法批建行为早已晚矣。在知道违法批建行为的诉讼时效期间，电力管理部门或者电力设施产权人就应当提出异议、行政复议或者行政诉讼，让其收回成命并拆除违章建筑。

第二节　电力企业"管理不力"案件

在《电力法》实施十六年之久的今日，仍然提及电力企业"管理"的字眼，让人深感困惑又悲哀，既然是企业，何来的"管理"权力？可在很多案件中，就是强行认定电力企业仍然拥有"管理"权，判决其承担赔偿责任，让电力企业有苦难言，无可奈何。

一、电力企业的法律地位

《电力法》第七条规定，"电力建设企业、电力生产企业、电网经营企业依法实行自主经营、自负盈亏，并接受电力管理部门的监督。"十八年前，法律已明确了电力企业的民事主体法律地位。早在二〇〇二年九月六日，最高院在给国务院法制办《关于对〈关于查处窃电行为有关问题的请示〉答复意见的函》第三项指出，"电力法第六条第二款规定：'县级以上地方人民政府经济综合主管部门是本行政区域内的电力管理部门，负责电力事业的监督管理。县级以上地方人民政府有关部门在各自的职责范围内负责电力事业的监督管理。'也就是说，自该法 1996 年 4 月 1 日生效施行之日起，原来各级政府中实行政企合一的电力局（或称供电局、电业局等）依法不再享有行政监督管理职权，而改由各级人民政府的经济综合主管部门行使该职权，电力局在政企分开改革之后已成为独立的经济实体和市场主体，即电力企业。因此，其他行政法规、规章中关于电力局行政监督管理职权的规定与电力法和合同法不一致的，不应当继续使用。"

二、"管理不力"不是电力企业承担赔偿责任的法律依据

"管理"包括两种：一是指电力设施产权人对其所有的电力设施拥有占有、使用、收益、处分的权利，同时依法负有对其电力设施的日常维护和管理责任，属于民事上的管理；二是指电力行政管理部门对电力投资者、经营者和使用者的行政管理和监督。

1. 电力企业没有行政管理权

前已述及，电力企业是民事法律主体，没有行政管理权。原来的电力行政管理权早已移交电力行政管理部门。这一点毋庸置疑。遗憾的是，尽管立法上电力企业已非电力行政主体，而现实中却仍然被认作是电力行政管理职能的承担者。在触电案件中集中表现为以"管理不力"或者"未尽妥善履行管理职责"云云为由判令电力企业承担民事责任。法院认为的"管理"概念应当属于电力行政管理职责。电力企业并不拥有电力行政管理权，其与客户的关系是民事合同——《供用电合同》关系。退一步讲，假定电力企业的检查监督行为是行政上的管理，那也应该承担行政责任，而不是民事责任。如，交通管理部门对车主的汽车进行检测、监督等管理，但不会对其检测、监督过的汽车发生的交通事故承担赔偿责任。

　　人身触电是民事侵权案件。一个侵权行为，或者是行政侵权，或者是民事侵权。两种责任截然不同。由此可见，在触电人身损害赔偿的民事诉讼中，对没有实施民事侵权行为的电力企业，以其存在不当行政"管理"行为为由要求其承担民事赔偿责任是多么荒诞无稽。正确的做法只能是，先对案件的法律关系详加分析，根据案件主体的身份和致害电力设施的产权归属以及对电力设施的实际管控义务，先分清管理义务属民事义务还是行政职责。属民事管理的，由此引发的侵害结果应当按民事侵权追究责任；属于行政管理的，由电力行政管理部门承担责任，不可与民事诉讼的民事赔偿相混淆。人民法院在处理此类案件牵涉到电力行政管理时，可以告知受害人提起行政诉讼，而不是强行将电力企业作为电力管理行政主体身份去承担民事上侵权责任。

　　2. 电力企业没有管理他人财产的权利

　　民事法律规定，除了委托代管和无因管理的情况外，财产所有者拥有绝对物权，即为对世权，即任何人不得对其财产行使管理权，否则就是侵权。同理，电力企业没有管理客户电力设施的权利。这里的管理是指维护维修，保障设备安全运行的日常民事管理。同时，电力企业对客户所有的电力设施也没有维护管理义务，客户对其所有的设施有民事维护义务。如果客户不能维护的话，可以与电力企业签订有偿维护协议，只有在这种情况下，电力企业才对客户的设施有维护义务或者当客户的电力设施处于危急状态且其自身又不能行使管理权的时候，电力企业对其实施无因管理。

　　当然电力企业对自家的设备有"管理不力"的情形。如电力企业明知客户私自在自家供电线路上挂线窃电，没有及时制止，反而以补收电费了事，就可以认定电力企业是对上述窃电行为的追认。如果由于该窃电行为而引发第三人人身触电事故，电力企业就存在对自家电力设备管理上的过错，就应承担相应的过错责任，但不是对他人设备"管理不力"承担过错责任。

　　3. 如何理解电力企业的检查监督行为

　　由于电力生产、供应与使用的同时性，三者之间设备的物理连接和运行不可分解，因此客户的设备特性和设备故障会直接影响电网的电能质量和安全运行。如客户使用大功率换流设备，如果没有投入消除高次谐波的设备，就会给电网的电能造成高次谐波污染；客户设备的冲击负荷、波动负荷、非对称负荷等会对电网系统产生干扰，影响电网安全运行和电能质量；又如自备发电和多路供电的客户违规操动切换开关造成反送电等行为，更容易引发电力运行事故导致人身触电伤害。鉴于此，必须对其进行检查、监督，发现后通知其整改。

《电力法》第三十三条第二款规定，"供电企业查电人员和抄表收费人员进入用户，进行用电安全检查或者抄表收费时，应当出示有关证件。"《用电检查管理办法》第一条明确了电力企业用电检查监督的目的是"为规范供电企业的用电检查行为，保障正常供用电秩序和公共安全"。供电企业是公用企业，电力供应与使用涉及公共安全，其管网（线）属性决定了自然垄断经营的特征。国家基于供电企业的专业技术、设施和管理属性，通过法律法规给电力企业规定了进行用电检查监督义务。同时客户也有义务维护自己的设备安全运行。《用电检查管理办法》第六条规定，"用户对其设备的安全负责。用电检查人员不承担因被检查设备不安全引起的任何直接损坏或损害的赔偿责任。"《合同法》第一百八十三条规定，"用电人应当按照国家有关规定和当事人的约定安全用电。"接受并配合用电检查、监督，就是国家规定用电人的义务。

既不是行政管理，又无权对他人电力设备进行民事管理，那么，电力企业的用电检查监督行为如何定性呢？

供用电双方是合同关系，为了更好地履行供用电合同，实现安全、经济、连续、稳定、可靠、高效供用电的合同目的，《合同法》第六十条规定，"当事人应当按照约定全面履行自己的义务。当事人应当遵循诚实信用原则，根据合同的性质、目的和交易习惯履行通知、协助、保密等义务。"这其中包含了协作履行的原则。该原则对于供用电合同尤为重要，只有供用电双方在履行合同过程中相互配合、相互协作，合同才会得到适当履行，实现双赢。这种电力企业的检查、监督与客户的配合义务的结合，就是协作履行原则在履行供用电合同中的具体体现。

综上，管理，只能对自己的设备或者受托有偿对别人的设备进行管理。电力企业没有电力行政管理权，其行为不是行政行为，又没有对他人所有的电力设备进行民事管理的权利和义务。既然如此，为什么判决电力企业承担"管理不力"或者"未尽妥善履行管理职责"之类的责任呢？

>> 案例8-1　原告李某之女李某娟（现年12岁）于2008年3月8日上午到被告刘某开发的二楼房屋顶踢毽子，当毽子被踢到房屋相邻的平台时，李某娟跳过91厘米高的防护墙去拾毽子时被高压电击伤，随即送到医院抢救无效死亡。该起事故的10千伏高压线路是1996年某乡（现某镇）政府筹资购买电力设施，由黄庄供电所免费架设安装线路，于1998年秋季交给某乡二中使用至今。2001年12月1日，某供电公司与黄庄二中签订高压供电合同。该合同在

供电设施维护管理责任中规定："供电设施运行管理责任分界点设在黄供线26#杆处。T接点以下属于用电方。分界点电源侧供电设施属供电方，由供电方负责运行维护管理，分界点负荷侧供电设施属用电方，由用电方负责运行维护管理"。2007年冬天，刘某房屋建好后在房顶靠高压线垒防护墙，当垒到91厘米时，电管所怕施工人员出现触电事故，不让往高处垒，让刘某停止施工。另查明：刘某使用的这块地长46米，宽27米，是某镇政府抵账给的。刘某在高压线下面建房，没有办理土地使用证和准建证。在施工过程中，某镇政府也没有派人阻拦。

原审法院认为，事故高压线路是某镇政府筹资协调安装好后让某镇二中使用，某镇二中应为收益人，对李某娟的死亡应按35%承担赔偿责任。根据《供电营业规则》第四十七条规定："供电设施的运行维护管理范围，按产权归属确定，10千伏及以下公用高压线路供电的，以用户厂界外或配电室前的第一断路器或第一支持物为分界点，第一断路器或第一支持物属供电企业"。该起事故的线路维护管理应为某供电公司。对李某娟的死亡亦应按35%承担赔偿责任。某镇政府在刘某没有任何手续的情况下施工建房而不加阻拦，显然没有依法行政，对李某娟的死亡应按15%承担赔偿责任。刘某建防护墙没有采取切实可行的防护措施，曹某买房后也没有采取积极措施，导致该事故发生，对李某娟的死亡应各按5%承担赔偿责任。但原告李某没有对曹某提起诉讼，视为放弃该权利。原告李某作为李某娟的监护人没有尽到监护职责应按5%承担责任。

某供电公司上诉称：①一审法院判决认定事故线路维护管理归上诉人，并判令上诉人承担35%的责任严重缺乏事实及法律依据。出事故的电力线不仅是二中的专用电力线路，而且二中是该条线路的产权人、使用人、受益人及维护管理人。②一审法院判决结果曲解法规规定，实属使用法规不当。③上诉人对该条线路已尽到了监管职责。请求撤销原判，改判上诉人不承担本案赔偿责任。

二审院查明的事实与原审法院查明的事实相同。

二审院认为，发生事故的这段高压线路是由某镇政府筹资协调安装好后让二中使用，二中曾于2001年12月1日与某供电公司签订高压供电合同，合同约定供电设施运行管理责任分界点设在黄供线26杆处，T接点以下属于用电方。分界点电源侧供电设施属供电方，由供电方负责运行维护管理，分界点负荷侧供电设施属用电方，由用电方负责运行维护管理。按照合同，发生事故线路应由二中负责运行维护管理，但由于该线路为10千伏高压线路，某供电公司即使与二中有约定，也不能完全放弃自己的维护管理职责，故某供电公司与二中对此事故均应承担相应的责任，但原审确定的责任比例不妥，综合全案客观情况，本院认为，以各 20% 为宜。某镇政府筹资协调安装高压线路，且将高压线下的地皮抵账给刘某后，疏于管理，使被告刘某的违法建房能够顺利完成，有着不可推卸的责任。故对本案事故发生也应承担相应责任，以 20% 为宜。刘某在高压线下无证建房，同样对事故的发生存在不可推卸的责任，应承担 20% 的赔偿责任，而李某之女李某娟在高压线下的二层房顶上踢毽子，导致事故的发生，其监护人没有尽到监护职责应按 20%。某供电公司上诉理由部分成立，原审法院查明事实清楚，但责任比例划分不当，二审院做出如上纠正。应由二中、某供电公司、某镇政府、刘某各自赔偿李某死亡赔偿金、丧葬费 17 506.4 元、精神抚慰金 3000 元为宜。

评析

一审法院无视高压供用电协议中产权分界和管理维护责任划分的约定，机械地套用《供电营业规则》的产权分界条款。二审法院虽然认定发生事故线路应由二中负责运行维护管理，但又强行认为某供电公司即使与二中有约定，也不能完全放弃自己的维护管理职责，判决供电公司承担责任。

三、电力企业怎样做才算尽到了管理职责

在电力设施保护区，只要违法行为没有停止，法院就认为是电力企业没有尽到安全管理的责任。不管你是不是电力行政管理部门，不管你是否拥有强制制止的权力。试问，电力企业怎样做才算尽到了管理职责？

1. 用电检查和安全检查

用电检查和安全检查，是电力企业的一项重要的安全管理工作，但是用电检查和安全检查并非天天进行。受害人以事故发生之前电力企业没有进行用电检查或安全检查为由，让电力企业担负过错责任于法无据，因为用电检查和安全检查分为周期性的例行检查和季节性的大普查等，只要电力企业的检查周期和季节符合运行规程，应该检查到的设备缺陷和安全隐患都已查到，并给客户送达了整改通知，该项工作就是尽职尽责了。这也提醒电力企业在供用电合同中，应该是对用电检查和安全检查义务的履行方式、周期、范围、设备安全事故责任承担等内容作出明确的约定。

2. 自身的管理作为

（1）电力设施运行状况符合国家标准和技术规程

高压人身触电案件，如果电力企业是引起事故的电力设施的经营人，适用无过错责任，无过错也要承担责任。更何况，电力设施运行状况不符合国家标准和技术规程，不仅没有免责的希望，还要增加过错责任的承担。一般表现在如下方面。

线路和变台区因设计、施工不合格，验收把关不严，也有的是怠于维护，年久失修致使电力设施运行状况不符合国家标准和技术规程。如线路的对地距离，对建筑物的水平距离、垂直距离或者净空距离；变台区的变台高度不足，或者变台周围有堆积的杂物，违章建筑物成为攀爬变台的阶梯；落地式和台墩式变压器围栏高度不够、栅栏的间隔距离过大或损毁失修、门锁破坏或丢失等。

（2）尽到警示义务

《电力法》第五十三条第一款规定，"电力管理部门应当按照国务院有关电力设施保护的规定，对电力设施保护区设立标志。"《电力设施保护条例》和《电力设施保护条例实施细则》明确了电力管理部门设立电力设施保护标志和安全标志的义务。《电力设施保护条例》第十一条规定，"县以上地方各级电力管理部门应采取以下措施，保护电力设施：（一）在必要的架空电力线路保护区的区界上，应设立标志，并标明保护区的宽度和保护规定；"《电力设施保护条例实施细则》第九条规定，"电力管理部门应在下列地点设置安全标志：（一）架空电力线路穿越的人口密集地段；（二）架空电力线路穿越的人员活动频繁的地区；（三）车辆、机械频繁穿越架空电力线路的地段；（四）电力线路上的变压器平台。"尽管这两种标志的设置义务，法律法规规章都规定为电力管理部门，但是在触电人身损害赔偿案件中，法院常常以电力企业未尽警示义务为由判决电力企业承担赔偿责任。有鉴于此，有的地方法规，如《山东省电力设施和电能保护条例》第十一条干脆把设置电力设施保护和警示标志规定为电力设施产权人的义务。作为从事高度危险作业的电力企业，从保护自家财产和防止人身触电事故、降低经营成本、提高经济效益上来考虑，也应该做好保护标志和安全警示标志的设立工作，不要被动地等待"三定"不到位的地方电力行政管理部门去实施。电力企业重点在设置安全警示的标志，提醒不特定的人注意安全。如果安全措施和警示义务做的到位，发生人身触电事故后，就可能减轻或者不承担责任。《侵权责任法》第七十六条规定，"未经许可进入高度危险活动区域或者高度危险物存放区域受到损害，管理人已经采取安全措施并尽到警示义务的，可以减轻或者不承担责任。"如果管理人已经采取安全措施并且尽到警示义务的情况下，受害人未经许可进入高度危险区域，这一行为本身就说明受害人对于损害的发生具有过错或者说其甘于冒险，自担责任。这样管理人就可以减轻或不承担责任。因此，电力企业不仅要在《电力设施保护条例实施细则》第九条规定的设置场合还要在其他容易发生触电事故的场合，将"安全措施"与"警示义务"齐头并进、双管齐下，做到完美无缺。《侵权责任法》第七十六条激励电力企业更好地履行自己的安全管理义务，这样可以减轻或免除责任。

该部分详见本套丛书之《电力设施保护与纠纷处理》第二篇第五章第一节。

3. 对违章作业法律作为

对于违反电力法律法规，危及电力设施，容易导致人身触电的行为，如在电力线下违章建筑、施工、种植、堆积等，电力企业应当本着负责到底的原则，穷尽自身的安全救济措施。《电力设施保护条例实施细则》第四条规定，"电力企业必须加强对电力设施的保护工作。对危害电力设施安全的行为，电力企业有权制止并可以劝其改正、责其恢复原状、强行排除妨害、责令赔偿损失、请求有关行政主管部门和司法机关处理，以及采取法律、法规或政府授权的其他必要手段。"由此可见，电力企业可以采取如下措施。

（1）制止并劝其改正

电力企业毕竟是企业，自身可以实施的只能是"制止并劝其改正"，就是对违法人晓之以法，喻之以理，苦口婆心，劝其罢手并消除已经实施的行为后果。至于"强行排除妨害、责令赔偿损失"的措施，身为民事主体的电力企业没有权力实施。同样《电力设施保护条例》第二十四条第二款规定，"在依法划定的电力设施保护区内种植的或自然生长的可能危及电力设施安全的树木、竹子，电力企业应依法予以修剪或砍伐。"行使这个砍伐权在实际工作中也是困难重重。本来《电力法》五十三条第三款规定"在依法划定电力设施保护区前已经种植的植物妨碍电力设施安全的，应当修剪或者砍伐。"很明显应该由种植者自己砍伐为好。

（2）送达书面通知

一般情况下，制止并劝其改正不会立即奏效，电力企业的用电检查人员，针对当事人违法违章的实际情况，依据电力法律法规，拟好《安全隐患整改通知书》，其主要内容应包括违章人的主体名称，主要违法违章事实，违反的法律规定以及具体的整改措施和期限。《安全隐患整改通知书》签署部分应注明签发单位、送达人（送达人最好为两人）、送达时间以及签收人、签收时间。

《安全隐患整改通知书》应一式两份，或备有存根。在实践中，通常认为电力企业送达了《安全隐患整改通知书》已经尽到部分维护管理责任，可以减轻供电企业的部分责任。但这不意味着供电企业已完全履行了安全管理维护责任，而是应采取进一步的措施，杜绝风险。法院认为必须结合隐患的处理情况来判断供电企业是否已完全履行维护责任。

（3）书面报告有关部门并请求处理

主要报告电力行政管理部门、土地、建设规划、林业部门并请求作出相应处理。《电力法》第六十八条规定，"违反本法第五十二条第二款、五十三条和第五十四条规定，未经批准或者未采取安全措施在电力设施周围或者在依法划定的电力设施保护区内进行作业，危及电力设施安全的，由电力管理部门责令停止作业、恢复原状并赔偿损失。"《电力设施保护条例》第二十六至二十八条规定由电力管理部门作出责令停止作业、罚款、恢复原状并赔偿损失。涉及有关安全生产的，应报告并请求安全生产监督监察部门处理。鉴于此，如果供电企业在签发了《安全隐患整改通知书》后，如用户没有及时整改，应及时将此情况报告政府有关部门并请求作出处理。

《电力法》第六十九条规定，"违反本法第五十三条规定，在依法划定的电力设施保护区内修建建筑物、构筑物或者种植植物、堆放物品，危及电力设施安全的，由当地人民政府责令强制拆除、砍伐或者清除。"该条提示电力企业，要拆除违章建筑，砍伐违章种植的植物，应由政府来依法行政。甚至有的法院认为这是电力企业通过民事起诉请求拆除房屋和砍伐竹木的前置程序。

（4）提起诉讼

电力企业常常会遇到对电力设施保护区的违章行为制止无效、通知不听、投告不理、处理不做的尴尬情形，怎么办？黔驴之技就是提起诉讼，请求司法部门处理。如果情况紧急，就提请先于执行。如违章房屋或树木妨害线路运行经常造成跳闸，危及电力设施并容易导致人身触电的情形。

前已述及，电力企业以相邻关系的财产权被侵害为由提起诉讼，有时还会遇到被驳回的尴尬。如，2004年3月，合肥某供电公司提起诉讼，请求食品饮料厂拆除某35千伏线路下危及电力线路安全运行的违章建筑被某基层法院驳回起诉。上诉后，合肥中院维持原判。其理由是不符合《民事诉讼法》第一百零八条第（四）项规定，"属于人民法院受理民事诉讼的范围和受诉人民法院管辖。"和《电力法》第六十九条的规定，"违反本法第五十三条规定，在依法划定的电力设施保护区内修建建筑物、构筑物或者种植植物、堆放物品，危及电力设施安全的，由当地人民政府责令强制拆除、砍伐或者清除。"

（5）保存好所有法律作为的证据

假如电力企业从发现电力设施保护区的违法行为开始就履行了劝止、通知、报告政府及其相关部门的管理义务。在法庭上，法官说，拿证据来。电力企业此时此刻两手手空空，那么前边的一切努力，付之东流。诉讼只讲证据。因此违章建筑、种植等行为的照片、录像，证人证言、询问笔录，劝止过程记录和证人；送达《安全隐患整改通知书》的回签；给政府及相关部门的书面报告和请求存根或副本等证据要一一保存好，以备诉讼之用。

至此回答——电力企业怎样做才算尽到了管理职责：在电力设施运行状态完好，符合国家标准和技术规定的情况下，定期检查，对于在电力设施保护区内违章建筑、种植和其他作业容易引发人身触电事故的当事人，电力企业采取了制止并劝其改正、送达了书面《安全隐患整改通知书》、报告了相关政府部门并请求处理的法律救济措施，应该说电力企业已经穷尽了安全管理措施。这就应当认为电力企业"已尽妥善履行管理职责"。因为至此，电力企业可谓黔驴技穷矣。

最后告诫，电力企业必须按照如上所述，穷尽力所能及的必要的救济手段，完全尽到对电网安全运行的管理维护责任。如果自己解决不了问题，又不报告政府和相关部门并请求解决，应该认为未尽职责，应承担相应责任。

4. 电力设施产权归属不同对采取措施的影响

上述提到的措施，是指对于电力企业拥有电力设施的产权而言。如果电力设施的产权归第三人（一般是负荷较大的客户），有些措施电力企业就不便或不能采取。因为电力企业对他人的电力设施没有管理权。根据《物权法》规定，电力企业没有处置权。即使有益于客户，有益于安全，也似有越俎代庖或者侵权之嫌。

譬如，对于制止和劝其改正措施，重在晓谕法理，电力企业尚可为之，其余措施则无权实施，因为这牵涉到财产处置问题。电力企业只能告知电力设施产权人自己采取安全管理措施。至于诉讼，则不可以，因为非产权人不是适格的原告。

>> 案例 8-2 2008 年 3 月，谭某在原来二层楼房的基础上改建三层。施工人熊某在修建房屋时不慎触及到房屋上方 10 千伏高压线，导致颈部严重电烧伤。经法医鉴定结论为：熊某的损伤属于重伤为四级伤残。原告熊某遂向人民

法院起诉谭某和供电公司，请求人民法院判决两被告赔偿其住院费、营养费、护理费、误工费、交通费、残疾生活费、残疾用具费、精神损失费等二十余万元，并承担诉讼费。

审理查明，房屋上方有10千伏高压线产权属供电公司，该线路始建成时，谭某居住的是平房。2007年5月，供电公司巡视线路时发现高压电杆被被告谭某改建的二层楼房包住，房屋平台距高压线垂直距离仅1.2米，供电公司向被告谭某送达了安全检查意见书，要求立即停止建房，同时向政府有关部门反映安全隐患并要求依法拆除违章建筑。后来，报告与请求如泥牛入海，违章改建的二层楼房巍然屹立。无奈，供电公司只好加高电杆，保证了高压线对房屋平台的安全距离。事隔不到一年的2008年3月，供电公司员工巡线时发现被告谭某正在施工将房屋已加高到三层，当即下达了安全检查意见书，要求立即停止施工，封闭上房顶的通道，告知了其行为违法性，已对电力设施造成了侵害，同时向政府有关部门报告了案情并请求处理。政府有关部门迟迟未作出处理。其后，便上演了开头的触电悲剧。

法院认为，被告供电公司10千伏高压线路建设先于房屋，而且供电公司巡视线路时已经发现高压电杆为被告谭某建房包住，房屋平台距高压垂直距离仅1.2米，并且在发现后立即向被告谭某下达了安全检查意见书，要求立即停止建房，并向政府有关部门反映要求依法拆除违章建筑无果后主动加高了电杆，保证高压线对房屋平台的安全距离。但被告谭某在明知房顶上有高压线存在危险还要将房屋加高到三层，供电公司巡线时发现了又再一次下达了安全检查意见书，要求立即停止施工，封闭上房顶的通道，并向被告谭某告知了其行为的违法性和后果，同时依法向有关部门报告了安全隐患并请求处理。至此供电公司在事发前已经尽到了自己应尽的义务，所以被告供电公司不应承担责任。原告作为完全民事行为能力人，其本身应预见其行为的危险性，但由于其过于自信而造成了损害后果的产生，因此也应承担相应的责任。在法院的主持下被告谭某承担了主要责任，原告承担次要责任。原告与被告谭某在法院的主持下达成了调解协议。原告获得了62 700元的赔偿。原告撤销了对供电公司的诉讼请求。

评 析

本案被告谭某得寸进尺，房屋由二层再加高为三层。供电公司在被告谭某两次违章建筑过程中的安全管理行为，可谓仁至义尽！每一次都对被告谭某下达了安全检查意见书，告知其在高压线下建房具有高度危险性，已违反了国家法律法规，要求其停止违法行为，又向政府有关部门报告案情并请求处理，在被逼无奈的情况下还主动加高了电杆。但被告得陇望蜀，依然我行我素，加建三楼导致了损害结果的发生，具有严重过错，所以应承担主要责任。原告熊某为完全民事行为能力人，应当能预见在高压线下施工的危险，而轻信能够避免，以致触电损害结果的发生，因此也应承担相应的责任。

供电公司事前事后已尽到自己应尽的义务，且没有过错，《触电解释》第三条四项"受害人在电力设施保护区从事法律、行政法规所禁止的行为。"电力设施产权人供电公司不承担民事责任。法院采取调解的方式解决纠纷，一方面有利于执行，另一方面化解了矛盾，双方也不伤和气，利于社会稳定，同时也节约了诉讼成本。

第三节 雇佣、承揽、劳动关系、连带责任案件

在触电人身损害赔偿案件中，大多是雇佣关系的当事人或者建房工程承包（承揽）关系中的当事人为受害人。以上关系一般为合同关系，而人身触电是侵权关系，高压触电是特殊侵权关系。在该类案件中的赔偿义务人应如何确定，应当视原告的选择而定。其次是判决电力企业与其他被告承担连带赔偿责任问题，不乏拖住电力大户，便于案件执行之嫌，有待于再析连带责任。

一、雇佣活动中的触电案件

1. 雇佣

雇佣是指从事雇主授权或者指示范围内的生产经营活动或者其他劳务活动。雇员听从雇主的组织安排和指示，使用雇主的劳动资料进行劳动，按照劳动工时（月、日）接受报酬。

2. 雇佣关系的人身损害责任承担

《侵权责任法》第三十五条规定，"个人之间形成劳务关系，提供劳务一方因劳务造成他人损害的，由接受劳务一方承担侵权责任。提供劳务一方因劳务自己受到损害的，根据双方各自的过错承担相应的责任。"《人损解释》第九条规定，"雇员在从事雇佣活动中致人损害的，雇主应当承担赔偿责任；雇员因故意或者重大过失致人损害的，应当与雇主承担连带赔偿责任。雇主承担连带赔偿责任的，可以向雇员追偿。"第十一条规定，"雇员在从事雇佣活动中遭受人身损害，雇主应当承担赔偿责任。雇佣关系以外的第三人造成雇员人身损害

的，赔偿权利人可以请求第三人承担赔偿责任，也可以请求雇主承担赔偿责任。雇主承担赔偿责任后，可以向第三人追偿。雇员在从事雇佣活动中因安全生产事故遭受人身损害，发包人、分包人知道或者应当知道接受发包或者分包业务的雇主没有相应资质或者安全生产条件的，应当与雇主承担连带赔偿责任。"综上可见，①雇佣劳务关系中雇员本人遭受人身损害的，雇主承担责任。雇员在劳动过程中违反雇主的指示或者有重大过失的，可以减轻雇主的责任。②雇佣劳务关系中雇员致人人身损害的，与雇主承担连带责任。雇主承担责任后向雇员追偿。就电力设施保护区建房案件的雇工人身损害的责任应当由雇主承担。如果建房者有过错，与雇主共同承担连带责任。

3. 人身触电案件中原告起诉雇佣关系

如果雇佣关系中的触电受害人选择雇佣关系起诉，就应当按照雇佣关系审理。这种情况下，电力设施产权人不是雇佣关系的当事人，不应该被追加为被告。这也是尊重原告的自治权利。当然，如果原告选择侵权关系起诉，另当别论。

▶▶ 案例8-3　张某，男，23岁，受雇于某广告公司。2007年9月26日，张某接受公司指派，在大连某工地安装布面广告牌匾。当张某攀到广告铁架的最上端时，双手被铁架上方的高压线击中，造成严重烧伤。事故发生后，张某立即被送往医院救治，从受伤到出院，共花费医疗费50 390元。

张某找到广告公司要求赔偿，而广告公司却让张某先垫付医疗费，并言称既然被高压线电击，就应该找供电公司赔偿。在这种情况下，张某作为原告，将广告公司推上被告席，而广告公司又请求追加供电公司为被告。

法院认为，原告是选择雇佣关系起诉被告的，是雇佣合同关系。供电公司不是雇佣合同的当事人，广告公司不是本案原告，诉供电企业无任何法律依据，此案唯一被告只能是广告公司，遂将供电公司排除被告之列。张某按照被告的指示，为被告安装广告牌匾，所以由此而产生人身损害，广告公司应当承担相应的赔偿责任。同时，原告在安装中，无视危险的存在，违反安全作业规程，又未采取安全措施，具有一定过错，也应当承担一定责任。

法院一审判决广告公司在判决生效十日内赔偿原告张某医疗费用40 312元。

评 析

该案审判实属凤毛麟角的"另类"。但是从法理上无懈可击。法院一是尊重了原告对诉讼关系的选择，二是没有随波逐流按照《触电解释》的"原因力"之说，将雇佣合同关系和特殊侵权关系混淆在一起，分摊责任。

启　示

由于高压电人身触电案件适用"无过错责任"，受害人动辄将电力企业推上被告席，法院也乐此不疲，追加电力企业为被告，导致电力企业冤枉地承担责任。但是只要法院在审理高压触电案件时依法办事，电力企业可以排除被告之列。

二、承包（承揽）活动中的触电案件

说到承包（承揽）就要提及发包（定做）。

1. 承包（承揽）

（1）承包是承揽包工的意思，以本单位的组织管理措施和技术、设备、人工承揽工程施工或劳务的行为。一般是承包工程施工和劳务。发包工程（劳务）的一方就是发包方。

（2）承揽是承揽人按照定作人的要求完成工作，交付工作成果，定作人给付报酬的行为。承揽包括加工、定作、修理、复制、测试、检验等工作。承揽人应当以自己的设备、技术和劳力，完成主要工作，但当事人另有约定的除外。

2. 承包（承揽）关系的人身触电损害责任承担

承包人（承揽人）在完成施工（劳务）或工作过程中对第三人造成损害或者造成自身损害的，发包人（定作人）不承担赔偿责任。但发包人（定作人）对发包（定作）的指示或者选任有过失的，应当承担相应的赔偿责任。《人损解释》第十条规定，"承揽人在完成工作过程中对第三人造成损害或者造成自身损害的，定作人不承担赔偿责任。但定作人对定作、指示或者选任有过失的，应当承担相应的赔偿责任。"

3. 人身触电案件中原告起诉承包（承揽）关系

如果在承包（承揽）关系中的触电受害人选择承包（承揽）关系起诉，就应当按照承包（承揽）关系审理。这种情况下，电力设施产权人不是承包（承揽）关系的当事人，不应该被追加为被告。

▶▶ **案例8-4**　2008年2月，鲁城县陶堰镇的金某包下该镇一汽车公司广告牌的拆除和安装工作。同月23日，他雇来同村的陶某和另一村民着手广告牌

的安装工作。3月4日下午，在广告牌安装完毕后，陶某和金某一道移动安装广告牌的梯子（高约6.4米左右）时，触碰到上面的高压线，陶某当即被电击伤。随后，他被迅速送往鲁城第二医院住院治疗。84天后陶某出院。

经鉴定，陶某被电击伤后，双足十趾功能完全丧失，左上肢神经损伤，遗留的左腕关节功能完全丧失，被评定为六级伤残。他将汽车公司和金某一并告上县人民法院，并提出17万元的赔偿请求。

汽车公司辩称，金某在承接为公司制作广告牌的业务后，公司便与金某构成了定作与承揽的关系。此关系形成后，直到广告牌制作验收完毕，金某只需一次性向汽车公司结算制造费，其所得收入便全部归他个人所有。在此期间，金某自招劳务人员制作广告牌并支付报酬的行为与公司无关。另外，公司既不认识陶某，更没有与他签订劳务关系协议，没有任何权利义务关系，因此，陶某不应将汽车公司列为被告。

金某辩称，他只是个农民，没有制作和安装灯箱的资格，也没有承包安装广告的能力。他是接到汽车公司的电话，让他找人为公司安装灯箱广告，并由公司为他们支付工资的，只不过工人的工资是由他本人代领。因此，他与陶某等人一样都是受汽车公司雇佣的，他与公司的关系不是承揽与定作的关系。金某同时认为，实际侵权人应当是触电高压线的实际产权人供电公司，法院应当追加其为被告。

法院审理查明，陶某的工作内容是拆除、安装广告牌，报酬是每天80元，由金某支付，广告牌则由汽车公司提供。而金某自己也承认，他安装广告牌的梯子是向其他人借的，他所领取的报酬是在工作完成之后与汽车公司结算，再由他支付给其他人的。

根据以上事实，法庭认定，陶某为金某提供劳务，受金某管理、指挥，工作内容由金某决定，工具由金某提供，报酬由金某支付，完全符合雇佣关系的成立和生效要件。陶某在从事雇佣活动中遭受人身伤害，雇主金某应当承担赔偿责任。至于两被告间的关系，因为金某须按汽车公司的要求完成广告牌的拆除和安装任务，而且由金某独立完成。双方没有管理与被管理的关系，金某向汽车公司交付特定工作成果后结算报酬。因此，双方成立承揽合同关系。汽车公司将广告牌拆、装业务交由未取得相应资质，也不具备安全生产条件的金某完成，选任上有过错，应当承担连带赔偿责任。由金某承担60%，汽车公司承担40%。

评析

（1）本案的定作方选任了无资质的金某作为承揽人有过错，涉及承揽与雇佣双重关系。金某对陶某承担无过错责任，汽车公司对陶某承担过错责任。

（2）法院没有采纳金某的请求追加供电公司为被告，而是尊重了原告选择承揽雇佣的关系。因为原告不是以高压触电的特殊侵权为由起诉的，法院追加公司没有依据。

三、劳动关系中的触电案件

1. 劳动关系

中华人民共和国境内的企业、个体经济组织、民办非企业单位等组织（以下称用人单位）自用工之日起，即与劳动者建立了劳动关系，通过签订劳动合同进一步确认这种劳动关系。

2. 劳动关系的人身损害责任承担

根据《社会保险法》规定，职工因工作原因受到事故伤害或者患职业病，且经工伤认定的，受工伤保险待遇；其中，经劳动能力鉴定丧失劳动能力的，享受伤残待遇。

（1）因工伤发生的下列费用，按照国家规定从工伤保险基金中支付：①治疗工伤的医疗费用和康复费用；②住院伙食补助费；③到统筹地区以外就医的交通食宿费；④安装配置伤残辅助器具所需费用；⑤生活不能自理的，经劳动能力鉴定委员会确认的生活护理费；⑥一次性伤残补助金和一至四级伤残职工按月领取的伤残津贴；⑦终止或者解除劳动合同时，应当享受的一次性医疗补助金；⑧因工死亡的，其遗属领取的丧葬补助金、供养亲属抚恤金和因工死亡补助金；⑨劳动能力鉴定费。

（2）因工伤发生的下列费用，按照国家规定由用人单位支付：①治疗工伤期间的工资福利；②五级、六级伤残职工按月领取的伤残津贴；③终止或者解除劳动合同时，应当享受的一次性伤残就业补助金。

3. 人身触电案件中受害人起诉劳动关系

在触电案件中，如果受害人以劳动关系起诉，进行工伤保险索赔的，则不应当扯进特殊侵权关系，即人身触电损害赔偿。以上为两个法律关系，不宜合并审理。

》》案例8-5 1998年9月被告国威公司招聘原告张某为雨篷安装工，口头约定月工资600元，加班另行计算。1999年6月6日8时许，张某受国威公司指派，与工友顾某一起为城南信用社拆换三楼窗外的雨篷，因拆下的雨篷架碰到窗外的高压线，使张某被电击伤。因张某四肢、背部、臀部被高压电严重灼伤，且两上肢中下段肢体坏死，于 6 月 9 日两上肢作了高位截肢术。1999 年 9 月 8 日，张某向市劳动仲裁委员会申请仲裁，9 月 10 日，仲裁委以国威公司无营业执照，不具备法人资格为由不予受理。同年 9 月 14 日，张某向一审法院提起诉讼，诉请法院判令倪某、供电公司赔偿张某住院伙食补贴、工伤津贴、护理费、伤残抚恤金、被赡养人生活补助费、精神赔偿费、安装假肢费、今后治疗费、交通费等合计 2 088 408 元。

被告倪某辩称：张某被高压电击伤属实，但赔偿主体应是国威公司，不应由倪某个人承担赔偿责任。

被告供电公司辩称：张某与倪某是劳动关系，是工伤事故损害赔偿纠纷。张某与供电公司是侵权赔偿关系，这两种不同法律关系不能一并审理。且张某的损伤，供电公司是没有任何过错的，线路架设是符合法律规定的，故请求法院驳回对供电公司的起诉。国威公司指示张某擅自在线路的保护范围内，未经有关电力部门审批违章作业，不仅对张某造成伤害，且破坏了电力设施，我们有权要求国威公司和张某对电力设施破坏承担赔偿责任。

本案经过一审、发回重审、二审和再审，法院认为张某受雇于国威公司从事安装雨篷工作，1999 年 6 月 6 日在城南信用社拆换三楼雨篷的劳动中被高压电击伤，造成一级伤残，事实清楚，国威公司作为张某的用人单位，应当承担民事赔偿责任。国威公司系倪某夫妇和倪某三弟于 1995 年创办，一年后，倪某三弟退出国威公司，该公司实成为倪某私人企业。由于国威公司利益与倪某个人利益一体化，故应由倪某与公司共同承担民事赔偿责任。倪某要求由国威公司单独承担民事责任的理由不足，本院不予支持。判决国威公司和倪某赔偿张某 883 109.25 元，并相互承担连带责任。此款于本判决生效后一个月内付清（预支款按收据扣除）。

评　析

本案张某的人身损害涉及有两个法律关系：一是张某与国威公司的劳动法律关系，适用《劳动法》、《社会保险法》等有关雇佣劳动法律法规规定；二是张某、倪某、国威公司与供电公司、城南信用社的侵权法律关系，适用《民法通则》、《触电解释》等人身侵权相关法律规定。本案原告张某是以劳动雇佣关系提出的人身损害赔偿，故只能判定雇佣单位国威公司和雇主倪某承担民事赔偿责任。原一、二审认定"张某与国威公司、倪某系劳动合同关系；张某、国威公司、倪某与城南信用社、供电公司系侵权赔偿关系，不宜一并审理"并无不当。至于城南信用社、供电公司对事故发生是否应承担民事赔偿责任，可通过另行诉讼予以解决。

四、起诉法律关系的选择对审理与判决的影响

1. 受害人选择起诉法律关系确定了案件的实体法律关系

法院应当尊重当事人诉讼权利的行使，不可依职权强行追加电力企业为被告。因为案件的实体法律关系不同，举证责任、赔偿项目等也不同，这会直接影响判决结果。如，举证责任，选择雇佣合同关系起诉或者特殊侵权关系，不需证明雇主或电力设施产权人主观上有过错，就可以要求其承担赔偿责任；选择一般侵权关系起诉，原告须就各侵权人的主观过错、行为与损害后果之间的因果关系等进行举证，举证责任相对重一些。在赔偿范围上，选择合同关系之诉，重在补偿损失，选择侵权之诉可以请求精神损害赔偿。

2. 法院对原告选择起诉法律关系的作为

法院在起诉之初可以对当事人就法律关系的选择和被告的确定行使释明权，最终把起诉谁和不起诉谁的决定权留给原告自己。如，向当事人释明，对人身触电案件中有多层法律关系、存在违约责任和侵权责任竞合时，可以选择其中一种最有利的法律关系来主张自己的权利，原告可以按侵权关系起诉电力企业和其他侵权人，也可以雇佣合同关系起诉雇主违约要求其承担赔偿责任。根据《合同法》第一百二十二条，"因当事人一方的违约行为，侵害对方人身、财产权益的，受害方有权选择依照本法要求其承担违约责任或依照其它法律要求其承担侵权责任。"就是说在违约责任与侵权责任竞合时，受害人只能择一诉权行使，或提起违约之诉，或提起侵权之诉，不能同时行使两个诉权。不能在雇佣关系中将侵权关系的当事人混在一起作为共同被告。

>> **案例8-6** 2008年2月，某村农民刘某盖房时，把施工任务发包给王甲和王乙。王甲和王乙为赶任务雇佣彤彤为小工。施工负责人为王甲、王乙。彤彤的工钱由王甲、王乙发给。7月11日，彤彤在施工时触电致伤，在送往医院抢救时死亡，时年30多岁，未婚。由于彤彤生前与父母共同生活，并承担父母的主要生活费用，所以，彤彤的死亡使其二老断绝了主要生活来源。事故发生后，彤彤父母与被告房主刘某和王甲、王乙协商赔偿事宜，但三被告均拒绝赔偿并恶语中伤原告及亲属。彤彤的父母向某区法院提起了诉讼，请求判令三被告赔偿原告各种损失128 863元。上述金额由三被告承担连带赔偿责任。

被告房主刘某辩称，自己不应承担责任。因自己与王甲、王乙之间是承揽关系，自己在盖房中是发包人，王甲、王乙是承包人，彤彤的工资是由王甲、王乙发放的。

某区法院审理后认为，公民享有生命健康权，因生命健康受到侵害时有权要求侵权人赔偿损失。原告之子彤彤在为刘某建房中触电致死，和王甲、王乙之间系雇佣关系。按照法律规定，雇员在从事雇佣活动中遭受人身损害，雇主应当承担无过错责任。为此，被告王甲和王乙应对彤彤的死亡赔偿承担连带责任。被告房主刘某作为发包人，将房屋建筑任务发包给没有建筑资质的被告王甲和王乙，在对承包人的选择上存在过错，所以，也应与被告王甲和王乙承担连带赔偿责任。鉴于上述依据，某区法院依法判决如下：一、被告王甲和王乙于判决生效后十日内支付原告方各种损失118 205元。二、被告房主刘某和上述二人互负连带责任。但是本案2009年5月生效后，虽说死者彤彤的父母三番五次索要，但上述三名被告人一直拖到2010年4月拒付判决赔偿。无奈，彤彤的父母又申请强制执行。某区法院派出执行局里的精兵强将，经过3个多月多次找被告人晓谕法理。最终三名被告人履行了赔偿判决。

评析

本案法院把起诉谁和不起诉谁的决定权留给了原告自己，没有主动追加高压线路的产权人为被告。但是就本案而言，如果房主不是在电力设施保护区违章建房或者电力设施产权人有过错，选择雇佣关系起诉，执行难度就大。死者父母的活命钱拖延两年多才得以执行到位，对于保护受害人父母的合法权益不利。

>> 案例8-7　　原告刘某系被告闫某雇佣的司机，为闫某拉钢渣，月工资1200元。2007年4月7日下午，原告刘某驾驶被告闫某的解放牌自卸车到瑞天铸造集团5吨炉拉钢渣，刚出车间门口，王某承包的磁选砂厂的职工李某让刘某把磁选砂厂的废铁拉到5吨炉。刘某答应卸完钢渣就去拉废铁。当刘某驾车来到磁选砂厂为王某拉废铁，装车前他先把车厢升起，想把残留的钢渣倾倒干净，不料，车厢碰到了磁选砂厂上方的10千伏高压线路，造成触电人身损害。

原告刘某称，他在瑞天铸造集团厂区内触电受伤，应当由高压线路产权人瑞天铸造集团承担全部责任；作为闫某的雇员，在给王某干活时受伤，闫某、王某应在瑞天铸造集团履行不能的范围内，承担适当的补充责任。原告要求赔偿各项损失共计 74 万元。

　　本案经过一审判决生效后又启动了再审程序。

　　再审合议庭评议又经院审判委员会讨论后认为：当事人对刘某在瑞天铸造集团下属分公司厂区被高压电致伤的事实，对导致刘某触电的 10 千伏高压电线产权人为瑞天铸造集团的事实，对刘某与闫某之间是雇佣关系和给王某干活的事实，均没有异议，本院予以确认。刘某起诉时要求高压线路的产权单位瑞天铸造集团，雇主闫某、与事件有间接因果关系的王某赔偿各项损失共计 74 万元，既主张了触电人身损害的法律关系，又主张了雇员受损害的法律关系，还主张了间接关系人赔偿，属于主张多重法律关系竞合。原审庭审时刘某明确选择按触电人身损害的法律关系要求赔偿，原审判决电力设施的产权人瑞天铸造集团依照《民法通则》第一百二十三条的规定承担民事责任，赔偿刘某被电击伤所造成的相应的经济损失，定性准确。但刘某作为完全民事行为能力人，在高压线下作业，没有尽到足够的注意义务，自身也有一定的过失，应减轻瑞天铸造集团赔偿责任。于是判决，原审被告瑞天铸造集团承担 90% 责任（共计人民币 589 144.16 元），原审原告承担 10% 的责任。

评析

　　该案判决是严重的倒个错判。

　　（1）该案原告在电力设施保护区从事了法律、法规所禁止的行为。《电力法》第五十四条规定，"任何单位和个人需要在依法划定的电力设施保护区内进行可能危及电力设施安全的作业时，应当经电力管理部门批准并采取安全措施后，方可进行作业。"《电力设施保护条例》第二十六条规定，"违反本条例规定，未经批准或未采取安全措施，在电力设施周围或在依法划定的电力设施保护区内进行爆破或其他作业，危及电力设施安全的，由电力管理部门责令停止作业、恢复原状并赔偿损失。"显而易见，原告在电力设施保护区违法作业，根据《触电解释》第三条第四项，作为被告的电力设施产权人，不承担责任。其损害补偿由雇主和受益人补偿。

　　（2）本案原告起诉的是多重法律关系，即《触电解释》的第二条第二款规定的多原因力案件。法院以法律关系竞合为由，单一选择了"大户"电力设施产权人为赔偿义务人，规避掉雇佣和受益关系。即使如此，按照原告具有间接故意论，其应自担全部责任；就算是重大过失的话，原告也应当承担主要责任70%～90%。

五、电力企业应负连带责任的触电案件

有的法院审理触电人身损害赔偿案件为了顺利执行，便牵强附会地判决电力企业这个大户与其他执行能力差的被告一起承担连带责任。实际上在高压触电案件中，如此判决不符合连带责任的法律规定。

1. 连带责任

《民法通则》第一百三十条规定，"二人以上共同侵权，造成他人损害，应当承担连带责任。"《侵权责任法》第八条规定，"二人以上共同实施侵权行为，造成他人损害的，应当承担连带责任。"这里所指的承担连带责任的情况是指狭义的、典型的共同侵权行为。其特征包括：①共同加害人为二人或二人以上；②共同过错；③有意思上的联络或行为上的关联；④同一损害结果；⑤共同加害行为与损害结果之间有因果关系。《侵权责任法》第八条规定，"二人以上共同实施侵权行为，造成他人损害的，应当承担连带责任。"第十一条规定，"二人以上分别实施侵权行为造成同一损害，每个人的侵权行为都足以造成全部损害的，行为人承担连带责任。"如果行为人主观具有关联性，存在共同故意或者共同过失，应当适用第八条的规定。如果满足如下条件则适用第十一条规定：①二人以上分别实施侵权行为。施侵权行为的数个行为人之间不具有主观上的关联性，各个侵权行为都是相互独立的。每个行为人在实施侵权行为之前以及实施侵权行为过程中，没有与其他行为人有意思联络。②造成同一损害后果。"同一损害"指数个侵权行为所造成的损害的性质是相同的，都是身体伤害或者财产损失，并且损害内容具有关联性。③每个人的侵权行为都足以造成全部损害。"足以"并不是指每个侵权行为都实际上造成了全部损害，而是指即便没有其他侵权行为的共同作用，独立的单个侵权行为也有可能造成全部损害。至于《侵权责任法》第十条"二人以上实施危及他人人身、财产安全的行为，其中一人或者数人的行为造成他人损害，能够确定具体侵权人的，由侵权人承担责任；不能确定具体侵权人的，行为人承担连带责任"，是对共同危险行为的规定，其要件之一是不能确定具体加害人。在人身触电案件中具体加害人是可以确定的，高压电力经营人作为共同危险行为人，不必承担连带责任。

综上，在高压触电案件中，电力企业的高压电力设施是静态的，电力企业是不作为的，与其他侵害人没有共同过错和意思联络，更没有行为上的关联。具体的加害人也是可以确定的，因此，就应当排除连带责任。

2. 连带责任承担方式

《侵权责任法》第十三条规定,"法律规定承担连带责任的,被侵权人有权请求部分或者全部连带责任人承担责任。"第十四条规定,"连带责任人根据各自责任大小确定相应的赔偿数额;难以确定责任大小的,平均承担赔偿责任。支付超出自己赔偿数额的连带责任人,有权向其他连带责任人追偿。"如果数个加害人承担连带责任,受害人可以同时向数个加害人请求赔偿,也可以向某一个加害人请求赔偿,某一个债务人承担了全部债务后,再向其他债务人追偿。这也正是法院乐于判决电力企业与其他侵害人共同承担连带责任的原因。

3. 无意思联络的共同侵权行为

电力企业与其他侵害人没有共同过错和意思联络,更没有行为上的关联,充其量属于广义的共同侵权行为中的无意思联络的共同侵权行为。《侵权责任法》第十一条规定,"二人以上分别实施侵权行为造成同一损害,每个人的侵权行为都足以造成全部损害的,行为人承担连带责任。"属于无意思联络的数人侵权之规定。在高压触电案件中,在没有电力运行事故的情况下,高压电力经营人的单方不作为不会造成被侵害人的全部损害,无须承担连带责任。在有第三人介入事故的情况下,应当承担按份责任。也就是"多因一果"行为,指数个行为人无共同过错,但其行为间接结合导致同一损害结果发生的侵权行为。"多因一果"行为通常是几个与损害结果有间接因果关系的行为,与另一个同损害结果有着直接因果关系的行为间接结合,导致同一损害结果的发生。这种"多因一果"共同侵权责任承担,《侵权责任法》第十二条规定"二人以上分别实施侵权行为造成同一损害,能够确定责任大小的,各自承担相应的责任;难以确定责任大小的,平均承担赔偿责任。"《触电解释》第二条第二款是这样规定的,"但对因高压电引起的人身损害是由多个原因造成的,按照致害人的行为与损害结果之间的原因力确定各自的责任。致害人的行为是损害后果发生的主要原因,应当承担主要责任;致害人的行为是损害后果发生的非主要原因,则承担相应的责任。"明确了"按照致害人的行为与损害结果之间的原因力确定各自的责任"。注意"各自"二字,而不是连带责任。

该部分进一步的理论问题,参见本篇第九章第二节"二、多原因案件"。

>> 案例 8-8 2005 年 11 月 6 日原告诚诚(8 岁)和另外两名小朋友在上岩村北玩耍时,原告踩着变台架东侧的土堆和砖块爬到了位于上岩村北 500 米路东的变压器平台上,碰触到东边相的高压套管,被高压电击伤。该变压器台架

高 1.75 米，东侧堆有不规则土堆，散放有砖块，产权归被告上岩村委会，主要用于农灌及附近一石子厂用电，没有安全警示标志。

一审法院认为，本案原告违反《电力设施保护条例》第十四条第五项之规定，擅自进入电力设施保护区，并攀爬到变压器台架上，触摸高压套管，以致被高压电击伤，被告上岩村委会作为该电力设施产权人本应不承担民事责任，但考虑到被告上岩村委会虽然按法律规定标准安装了变压器，但未尽到管理、维护义务，致使该变压器台架附近堆有土堆，散放有砖块，使该变压器处于一种危险状态，对事故的发生存在一定的过错，应承担一定的赔偿责任，即 30%。

原告系无民事行为能力人，其监护人却疏于行使监护职责，致使原告闯入电力设施安全保护区域内，被高压电击伤，对原告的损失应承担主要责任，即 70%。

被告上岩村委会虽辩称该高压线路已经农网改造，产权已归供电公司，因其未提供足以证明该设施确系经过农网改造，并已移交供电公司管理的有效证据。且在本案审理过程中，供电公司出具证明，证明到目前为止省电力公司还没有安排和布置农村集体电力资产移交工作，农村电力排灌尚未列入改造范围。法院对被告上岩村委会辩称不予采纳。原告虽主张被告供电公司负有维护、管理职责，应当与被告上岩村委会承担连带赔偿责任，但未提供有效证据，被告上岩村委会也未举证证明将该变压器委托被告供电公司代管，被告供电公司又予以否认，故对原告该主张不予支持。

原告的损失共计 813 753.15 元。被告上岩村委会承担 30% 的赔偿责任，即 244 125.95 元，赔偿精神损失 1 万元。其余 70% 款项由诚诚的监护人自担。被告供电公司不承担赔偿责任。

原告和被告上岩村委会不服一审判决提起上诉。原告上诉称：《代管协议书》、电费发票及电工刘某的证言足以证明供电公司对事故变压器有管理维护义务，供电公司不具有法定的免责事由，应当与村委会承担连带赔偿责任；原审错误认定上诉人实施了行政法规所禁止的行为，由上诉人自行承担 70% 的赔偿责任明显有误。

二审认为：公民享有生命健康权，侵害公民生命权的应承担赔偿责任。致害人的行为是损害后果发生的主要原因，应当承担主要责任；致害人的行为是损害后果发生的非主要原因，则承担相应的责任。上岩村委会上诉称，原归其所有的涉案事故变压器已经移交给供电公司所有，依据"谁主张谁举证"的民事诉讼原则，上岩村委会对主张电力设施产权变更的事实负有相应的举证责任，因其在诉讼中没有提供涉案变压器产权已经移交给供电公司的相关证据，上岩村委会应承担举证不能的法律后果，原审据此认定上岩村委会作为电力设施产权人承担民事责任并无不当，上岩村委会提出的免责理由不能成立，本院不予支持。

关于本案民事责任划分的问题。原告作为诚诚的法定监护人，未尽到对未成年人诚诚的监护、保护职责，其监护不力也是诚诚发生触电人身伤害的原因，依照《民法通则》第一百三十一条的规定，可以减轻电力设施产权人上岩村委会的赔偿责任，但原审判决原告诚诚的监护人自行承担70%民事责任不妥，有悖于以人为本的司法理念，本院予以纠正，结合事故现场的实际情况和诚诚监护人的过错程度，应以上岩村委会承担60%的民事责任，原告诚诚的监护人自担40%的民事责任为宜。

关于供电公司是否应当承担赔偿责任的问题。最高人民法院《人损解释》第三条规定，二人以上共同故意或者共同过失致人损害，或者虽无共同故意、共同过失，但其侵害行为直接结合发生同一损害后果的，构成共同侵权，应当依照《民法通则》第一百三十条的规定承担连带责任。供电公司一审中提供了其与上岩村委会签订的《代管协议书》，协议书约定，电力设施产权仍归上岩村委会所有，并由上岩村委会承担人身伤害责任，同时也明确了供电公司作为电力设施的管理人负有维护、管理职责。本案事故中，供电公司虽按照司法解释依产权归责的规定不直接对诚诚的触电人身损害后果承担民事责任，但其未对事故线路尽到管理维护职责，为本案触电人身伤害事故发生创造了一个条件，对此，供电公司可在上岩村委会承担的赔偿责任份额内承担50%的民事责任。

二审上诉人诚诚监护人提起申诉。主要理由及请求：①原审适用法律错误，本案的监护人不应分担责任，二被申请人应当承担全部责任。②二被申请人应当承担连带责任，而非按份责任。③二审法院支持的部分赔偿数额残疾用具费、护理费、精神损害抚慰金过低。请求依法改判或发回重审。

再审与二审的理由如出一辙，维持了二审判决。

评析

本案再审不负责任，不无官官相护之嫌。

（1）《人损解释》第三条第一款规定，"二人以上共同故意或者共同过失致人损害，或者虽无共同故意、共同过失，但其侵害行为直接结合发生同一损害后果的，构成共同侵权，应当依照《民法通则》第一百三十条的规定承担连带责任。"什么叫侵权行为直接结合？那就是难以分割的行为。人身触电案件，作为产权人和管理人的行为，都表现为"不作为"形式。管理人与被管理人，二者的"不作为"行为具有密切的关联性，且与触电有因果关系。如果说"不作为"形式的行为就不必承担责任的话，电力设施产权人就都不用承担责任了。因为电力设施产权人在人身触电案件中大都是"不作为"的。"不作为"也是一种法律行为方式。其次，关键是高压电力设施的高度危险性本身就是人身触电的直接原因。本案二被上诉人实际上都负有管理职责和安全责任，不过这是其内部协议约定分担，对外无效。法院不宜按照本案二被申请人之间的《代管协议书》作5：5责任划分。划分的依据是什么？那是内部民事约定，不是法律依据，不宜根据协议分割责任比例。至于供电公司的追偿问题，可以依据《代管协议书》，另案起诉。根据客观说，从民法的补偿填平理念和保护受害人的合法权益出发，应该判决连带责任。

（2）判决申请人承担40％的责任过高，应当明确的是《触电解释》第三条第（四）项的免责规定不适用无民事行为能力人。本案上岩村村委会基于涉案变压器产权人承担无过错责任，基于疏于管理的过错与供电公司承担连带责任。如变台高度不足2.5米、东侧堆有不规则土堆，散放有砖块。二被申请人应当承担90％或全部责任。

（3）残疾用具费偏低和精神损害赔偿过低。

第四节　多家责任一家担

人身触电事故的发生具有随机性，诸多触电事故发生在多家单位违法行为或者违法行政多年之后。时过境迁，当年的真凭实据如烟花流云，难以重新捕捉，但是跑不脱的则是电力企业，线路仍在，供电依旧。这样就造成了多家责任一家担的现实。

一、与供电企业相关的部门

在司法实践中，经常会遇到事故发生的原因是由多方面因素引起的，同时牵扯了多个相关部门，比如电力管理部门、城建规划部门、土地房管部门、林业部门等等。多是由于这些管理部门没有尽到相应的职责或者违法行政，而给在电力设施保护区从事违法行为者开放了绿灯，遗留后患，引发事故。

二、政府各部门与触电人身伤亡案件的因果关系与法律义务

1. 电力管理部门和人民政府

《电力法》第六十八条规定，"违反本法第五十二条第二款和第五十四条规定，未经批准或者未采取安全措施在电力设施周围或者在依法划定的电力设施保护区内进行作业，危及电力设施安全的，由电力管理部门责令停止作业、恢复原状并赔偿损失。"电力管理部门对在电力设施保护区内违章建筑、种植、堆放和进行危及电力设施的作业有权责令违章行为人停止作业、恢复原状并赔偿损失或处以罚款。第六十九条规定，"违反本法第五十三条规定，在依法划定的电力设施保护区内修建建筑物、构筑物或者种植植物、堆放物品，危及电力设施安全的，由当地人民政府责令强制拆除、砍伐或者清除。"当地政府承担强制拆除、砍伐或者清除的强制执行责任。

电力企业发现在电力设施保护区的违法活动，一般会现场耐心劝导和制止，劝止无效，就送达《安全隐患整改通知书》或《用电安全检查通知书》等督促整改，进而采取增加安全警示标志等管理措施。不管是否取得了建筑或其他施工的审批手续，多数违法行为人对制止不理，通知不听，对安全警示视而不见。到了这一步，电力企业就书面报告电力管理部门并请求处理。就归口管理而言，电力企业做到这步田地，可谓仁至义尽。实际上电力企业往往还根据案情所涉部门跨口报告土地、城建规划或者林业等部门并请求处理。这是否是僭越行为，姑且不论，至少怀有保护公众生命健康和电力设施的一片责任心。

电力管理部门应对违法行为采取停止作业、恢复原状并赔偿损失或处以罚款的行政措施。或者根据案情，商请相关部门收回成命，撤销相应的行政行为，如撤销批建手续和证书等。需要拆除、清除的应报告政府相关部门强制执行。但往往是因为电力管理部门和政府其他相关部门不作为，贻误时机，事故就发生了。

2. 城建规划和土地房管部门

《电力设施保护条例》第二十三条规定，"电力管理部门应将经批准的电力设施新建、改建或扩建的规划和计划通知城乡建设规划主管部门，并划定保护区域。城乡建设规划主管部门应将电力设施的新建、改建或扩建的规划和计划纳入城乡建设规划。"或许是因为当地政府在建设规划方面没有相关部门组成的会签制度，或许是因为利益驱动，在电力设施保护区批建建设工程。反正就是违法行政了。电力企业报告也打了，请求也递交了，相关部门既不收回成命也不采取措施。几天，几个月，或几年后，在该违章建筑上发生了人身触电事故，违章建筑者、电力企业（作业人、产权人或者管理维护人）一般是难逃被列为被告的下场。有时电力企业使劲浑身解数，竭尽自身的安全管理义务，也逃不脱被判承担民事责任。

3. 园林部门和林业部门

园林部门美化城市，装点市容；林业部门保护、培育和合理利用森林资源，加快国土绿化，这都无可厚非。但是在电力设施保护区违法种植高秆竹木，危及到受《电力法》保护的电力设施，造成引起人身触电的安全隐患，应当予以砍伐，恢复原状或者勤于修剪使之与电力设施之间始终保持符合安全距离的状态。往往是电力企业奔走呼号，相关部门不予理会。如，林业部门会根据《森林法》第三十二条规定，"采伐林木必须申请采伐许可证，按许可证的规定进行采伐；农村居民采伐自留地和房前屋后个人所有的零星林木除外。"试问，电力企业有采伐许可证吗？还可以根据《森林法》第三十九条第二款，"滥伐森林或者其他林木，由林业主管部门责令补种滥伐株数五倍的树木，并处滥伐林木价值二倍以上五倍以下的罚款。"对电力企业实施处罚。尽管《电力设施保护条例》第二十四条第二款规定"在依法划定的电力设施保护区内种植的或自然生长的可能危及电力设施安全的树木、竹子，电力企业应依法予以修剪或砍伐。"但《电力设施保护条例》是行政法规，法律效力等级低于《森林法》。

三、各部门如何承担责任

很多人身触电案件从原因力上分析，政府部门违法审批是主要原因，但是法院却鲜有追究其责任的。这样，如果电力企业尽到了本职范围内的一切安全管理义务，政府有关行政部门对其违法行政作出的，如违法建设、施工或种植等错误行政行为拒不收回成命，又怠于采取消除安全隐患的措施怎么办？作为电力企业还有什么招数？前已述及，唯一的路子就是走民告官的行政诉讼，但实践中很少有为了"公事"而状告政府部门的。再说，电力企业很多方面工作需要得到政府及各部门的支持和协调。一旦对簿公堂，将来的工作怎么做？由此看来，苛责电力企业为了保护公众人身健康和生命安全以及电网的安全运行提起行政诉讼，是极不符合国情的。在电力法律法规修改以前，应当由地方立法或地方高院就违章建设、种植造成触电人身损害赔偿案件的责任承担，依据《触电解释》第二条作出具体规定。

（1）当事人未经行政管理部门批准，在电力设施保护区内从事法律、行政法规所禁止的行为，行政管理部门不承担民事责任；经过行政管理部门批准的，可判令行政管理部门承担主要赔偿责任。

（2）电力企业对当事人在电力设施保护区内从事法律、行政法规所禁止的行为，已经尽到职责范围内的安全管理义务的，电力企业不承担责任；电力企业明知当事人在电力设施保护区内从事法律、行政法规所禁止的行为，未尽劝止、通知和报请电力管理部门查处的职责的，承担相应责任。

（3）当事人未经行政管理部门批准，在电力设施保护区内从事法律、行政法规所禁止的行为，被告知停止违法行为，恢复原状后继续进行违法行为的，承担全部责任；未被告知的承担主要责任。

经过行政管理部门批准，但被告知停止违法行为，恢复原状后继续进行违法行为的，承担相应责任；未被告知的承担相应责任。

（4）其他当事人按照原因力大小确定责任承担。

案例8-9　某供电公司架设的35千伏开发区线路竣工，验收合格后，于1997年11月28日投入运行，投运初期该线路沿江西路段东侧周围没有任何建筑物和障碍物，线路架设也充分考虑了周围环境及技术规程要求。2003年珍珠开发公司在江西路东侧开发建设了二层网点房，房屋的外墙紧邻线路杆塔，女儿墙距离线路最低处不足2米。2008年6月19日下午，刚某在楼顶铺设沥青时，被电击伤，遂状告市规划局、市经贸委、珍珠开发公司和供电公司。要求四被告支付医疗费、误工费、残疾赔偿金、后续治疗费等共计88 421元。

被告市规划局辩称：一、规划局既不是电击伤害的高压电线的所有人、管理人，也不是房屋的所有人、管理人，对江西路东侧网点房的审批也不存在违规问题；二、珍珠开发公司是该网点房的最大受益者，在施工过程中应当知道其开发的网点房距离高压线很近，存在安全隐患而没有及时告知供电公司和审批部门；三、原告在楼顶做防水处理工作时，应当预见到存在安全隐患，未采取任何保护措施，有一定的过错；其次，其雇主未提供相应的安全保护措施也有过错。综上，被告市规划局不应承担赔偿责任。

被告市经贸委辩称：一、经贸委得知涉案的高压线路存在安全隐患后，于2008年3月27日向市规划局下发了《安全隐患限期整改通知书》，已尽到了作为电力管理部门的职责；二、原告在被告供电公司设置了警示标志的情况下，借助外力攀爬到房顶作业，自身有过错；三、该案发生的主要原因是珍珠开发公司开发的网点房所致，而此情况系珍珠开发公司与市规划局违规所致。

被告供电公司辩称：一、原告所诉发生事故的35kV开发区线是1997年11月28日竣工验收合格后投入运行，该线路架设时江西路段周围没有任何建筑物和障碍物，线路的架设充分考虑了周围环境及技术规程关于对地高度的要求，不存在任何安全隐患。二、珍珠开发公司2003年开发建设的网点房，超越了规划要求，强行侵入了早已建成6年的35千伏开发区线的电力设施保护区。建设方在明知该建筑违法并对周围存在安全隐患的情况下仍强行进行建设，对事故的发生具有不可推卸的责任。三、规划部门超越规划违法定位放线是造成这起事故的根本原因。规划部门在进行网点房建筑规划时，考虑到线路的最大风偏及电力线路保护区的要求，预留了6米的线路走廊，而在定位放线时，不顾有关规定，强行超越规划予以定位放线，致使违法建筑顺利建设、侵入电力设施保护区并存在至今，对事故的发生应承担主要过错责任。四、供电公司已恪尽职责，对事故的发生不存在任何过错。在开发商建设期间，供电公司多次派人到现场制止，开发商对此置之不理，无奈之下又依法将该违法建筑隐患上报电力主管部门，同时在各高压线杆上设置了高压危险、禁止攀登的危险警示标志，履行了安全警示防护义务。五、根据《触电解释》第三条之规定，受害人在电力设施保护区内从事法律、行政法规所禁止的行为，供电公司不承担责任。六、原告对事故发生存在明显过错。原告在没有任何楼梯或通道通向违章网点房房顶的情况下，无视电杆上的禁止警示标志，擅自侵入电力设施保护区的违章建筑房顶进行作业，违反《电力设施保护条例》的有关规定，属于违章作业，对事故发生存在明显过错，应承担相应的事故责任。

被告珍珠开发公司未答辩。

庭审过程中，法庭查明致原告刚某触电致伤的35千伏开发区线系由被告供电公司于1997年架设，被告珍珠开发公司在建设网点房时，被告规划局未按规划图纸进行放线，而是将原规划线与该江西路中心线直线距离36米缩短为29.91米，致使该网点房与该线路的直线距离缩短6.09米，重合在一起。供电公司在发现事故隐患时，曾于2004年1月份上报过市经贸委，但未采取措施予以制止，供电公司在该处高压线路杆塔上设置禁止攀爬的警示标志，但未对由于建筑物与高压线距离较近而产生的安全隐患设置警示标志。

法院认为，原告刚某在江西路东侧网点房楼顶作业时，被供电公司的高压线击伤事实清楚，予以认定。根据《电力设施保护条例》的相关规定，在电力设施保护区内严禁有危害电力设施的行为，不得在保护区内兴建建筑物、构筑物。1997年供电公司在建设本案涉及的高压线路时，该地段并无建筑物等设施，2003年被告珍珠开发公司在该处开发网点房时应当考虑到该条高压线路已经存在的事实，被告规划局在规划图中确定网点房与江西路中心线的距离是

36 米，这个距离应当说是合理的，但在放线定位时却将上述距离变更为 29.91 米，致使该网点房与该处的高压线路之间的距离缩短了 6.09 米，网点房西墙紧临高压线路，由此产生了安全隐患，导致本案事故的发生，规划局应当对原告的损失承担主要责任。被告经贸委作为电力管理部门负有对电力事业监督管理职责，在供电公司上报该处高压线存在安全隐患的情况后，其不采取措施制止、排除隐患是有过错的，应承担适当的赔偿责任。被告供电公司作为高压线路产权人在安全隐患未排除的情况下，虽在该处线路杆塔上设置禁止攀爬的警示标志，但该警示标志不足以对人们产生警示作用，故对事故的发生也应当承担相应的赔偿责任。被告珍珠开发公司按照市规划局的审批开发建设，其在开发建设过程中并无不当，不应当承担责任。原告刚某在临近高压输电线路作业时，未尽到谨慎注意自身安全的义务，对损害事实的发生亦应负一定的责任。根据原、被告各自的过错程度，本院认为被告市规划局承担 55％ 的责任、经贸委承担 10％ 的责任、供电公司承担 15％ 的责任、原告刚某承担 20％ 的责任为宜。

评析

　　本案是难得的实事求是，判决行政部门因违法行政承担应当承担的法律责任案例。但本案判决珍珠公司不承担责任也是一个明显的错误。

　　(1) 本案抓住了导致人身触电的主要原因力——规划局违章超越图纸距离放线定位。规划局在规划初期已经考虑了高压线路已经存在的客观事实，原规划房屋距离高压线路的距离能够满足安全运行要求，但由于利益的驱动，在施工放线时将网点房外墙设定在杆塔旁，是导致事故发生的主要原因。法院判决规划局承担 55％ 的赔偿责任是罚之有据的。

　　(2) 法院认定供电公司上报该处高压线存在安全隐患的情况后，没有采取措施制止、排除隐患，且未对由于建筑物与高压线距离较近而产生的安全隐患设置警示标志，是有过错的。这与事实不符。由此判决供电公司承担 15％ 的责任自然也是错误的。本案供电公司应当免责。本案供电公司在开发商建设期间多次派人到现场制止，开发商对此置之不理，无奈之下又依法将该违法建筑隐患上报电力主管部门，同时在各高压线杆上设置了高压危险、禁止攀登的危险警示标志，履行了安全警示防护义务。实际上苦口婆心的现场劝止，难道不比静止的安全警示标志更加生动有效吗？

　　(3) 尽管被告珍珠开发公司按照市规划局的审批开发建设，但是很明显，为了谋取不法利益，珍珠开发公司伙同市规划局超越图纸距离定位划线，与规划局具有共同的违法故意。建设期间对供电公司多次派人到现场制止置若罔闻。因此，判决珍珠公司不承担责任属于明显错误。

四、电力企业与各部门协作

电力企业属于公用企业，在电力建设和供用电安全秩序维护管理等方面，都离不开政府部门的支持和配合。具体方式如下。

1. 信息共享

电力企业在规划区或者将来要进入规划区的架空电力设施的保护区和地下电力电缆的走向与保护范围宽度等数据与行政部门共享。如，将架空电力线路保护区和输送管路保护区的显著位置、保护区的宽度和相应的保护规定；在地下电缆和水底电缆保护区的宽度和具体位置及时书面报送住房城乡建设、水利、海洋与渔业等有关部门。

2. 报告存档

电力企业对于在电力设施保护区从事法律、法规所禁止的行为的个案，尽到本职范围内的安全管理职责，仍不能制止违法行为的，必须报告电力管理部门和其他政府相关部门。报告、请求、回复和处理结果应归档保存。

3. 审批会签

对涉及危及电力设施安全运行，容易引发人身触电事故的重要建设或绿化工程，应实行政府有关分管部门牵头的会签制度，电力企业应作为会签单位。

4. 多部门联合作为

多部门联合作为，意志统一，声势浩大，影响深刻。如联合发文公布，联合查处行动，拆除违章建筑，清除安全隐患等。

5. 与其他行业协调配合

例如，广播电视、电话、电力"三线合一"强弱线路互相搭挂纠结，也是造成人身触电事故的重要原因之一。电力线路、接户线和进户线与广播、通信线相搭接而引起的人身意外事故。为防止此类事故的发生，应注意：①广播电视线、电话线要和电力线分杆架设，更不能绑在同一个绝缘子上；②电力线路与弱电线路交叉时，电力线应架设在弱电线路的上方，最小垂直距离不得低于规程要求；③禁止电力线路杆塔出租他用。

>> 案例 8-10 2006年8月31日，网通公司（甲方）与广通通信线路维修有限公司（乙方）签订《农村电话代办协议》，双方约定，甲方委托乙方设置农

话代办点，代办农村电话装、移、修机业务；所辖范围内电话线路维护及安全巡视。协议书还约定甲、乙双方的责任，其中乙方责任约定：乙方在装、移电话及其他线路施工中，要做到安全生产，严格按操作规程施工，如乙方未按照甲方操作规程施工发生的伤害，由乙方负责。金某和丈夫马某从事养猪业，为养猪提供方便，金某安装网通公司一部电话。该电话线通过供电公司的农线202号高压电杆拴绕通到养猪场内。2008年6月16日上午，马某在养猪场内拆剪该电话线时触电身亡。马某妻子金某等认为，马某身亡是因为网通公司为其安装的电话存在安全隐患，供电公司未尽安全管理义务，两个原因共同促成事故的发生，故诉至法院要求二被告赔偿马某家属的各项损失271 379.26元。

原审认为，马某的电话线是网通公司装机人员还是马某自己拴在高压线电线杆上，通往养猪场的，现双方均未递交充分证据证实，但网通公司对电话线，及供电公司对高压电杆均负有安全巡视检查的职责。马某触电身亡与网通公司对电话线和供电公司对其农线202号高压电杆的疏于管理，以及马某自身对电话线管理和用电安全的疏忽均有一定的因果关系。根据以上责任人对事故发生原因的责任大小，网通公司应承担40%的责任，马某和供电公司应分别承担30%的责任。

宣判后，网通公司、供电公司不服，提起上诉。

二审法院认为，公民的生命健康权受法律保护，网通公司、供电公司在经营活动中对公民的生命健康依法应尽合理限度的安全保障义务。网通公司对其经营设施电话线，在架设、管理过程中应当预见并避免危险发生，但其放任其电话线拴绕在高压电杆上，致使电话线与高压线接触，造成马某触电身亡，原审判决其承担40%的赔偿责任并无不当；网通公司虽将事发线路委托给广通通信线路维修有限公司管理，受委托人在授权范围内实施民事行为的法律后果对外仍应由委托人网通公司承担，网通公司称不存在自己疏于管理的上诉理由缺乏事实和法律依据，不能成立。供电公司对其经营的高压线路和高压电杆有巡视检查排除危险的义务，但放任其高压线杆上拴绕通信线路，致使高压线与电话线接触，造成马某触电身亡，原审判决其承担30%的赔偿责任也无不当；虽然将通信线路拴绕在高压线杆上是违法行为，但供电公司作为高压线杆的产权人和管理人，未及时制止纠正该违法行为，与损害的发生也存在一定的因果关系，供电公司称其不应承担赔偿责任的理由不足，原判不予支持并无不当。遂作出，驳回上诉，维持原判的终审判决。

评 析 - - - - - - - - ➤

　　本案网通公司实施了违法行为，供电公司承担了 30% 的赔偿责任。虽然网通违法危及了供电公司的设施安全，但供电公司怠于巡视维护，没有及时制止网通的违法行为，遗留隐患，对马某之死构成了一个原因力，所以要承担责任。勤于维护管理，及时消除隐患，才是不败之策。不过本案责任比例有失公允，网通是始作俑者，应当承担主要责任。

启 示 - - - - - - - - ➤

　　电力企业和广播电视、电信等部门应当签订各走各的线的"互不侵犯条约"。

第九章

名言警句 ■ ■ ■ ■ ■ ■ ■ ■ ■ ■ ■ ■ ■

君臣上下贵贱皆从法，此谓大治。

——《管子》

高压触电案件法律实务

前已述及，高压触电案件对电力设施产权人适用无过错责任的归责原则。就是说，电力设施符合国家标准和技术规范，且符合安全运行的条件也要承担特殊侵权的民事责任，除非有免责的事由。本章从受害人的行为能力、原因多寡和违法行为等方面分类剖析各类人身触电案件的操作实务。

第一节　不同民事行为能力人的触电案件

法律法规包括主观方面的条文，这些条文对于不同行为能力的人来说作用是不同的，甚至可能没有作用。人身触电案件中存在无民事行为能力人、限制民事行为能力人和完全民事行为能力人三种人。在案件审理中适用法律法规差异很大。

一、无民事行为能力人的触电案件

1. 无民事行为能力人

《民法通则》第十二条第二款规定，"不满十周岁的未成年人是无民事行为能力人，由他的法定代理人代理民事活动。"第十三条第一款规定，"不能辨认自己行为的精神病人是无民事行为能力人，由他的法定代理人代理民事活动。"即不满 10 周岁或者不能辨认自己行为的精神病人是无民事行为能力人。

2. 无民事行为能力人不承担责任

如果受害人为无民事行为能力人，而损害是由其自身行为造成的。如何承担责任？首先撇开监护问题，仅就无民事行为能力受害人本身而言，因其心理状态处于混沌状态，或者说没有意识或意志能力，也就没有认知、思维和判断能力，也就不存在主观过错问题。因此，不应当承担责任。譬如说，对于《触电解释》的第三条第四项，受害人在电力设施保护区从事法律、行政法规所禁止的行为，电力设施产权人不承担民事责任之规定，对于无民事行为能力人就无效。因为其对合法还是违法没有一丁点认知力，更无所谓故意与过失。

3. 监护问题

《关于贯彻执行〈民法通则〉若干问题的意见》第 10 条规定，"监护人的监护职责包括：保护被监护人的身体健康，照顾被监护人的生活，管理和保护被监护人的财产，代理被监护人进行民事活动，对被监护人进行管理和教育，在被监护人合法权益受到侵害或者与人发生争议时，代理其进行诉讼。"《民法通则》第十八条第三款规定，"监护人不履行监护职责或者侵害被监护人的合法权益的，应当承担责任。"《侵权责任法》第三十八条规定，"无民事行为能力人在幼儿园、学校或者其他教育机构学习、生活期间受到人身损害的，幼儿园、学校或者其他教育机构应当承担责任，但能够证明尽到教育、管理职责的，不承担责任。"第四十条规定，"无民事行为能力人或者限制民事行为能力人在幼儿园、学校或者其他教育机构学习、生活期间，受到幼儿园、学校或者其他教育机构以外的人员人身损害的，由侵权人承担侵权责任；幼儿园、学校或者其他教育机构未尽到管理职责的，承担相应的补充责任。"人身触电事故属于"受到幼儿园、学校或者其他教育机构以外的人员人身损害的"情形，应由侵害人或者侵害人和幼儿园、学校或者其他教育机构共同承担责任，并未提及监护人要承担责任。因为监护人依据脱离了监护或者说监护责任已经移交。

对于无民事行为能力人的监护分两种情况。一种是对学前幼儿的监护，应属怀抱式或牵手式监护，监护责任大，监护人玩忽职守，发生事故，承担监护责任比例大。另一种是对入学（包括如幼儿园）儿童的监护，在校（园）期间，由校（园）承担监护责任；在离开校（园）未到达家中期间，则脱离监护。监护人鞭长莫及，没有能力和条件监护，应酌情减轻监护人的责任。

总之，对于无民事行为能力人触电案件，监护人责任在 0～20％范围。因为对于脱离监护的情况，监护人无法实施实时的人身监护。实际上脱离监护期间体现的是监护人对被监护人日常的安全教育效果。早在 1993 年 5 月 5 日，最高人民法院《关于曹豪哲诉延边电业局、姜国政赔偿一案的责任划分及法律适用问题的复函》认为："曹豪哲无行为能力，被延边电业局和姜国政共同造成的危险致残，如法院认定其监护人未尽到监护职责，要求过苛，不宜这样处理。"其意明了，不宜苛求监护人的监护职责。对于刚入学不久的 6、7、8、9 岁的孩子在监护人脱离监护期间发生的高压触电案件，应当考虑监护人不承担责任。人去楼空长已矣，伤痛绵绵未有期。此景此情人为本，雪上加霜摧何急？

>> 案例9-1 参见案例8-8的案情。

一审法院认为，本案原告诚诚违反《电力设施保护条例》第十四条第（五）项之规定，擅自进入电力设施保护区，并攀爬到变压器台架上，触摸高压套管，以致被高压电击伤，被告上岩村委会作为该电力设施产权人本应不承担民事责任，但考虑到被告上岩村委会虽然按法律规定标准安装了变压器，但未尽到管理、维护义务，致使该变压器台架附近堆有土堆，散放有砖块，使该变压器处于一种危险状态，对事故的发生存在一定的过错，应承担一定的赔偿责任，即30%。

原告系无民事行为能力人，其监护人负有保护诚诚的身体健康和对诚诚进行管理、教育的义务，根据《农村安全用电规程》5.18之规定，其应当教育孩子不玩弄电气设备、不爬电杆、摇晃拉线、不爬变压器台，不要在电力线附近打鸟、放风筝和有其他损坏电力设施、危及安全的行为，应当教育孩子识别危险物，远离危险区域，而其监护人却疏于行使监护职责，致使原告闯入电力设施安全保护区域内，被高压电击伤，对原告的损失应承担主要责任，即70%。

原告伤后被送到某市第一荣康医院。（1）经鉴定为：诚诚伤情综合评定为Ⅲ（三）级伤残；（2）诚诚左手拇指烧伤后瘢痕挛缩伴外展功能受限，需继续治疗，费用为人民币7500元左右；（3）诚诚躯干多处在其生长过程中需行2～3次瘢痕松解治疗，按目前费用计算共计为人民币15 000元左右；（4）诚诚右上肢截肢术后，目前情况需配备普通中档功能性肌电肩关节假肢。因被鉴定人未成年处于生长发育阶段，成年前假肢每两年需更换一次。假肢每年需5%～10%维修保养费用；成年后假肢每年需2%～5%的维修费用，使用年限为3～5年；（5）诚诚目前情况属大部分护理依赖。为鉴定原告支付鉴定费800元、检查费61.60元；某省假肢中心向某市严实法医临床司法鉴定所出具函，证明肌电肩关节假肢有36 200元和72 800元两种价格，成年人使用年限为3～5年。成年前假肢两年更换一次。本案经调解未果。原告的损失共计813 753.15元。被告上岩村委会承担30%的赔偿责任，即244 125.95元，精神损害赔偿1万元。其余70%款项由诚诚的监护人自担。被告供电公司不承担赔偿责任。

原告不服一审判决提起上诉，并举证供电公司与上岩村委会签订签订了《代管协议书》的事实。

二审法院认为，原审判决诚诚的监护人自行承担70%民事责任不妥，有悖于以人为本的司法理念，本院予以纠正，结合事故现场的实际情况和诚诚监护人的过错程度，应以上岩村委会承担60％的民事责任，诚诚的监护人自负40％的民事责任为宜。供电公司可在上岩村委会承担的赔偿责任份额内承担50％的民事责任。

再审维持了二审判决。

评析

本案撇开其他问题，只论责任分担问题。一审法院认为，本案原告违反《电力设施保护条例》第十四条第（五）项之规定，擅自进入电力设施保护区，并攀爬到变压器台架上，触摸高压套管，以致被高压电击伤，被告上岩村委会作为该电力设施产权人本应不承担民事责任是草菅人命的胡言。《触电解释》第三条第（四）项的免责规定，是针对完全民事行为能力人具备间接故意或重大过失过错时才适用的，对无民事行为能力人是不适用的。因为原告为8岁的学龄儿童，没有认知、思维和判断能力，也就不存在主观过错问题。事故发生时脱离了监护人的监护。本案上岩村村委会在承担无过错责任的基础上还应当与供电公司承担疏于管理的连带过错责任，承担本案90％或者全部责任。

行业规定《农村安全用电规程》竟然也作为断案依据写进了判决书！

>>案例9-2　2002年4月30日上午8时30分左右，陆某之子小陆到交运公司北平房顶上玩耍时，被安装在房屋上的变压器电击死亡，陆某以该变压器由供电公司为交运公司安装使用为由，将两单位列为被告诉至法庭，请求二被告赔偿丧葬费、死亡赔偿金等各种费用共计160 091元。

交运公司辩称：小陆触电死亡，完全由于原告监护不力所致，其后果也应由原告自负。事故所涉变压器所有权不是我公司的，因此不是责任主体。并且我公司院内的变压器安全措施得当，从安全防护上讲，我公司无任何过错。

供电公司辩称：一、事故所涉变压器的安装完全符合规程要求；二、变压器的产权及维护权均不属于我公司；三、事故发生主要系受害人自身过错造成的。并向法庭提交了交运公司支付安装变压器等费用单据一份，用以证明产权系交运公司。

法庭审理查明：事故变压器坐落在交运公司院内的西北侧一平房顶西南部，系供电公司安装，产权属于交运公司。平房南侧有一楼梯通平房顶部，楼梯上端有一铁栅栏门，门上无锁，呈开启状。变压器周围有半封闭防护围墙，其中南、西两侧围墙高93cm，东、北侧围墙高178cm，东墙的南端、北墙的西端各有一15厘米空缺。

一审法院认为：一、变压器运行属于对周围环境有高度危险的作业，供电公司将变压器安装在楼梯口铁栅栏门呈开启状的房屋顶上，一般人在通常情况下，沿楼梯随时可以到平房顶，视为变压器平台与地面无高度，且不设置任何高压危险警告性标志，给他人造成人身伤害，故依法应当承担赔偿责任。二、交运公司作为变压器产权所有人，依法负有管理责任，但是在长期使用过程中，未指派专人负责，也未在铁栅栏门上加锁，使其长期呈开放状态；防护墙留有的缺口是严重的安全隐患，由于其疏于管理致人伤害，依法应当承担主要民事赔偿责任。三、死者小陆系无民事行为能力人，原告作为其监护人负有监护、教育之责任，由于平时疏于安全教育，故应适当承担监护不利之责任。判决交运公司负50%的责任，供电公司负40%责任，原告负10%责任。

供电公司不服一审判决，提起上诉。上诉理由：一是原审认定供电公司安装变压器时，违反电力法律法规及电力部门规程规定缺乏依据；二是供电公司没有为用户设备设置高压危险标志的义务；三是原审避重就轻，忽视受害人在本案中的过错因素，责任划分显然失当。

二审法院在审理过程中认为，供电公司并非产权人，原审判令其承担赔偿责任缺乏事实和法律上的依据。交运公司是产权人，且未尽到必要的注意和管理义务，依法应当承担主要责任。陆某作为死者的法定监护人，未尽到必要的监护责任，应承担一定的法律责任。判决交运公司承担90%责任，赔偿96 840.9元，供电公司不承担责任。

评析

该案受害人是无民事行为能力人，法院判决监护人承担10%的责任比较合理。

本案二审改判供电公司不负责任是基于产权和管理义务而言。如果作为变压器安装施工人，安装在一般人都可以到达的平房顶部，是否应该按照落地式变压器技术要求，加装护栏？

启示

本案再次提醒电力设施产权人，管理就是效益，安全生产就是效益。

二、限制民事行为能力人的触电案件

1. 限制民事行为能力人

《民法通则》第十二条第一款规定，"十周岁以上的未成年人是限制民事行为能力人，可以进行与他的年龄、智力相适应的民事活动；"第十三条第二款规定，"不能完全辨认自己行为的精神病人是限制民事行为能力人，可以进行与他的精神健康状况相适应的民事活动；"即10岁以上不满18岁或者不能完全辨认自己行为的精神病人是限制民事行为能力人。

2. 责任承担

限制民事行为能力人的意识还不健全，认知和判断能力欠缺、不完全，不能完全辨认自己的行为，但是具备一定的知识结构和识别判断能力。譬如，十五岁的初中生具备电学的初步知识，但限于安全电压范围的直流电部分，或许还不了解三相高压电的厉害。他们作为受害人，本人应当承担相应责任。

3. 监护责任

《侵权责任法》第三十九条规定，"限制民事行为能力人在学校或者其他教育机构学习、生活期间受到人身损害，学校或者其他教育机构未尽到教育、管理职责的，应当承担责任。"第四十条规定，"无民事行为能力人或者限制民事行为能力人在幼儿园、学校或者其他教育机构学习、生活期间，受到幼儿园、学校或者其他教育机构以外的人员人身损害的，由侵权人承担侵权责任；幼儿园、学校或者其他教育机构未尽到管理职责的，承担相应的补充责任。"对于上学的限制民事行为能力人的监护，监护人是脱离监护的。就监护而言，监护责任很小。只是如前所述，他们作为限制民事行为能力的受害人，本人应当承担相应责任。因其没有财产，没有承担责任的能力，法律规定由其监护人承担。如果受害人有自己的财产，其本身的那部分过错责任，应该由其自己承担。监护人仅仅承担监护部分责任。如果限制民事行为能力人的行为或参与的活动与其年龄、智力状况相适应的话，监护人不存在未尽监护职责的问题，只对限制民事行为能力人超越其年龄、智力状况，不应独立进行的民事活动，才负有监护责任。《民法通则》第十二条规定，"十周岁以上的未成年人是限制民事行为能力人，可以进行与他的年龄、智力相适应的民事活动；其他民事活动由他的法定代理人代理，或者征得他的法定代理人的同意。"参见案例10-10。

案例9-3 2008年5月16日中午约12时30分，某小学四年级学生王某爬高压电线杆掏鸟窝，被电击致死。其下颌被电严重击伤，右腿被高压电流击断，露出雪白腿骨；一只被击断的脚还留在高压电线杆的支架上，电线杆下是王某被电击并近乎烧焦的尸体，附近木瓜树上悬挂着王某的衣服。肢体分离，血肉模糊，毛骨悚然，惨不忍睹！死者父亲一纸诉状把供电公司推上被告席，请求法院判被告赔偿其儿子死亡的各种费用113 065元，同时判某小学负有连带责任。

供电公司的免责抗辩理由如下：一是监护人监护不到位导致的；二是事故位置交通闭塞，不需要立安全标志；三是按照规定在交通困难地区导线与地面最小安全距离大于 4.5 米；四是野外电杆的高度只要不低于 5 米半就属于合乎标准；五是存在杆孔导致小鸟做窝而吸引小孩爬杆掏鸟，不是供电公司的错；六是死者是搬了梯子脱了衣服后上去掏鸟的，这说明他知道有危险而明知故犯，就像小孩嘴馋爬别人荔枝树偷吃荔枝而摔死，是否还要找荔枝树的主人赔钱吗？

某市人民法院经过审理并到触电事故发生现场实地勘察后认为，死者王某的触电行为是原告对死者监护不到位及其自身故意所造成，其责任应该由原告自行承担。被告供电公司在事发地点所架设的线路符合相关法律法规规定，属于正常经营活动。其行为并未与王某死亡有必然联系。被告某小学在学生王某放学后在其他地点发生非正常死亡事故与学校管理责任不相关联，其行为也没有过错。

法院判决供电公司和某小学不承担负责，驳回原告的诉讼请求。

评　析

本案第一被告供电公司罗列的六条免责抗辩理由，除了"事故位置交通闭塞，不需要设立安全标志"和"交通困难地区线路对地距离 4.5 米"两条，其余四条皆不堪一驳。第六条比喻更是偷梁换柱。如果荔枝树的主人在树上架设了电网，他是肯定要赔钱的。实际上，本案是高压触电，适用无过错责任，即使第一被告的六条理由全部成立，仍然应当承担主要责任，不管受害人是无民事行为能力人还是限制民事行为能力人。第二被告某小学监护不力应当承担相应责任。因为王某是在学校午休期间发生伤害的，这期间学校负有不可推卸的监护责任，但监护人承担的责任不宜超过 20%。

应当承认，被监护人因触电造成人身伤亡，与监护人未尽职责和日常教育不足有关。但是被监护人处于活泼好动，好奇心十足的成长期，不是监护人兜里的一件物品，除了在家的时间，监护人没有监护条件。再者，电力的高度危险性是静默的，不可见的，本身不具有明显的警示性，而像高速公路、高速铁道等的高度危险性，是直观的、庞大的、震撼的，人们容易认识到其高度危险的客观存在。对于攀爬电杆和变压器的严重后果，未成年人是没有清晰概念的。上述案例的王某如果真的认识到掏鸟窝会肢体分离，烧成焦炭，他会甘心赴死吗？

案例9-4 2008年7月28日，13岁的龙某，为了捕捉一只鸣蝉，爬上距离地面4.4米的跌落保险架上，被高压引线击伤落地，做了右上肢高位截肢手术。其父母诉求法院判决电力公司赔偿598 150元。

法院审理查明，某电力公司系事故电力设施的产权人，其建设施工符合国家标准和技术规程，在变台上设置了"高压危险，禁止攀登!"的安全警示标志。

法院认为，被害人13岁，属于限制民事行为能力人，虽然不能完全预见自己的行为后果，但对于悬挂着"高压危险，禁止攀登!"的警示标志应当具备一定的认识和理解。其仍然不顾后果盲目攀登致害，应当承担一定的责任，其法定监护人也应当承担监护不力的责任。本案系高电压触电，适用无过错责任，供电公司系高压供电设施的所有人、使用和管理人、收益人，应当对损害承担主要责任。于是判决，供电公司承担70%的责任，受害人和监护人承担30%的责任。

评 析

本案被告承担了70%的责任，判决比较公正。保护了受害人的健康权，使受害人的生存在经济上得到了保证。之所以判决受害人与其监护人承担30%的责任，是因为受害人是限制民事行为能力人，具备一定的认知和判断力。

由上可见，对于受害人是不完全民事行为能力人，高压电力设施产权人是没有免责可言的，即使能够证明受害人故意自杀、自伤。即使其破坏了电力设施的不重要的部件，如铜质零件和引线等，遭到重大伤害，也是不应免责的。因为应当理解，如果受害人预见到获得的零部件会导致重大伤害的话，是不会铤而走险的。

在案例9-4中，被告电力公司设置了"高压危险，禁止攀登!"的警示牌。但是，好奇与探险这是男孩子的心理特征，我们扼杀不了他们的天性。我们应该苛求他完全听大人话吗？真的做不到。我们能做到的，只有勤于巡视，发现隐患及时消除，重视技术防范措施的运用，如在杆塔和变台上加装防爬设备等。其次就是通过真实的安全事故回放，加大对未成年人供用电安全教育；对成年人进行对电力法和用电安全知识的普及和宣贯。

三、完全民事行为能力人的触电案件

1. 完全民事行为能力人

《民法通则》第十一条规定，"十八周岁以上的公民是成年人，具有完全民事行为能力，可以独立进行民事活动，是完全民事行为能力人。十六周岁以上不满十八周岁的公民，以自己的劳动收入为主要生活来源的，视为完全民事行为能力人。"当然十八周岁以上的不能完全辨认自己行为的精神病人是限制民事行为能力人，不能辨认自己行为的精神病人是无民事行为能力人。

2. 责任承担

因为完全民事行为能力人意识健全，认知和判断能力完善，若没有其他人身触电的原因力介入，完全民事行为能力人对于《触电解释》第三条规定的触电人身损害的情形都应该自己承担责任。即，不可抗力；以触电方式自杀、自伤；盗窃电能，盗窃、破坏电力设施或者因其他犯罪行为而引起触电事故；在电力设施保护区从事法律、行政法规所禁止的行为。在完全民事行为能力人高压触电案件中，如果电力企业没有过错，又具备免责事由，就可以免责。如果具备免责事由，但自身有过错，那就要承担过错责任。

▶▶ **案例9-5**　2006年7月的一天，赵某到张某的鱼塘钓鱼，抛鱼竿时鱼线甩到35千伏高压线路上被电击死亡。之后赵某家属向法院提起诉讼，要求高压线的产权人供电公司和鱼塘所有人张某赔偿损失32万元。

法院审理认为，供电公司高压线路先于鱼塘建设，线路导线到地面距离6.2米，符合安全规程规定的安全距离，不承担责任。鱼塘主人没有尽到安全防护之职责，疏于管理，未设置任何危险警示，在明知鱼塘边上架设有高压电线，该区域内不得从事垂钓的情况下，仍然对钓鱼者收取钓鱼费，放任钓鱼者在危险区域钓鱼，应当对事故负主要责任。死者是完全民事行为能力人，在电力设施保护区内从事法律、法规所禁止的垂钓行为，应当承担相应责任。于是判决被告张某承担70%的赔偿责任，原告承担30%的责任。一审判决后，原告及第二被告均提起上诉，二审法院维持了原判。

▎**评析** ┈┈┈┈┈▶

本案供电公司免责。其一是受害人在电力设施保护区内从事法律、法规所禁止的垂钓行为，应属《侵权责任法》在第七十三条"从事高空、高压、地下挖掘活动或者使用高速轨道运输工具造成他人损害的，经营者应当承担侵权责任，但能够证明损害是因受害人故意或者不可抗力造成的，不承担责任"规定中的"因受害人故意"。这里的垂钓行为应是间接故意行为，是《触电解释》第三条第（四）项规定的免责事由。其二是高压线路合格，即没有过错，也不承担过错责任。如果本案是在野生的鱼塘里垂钓的话，死者就完全责任自担。

但本案有其他原因力介入，鱼塘经营者允许在高压线下垂钓且安全管理不善，所以承担了主要责任。

关于《触电解释》第三条第（四）项规定"受害人在电力设施保护区从事法律、行政法规所禁止的行为。"在《电力法》第五十二条至第五十五条和《电力设施保护条例》第十四条至第十九条的列举中，没有具体列举高压线下钓鱼为法律、行政法规所禁止的行为。这就导致了有的法院不认为线下垂钓是法律、行政法规所禁止的行为，从而判决高压线路产权人承担无过错责任，不予免责。对此，2000年1月5日国家经贸委电力司在给新疆维吾尔自治区电力公司《关于触电事故有关问题的复函》中第二条指出，"根据《电力设施保护条例》第十四条的规定，不得向导线抛掷物体和从事其他危害电力线路设施的行为。"因此，在电力线路保护区内甩杆钓鱼属于违反此条规定的行为。

第二节　单一原因和多原因触电案件

区分单一原因和多原因触电案件，有助于理解和辨析无过错责任适用、无过错责任和过错责任的混合适用。

一、单一原因案件

只有致害人和受害人两方当事人，只有受害人一方过错或者双方均无过错，这样的案件归结为单一原因案件。这种情形应当适用《触电解释》第二条第一款"因高压电造成人身损害的案件，由电力设施产权人依照《民法通则》第一百二十三条的规定承担民事责任。"《侵权责任法》在责任主体范围上有所扩张和补充。在第六十九条、七十三条和七十六条中分别提出了"高度危险作业人"、"经营者"和"管理人"的主体概念。其间关系为，经营者一般涵盖高度危险作业人和管理人，但未必是产权人。以下权且以《民法通则》和《触电解释》的主体概念，即"电力设施产权人"代称侵权人一方主体。单一原因案件实践中包括如下几种情形。

1. 电力设施产权人和被害人无过错

在电力设施产权人和被害人无过错的情形下，对电力设施产权人适用无过错责任，即《触电解释》第二条第一款。如已经到入学年龄的无民事行为能力人（如6、7、8、9岁的孩子）在脱离监护期间误触高压电致伤亡的。因为无民事行能力人本人是没有过错可言的，其监护人又其失去监护条件，无法对被监护人进行监护，对人身触电事故没有因果关系，不应当承担责任。《侵权责任法》第三十八条规定，"无民事行为能力人在幼儿园、学校或者其他教育机构学习、生活期间受到人身损害的，幼儿园、学校或者其他教育机构应当承担责任，但能够证明尽到教育、管理职责的，不承担责任。"如果幼儿园、学校或者其他教育机构已经尽到管理职责的，电力设施产权人应承担全部责任。

《触电解释》的第二条第二款，多原因力应该首先理解为对事故发生有直接和间接原因的第三人、第四人……在监护人脱离监护期间发生的触电事故，监护人的不作为不构成触电的原因力。如果把多个原因力理解成监护人的监护职责的话，走在放学回家路上的孩子被歹徒骗走，敲诈勒索致残，监护人在通过刑事附带民事诉讼请求犯罪嫌疑人赔偿时，法官会说，监护人日常对孩子安全防范教育不足，让监护人承担一部分赔偿责任吗？答案显然是否定的。既然如此，为什么在高危作业致人损害中就要追究呢？看来《触电解释》的第二条第二款的初衷并非追究监护责任而是追究电力设施产权人之外的第三人、第四人……的责任。一概而论的追究监护人的责任是对《触电解释》的第二条第二款的曲解，应当分为以下三种情形。

（1）学龄前的无民事行为能力人，是怀抱和牵手式的监护，监护人没有理由脱离监护，也没有合理的转移监护权的理由，发生被监护人触电事故，应当承担相应责任。

（2）已经入学的无民事行为能力人（如6、7、8、9岁的孩子）的情形。

（3）限制民事行为能力人，具备一定的认知和判断能力，应当承担与其民事行为能力相应的过错责任。作为监护人主要承担触电人身损害的财产责任，而不应理解为监护人对被监护人有间接的加害原因。这不符合常理，也不符合民法关于监护人职责的规定。如，限制民事行为能力的给他人造成损害的，被监护人自己有财产的，自己来承担财产赔偿责任，自己没有财产的，监护人承担赔偿责任。就前者而言，被监护人造成他人人身损害，监护人都不承担责任，为什么被监护人被他人致害，监护人反而承担责任呢？看来还是承担的财产责任，并不承担事故原因力责任。就是被监护人因过错发生触电事故导致财产损失，监护人承担这份与被监护人过错大小相应的财产损失。

>> 案例9-6　2000年7月18日，9岁的秦某放学后，爬上一10千伏高压线转角杆的架构掏鸟窝时，遭电击跌落。急救治疗后，秦某右上肢高位截肢。高压线原系毛纺厂专用，后经市供电公司改造，至事故发生时尚未向毛纺厂移

交。原告起诉供电公司和毛纺厂要求赔偿：医疗费、护理费、伙食补助、伤残鉴定费及伤残补助金、普及型肌电假肢费等总计 144.2 万元。

一审法院在降低赔偿数额后，判决供电公司承担 60% 的责任；秦某监护人承担 40% 的责任；毛纺厂不承担责任。二审维持原判。

评析

该案处理错误。其一，毛纺织厂为电力设施产权人，供电公司为事故电力设施改造的作业人和临时管理人，根据《侵权责任法》第八条"二人以上共同实施侵权行为，造成他人损害的，应当承担连带责任。"本案二被告是共同实施侵权行为的，应当承担连带赔偿责任。其二，受害人是无民事行为能力人，无过错可言。应当根据《民法通则》第一百二十三条和《侵权责任法》第七十三条"从事高空、高压、地下挖掘活动或者使用高速轨道运输工具造成他人损害的，经营者应当承担侵权责任，但能够证明损害是因受害人故意或者不可抗力造成的，不承担责任。"对本案侵权人适用无过错责任，承担主要责任，监护人的责任不宜超过 10%。这样才符合民法对于损失补偿填平的理念。

启示

（1）供电设施改造后要及时移交产权给产权人，多一份权利，多一份责任。

（2）从街道、学校、幼儿园各个领域，采用多种形式进行供用电安全宣传。

（3）从源头上抓管理，抓安全，完善和规范安全技术和措施，按照规定设立围栏、保护和安全警示标志等。

2. 电力设施产权人有过错和被害人无过错

电力设施产权人无过错，要承担无过错责任。如果有过错，还要在无过错责任的基础上承担过错责任。如果受害人无过错，受害人不承担责任。如果没有其他原因力的介入，电力设施产权人承担全部责任。

》案例9-7 2007 年 8 月 6 日下午，一场伴着阵阵雷声的暴风雨不期而至，风速达到 6 至 7 级。某区江山乡的李某担心他设在山上的发射塔遭受暴风雨的破坏，于当天下午 4 时许，顶风冒雨上山检修发射塔。当时，沿山路上的古江线 118 号电杆在狂风暴雨的肆虐下，横担上的绝缘子断裂，一条 10 千伏高压线坠落地上。行走中的李某不慎踩中高压线，顿时被强大的电流击倒，当即殒命。

李某的父母和妻子与供电公司和抄表公司协商赔偿未果后，遂向区法院起诉，索赔死亡赔偿金、被抚养人生活费、精神抚慰金等共398 496.45元。

法院查明，高压电杆设施的产权人是供电公司，管理维护单位是抄表公司。供电公司辩称，李某触电死亡是因自然灾害因素造成的，属不可抗力事由，不应承担民事责任。

法院审理后认为，事发当天下午在江山乡出现暴风雨，风力6至7级，虽然是自然因素，属客观情况，而且供电公司也不可能避免暴风雨的到来，但在该地区出现这样级别的风是常有的，供电公司完全可以预见，为此平时应对高压电设施予以加固防护。而且当日的暴风雨也没有使周边其他设施遭损坏，出事电杆上的绝缘子断裂，致使10千伏高压线坠落地上，只能说明供电公司对该设施存在的危险没有尽到安全注意的义务。暴风雨不是必然造成高压线断落，并导致李某触电死亡的后果，即损害后果不是不可克服的。因此，供电公司以不可抗力作为其免责事由不成立。根据有关司法解释，因高压电造成人身损害的案件，由电力设施产权人依照我国《民法通则》有关规定承担民事责任。李某之死不是其故意行为造成，是因供电公司所有的高压电线跌落触电所致，供电公司应对李某的死亡承担民事责任。抄表公司是出事电杆设施的管理和维护人，有责任保障设施的安全使用，其没有尽到义务致使设施出现事故，亦应承担民事责任，即对李某的死亡要承担连带赔偿责任。据此，区人民法院依法判决：供电公司赔偿原告死亡赔偿金163 026元、精神损害抚慰金2万元、李某父母的赡养费54 342元、李某儿子的抚养费52 643.81元，合计290 011.81元，由抄表公司承担连带赔偿责任。

区一审宣判后，供电公司和抄表公司不服，认为一审判决认定事实和适用法律错误，向市中级法院提出了上诉。

中级法院认为，根据当地气象部门的证明，事发当天的天气实况有雷暴、大风、强降水，瞬间风速13.1米/秒，即6至7级。该市为海边城市，这样等级的风是常有的，当日的天气仅仅造成出事电杆的高压线断落，而该条线路其他电杆设施没有同时受到损害，因此不符合不可抗力要件，依法作出"驳回上诉，维持原判"的终审判决。

▶ 评　析 ────────▶

供电公司和抄表公司未尽维护电力设施安全运行的义务，存在过错；其次是无证据证明李某存在触电死亡的故意。因此，作为从事高度危险作业的供电公司，即使已尽到安全义务，依法也应对事故承担民事赔偿责任，即无过错责任。判决供电公司与抄表公司承担连带责任是因为二者之间的内部管理协议约定的责任难以分割。

对于电力专业单位辩称瞬间风速 13.1 米/秒为不可抗力，颇显得浅薄。《66kV 及以下架空电力线路设计规范》3.0.10 规定，"最大设计风速应采用当地空旷平坦地面上离地 10m 高，统计所得的 15 年一遇 10min 平均最大风速；当无可靠资料时，最大设计风速不应低于 25m/s。"

3. 电力设施产权人无过错和受害方有过错

《侵权责任法》第二十六条规定，"被侵权人对损害的发生也有过错的，可以减轻侵权人的责任。"第二十七条规定，"损害是因受害人故意造成的，行为人不承担责任。"第七十三条规定，"从事高空、高压、地下挖掘活动或者使用高速轨道运输工具造成他人损害的，经营者应当承担侵权责任，但能够证明损害是因受害人故意或者不可抗力造成的，不承担责任。被侵权人对损害的发生有过失的，可以减轻经营者的责任。"在电力设施产权人无过错和受害方有过错的情形下，如果电力设施产权人不具备《触电解释》第三条规定的免责条件，就应当承担无过错责任。受害方适用过错责任分两种情况：一是受害人故意，电力设施产权人免责；二是受害人有过失，电力设施产权人减轻责任。由受害人按其过错对案件发生的原因力大小比例，承担相应责任。

>> 案例9-8 　 2008 年 1 月 15 日 14 时，陆某在某县宁武路商住楼 1 号三层窗台处作业时不慎被某供电公司的 10 千伏水厂 907 线 16 号杆高压电击伤，事发后，陆某即被送往附近医院抢救，当日转院住院治疗，后经抢救无效于 2008 年 2 月 17 日死亡。死者亲属起诉至县人民法院，要求被告供电公司赔偿 40 万元。

法院认为，死者为供电公司高压线路电击致死事实清楚。供电公司供电属于高危作业，按照无过错归责原则，应当承担主要责任。死者为成年人，违反法律法规规定在邻近高压线路作业，应当预见到触电危险，本应采取安全措施而没有采取，应当承担相应责任。于是作出判决，供电公司承担 70% 的民事赔偿责任，受害人陆某自行承担 30% 的民事责任。

> **评　析**

本案供电公司没有过错，死者有明显过错，法院基于无过错责任，判决供电公司承担了主要责任。如果供电公司能够证明死者是在电力设施保护区违章作业，可以进行免责抗辩。注意本案法院认定"在邻近高压线路作业"，而不是在保护区作业。

二、多原因案件

多原因触电案件大多是《触电解释》第二条第二款所说的无共同过错的共同致害行为。"但对因高压电引起的人身损害是由多个原因造成的，按照致害人的行为与损害结果之间的原因力确定各自的责任。致害人的行为是损害后果发生的主要原因，应当承担主要责任；致害人的行为是损害后果发生的非主要原因，则承担相应的责任。"

多种原因共同作用而成的，包括高压电本身的高度危险性、电力设施安装不合规定、电力运行事故、保护区内存在违章建筑、受害人故意或过失触电行为、未成年人的父母未尽监护责任等。

1. 触电损害案件的原因力分两类

（1）主要原因和次要原因

根据行为对损害结果所起作用的大小，原因可分为主要原因和次要原因。主要原因是指对结果发生起着主要作用的事实原因，如受害人因重大过失触及了电力线的事实原因。次要原因是指对结果的发生起次要作用的事实原因。如，变台区堆积，致使受害人得以攀爬等事实原因。

（2）直接原因和间接原因

根据行为作用于损害结果的形式，原因可分为直接原因和间接原因。直接原因是指直接引起损害结果发生的事实原因或者说与损害结果直接结合，即损害结果是由行为人的行为直接引起的。间接原因是指间接引起损害结果发生的事实原因，即损害结果是由行为人的行为所引起的作用于直接原因后引起的。

间接因果关系相对于直接因果关系而言，它是指某一行为并不直接引起损害结果的发生，只有在另外的原因作用下，才可能产生损害事实结果的因果关系。该行为只是作为一种诱因或条件，在其他直接的或较为直接的原因作用下，使这一损害结果得以发生。

▶▶ 案例9-9　某供电公司架设线路，电线横在大街地面上还没有收起来。由于看护人疏于看管，没能制止一位耳聋的老者甲强行通过，结果在跨越线路时绊倒，当场倒地不起，不治身亡。亲属遂状告供电公司，请求赔偿40余万元。经鉴定，老者甲是摔跟头引起心脏病突发死亡。

评 析

本案甲死亡的直接原因是心脏病，但是由电力公司的放线行为致使甲摔跤导致的，是引起甲死亡的间接原因。该案中若供电公司对结果不负责任，必然由受害人自身承担全部损失，有违社会公平正义；但电力公司对损害结果承担主要责任也是不公正的。根据对间接原因引起的损害小于直接原因的理论，法院判决供电公司承担了30%的次要责任。

2. 共同侵权中的连带责任与按份责任

二人以上共同侵权，到底是按份责任还是连带责任？一种观点认为共同侵权应当采取主观说，所谓主观说，就是共同侵权人要有共同故意，有意思联络。但是民法的价值取向是受害人的利益保护，即使没有通谋，但产生了同一个损害结果，还分不开，也要承担连带责任，因其行为具有关联性。这是客观说。

客观说主张，即使没有共同故意和意思联络，如果数个行为直接结合造成人身触电损害结果，所谓直接结合，是指数个行为结合程度非常紧密，对加害后果而言各自的原因力和加害部分无法区别，应当判决承担连带责任。如果是间接结合的数个行为对损害结果而言，并非全部都是直接或者必然地导致损害结果的发生，其中某些行为或者原因只是为另一个行为或者原因直接或者必然导致损害结果的发生创造了条件，而其本身并不会直接也不可能直接或者必然引发损害结果。

由于受到刑法的影响，国内占主导观点的是主观说。这与《人损解释》第三条规定第二款基本吻合，"二人以上没有共同故意或者共同过失，但其分别实施的数个行为间接结合发生同一损害后果的，应当根据过失大小或者原因力比例各自承担相应的赔偿责任。"如果采取主观说，按份赔偿，遇到赔偿能力差的，受害人就得不到应有的赔偿。如果采取客观说，加害人承担连带责任，受害人的权利就得到保障了。加害人之间可以按份相互追偿。

总之，两说的落脚点就是把风险分配给哪一方的问题。按主观说，风险给了受害人，可能得不到赔偿。按客观说，风险给了加害人，可能追偿不了。按照民法救济受害人的价值取向，应该把风险分配给加害人，因为加害人是侵权行为，受害人是无辜的。《侵权责任法》第八条"二人以上共同实施侵权行为造成他人损害的，应当承担连带责任"第十一条"二人以上分别实施侵权行为造成同一损害，每个人的侵权行为都足以造成全部损害的，行为人承担连带责任"之规定支持了客观说。

▷▷ 案例 9 - 10　　小学生李某把足球踢上了距离操场不远的配电房。李某借助于配电房旁边的一个违章建筑，爬上房顶，伸手去取落在变压器上的足球时，被高压套管高压电击倒，造成双臂截肢。法院调查审理后，判决电力公司承担主要责任70%，违章建筑者承担次要责任20%，学校承担了10%的责任。

■ **评 析** ---------➤

该案电力公司和违章建筑者显然没有共同故意和意思联络，都是被动的，也没有行为关联性。按照按份责任判决是比较合法合理的。再者，执行能力强的电力公司已经承担了主要责任，受害人的补偿救济不成问题。如果判决为连带责任，承担次要责任的违章建筑者，有可能怠于赔偿，造成电力公司追偿不能，致使违章建筑者逃避了自己应承担的责任。

三、多原因案件的裁判

审理多原因案件应考虑如下因素：过错责任适用、原因力大小、直接原因和间接原因以及按份责任或者连带责任。除此之外，还要考虑受害人的实际补偿到位的结果，使被害人真正得到救济，维护其生存权益。

在触电损失赔偿案件中，电力设施产权人，一般不是连带责任的承担者，除非第三人是电力设施产权人的管理人或租赁使用人等情形。如，电力设施产权人与受托维护管理者通过内部协议所确定的安全责任分担，法院一般不予分割而判决承担连带责任。

大多人身触电案件是按份责任案件，就是赔偿义务人按一定的份额承担责任。一般来说，应从以下几个方面考虑：①根据侵权行为对损害后果的原因力的大小，主要原因承担主要责任；次要原因承担相应责任；②根据行为作用于损害结果的形式，直接原因的原因力与损害结果关系密切，一般大于间接原因的原因力；③行为人的主观过错程度，故意大于重大过失，重大过失大于一般过失。受害人仅有一般过失，往往不承担责任。

《安徽省高级人民法院审理人身损害赔偿案件若干问题的指导意见》（皖高法〔2006〕56 号）（简称《安徽高院触电意见》）可以参考，抄录如下。第二条，在电力设施保护区内的高压电线下垂钓或新建、扩建、改建建筑物遭受电击伤害的，可以认定受害人具有重大过失（按语：或间接故意），根据《民法通则》第一百三十一条的规定，减轻电力设施产权人或供电企业70%～90%

的责任。但电力设施的架设、运营及日常维护管理不符合国家标准或规定的，只能减轻电力设施产权人或供电企业 30％～50％ 的责任。第四条，在建筑物上空架设供电设施，使他人遭受电击伤害的，电力设施产权人或供电企业承担全部责任。但电力设施产权人或供电企业能证明伤害是受害人故意造成的除外。

>> 案例9-11 2000 年 9 月 23 日，某公司职工王某等一行 8 人到位于博川区双沟镇连川村的孙家水库钓鱼，水库承包人韩某向王某等每人收取了 5 元钓鱼费，上午 10 点 45 分左右，王某在由第二个垂钓地点返回第一个垂钓地点途中，因其手持的鱼竿与上空架设的 10 千伏高压线接触，致其触电，送往医院经抢救无效死亡。

2000 年 2 月 28 日，被告水库所有权人连川村委与被告韩某签订水库承包合同一份，合同约定：连川村委将水库承包给韩某，期限自 2000 年 3 月 1 日至 2003 年 3 月 1 日，每年上交村委承包费 3000 元，发展养殖。被告韩某承包后，当年 4 月开始在水库养鱼，同年 8 月对外开放钓鱼，但未办理经营养殖业营业执照。

经法院现场勘验知，孙家水库位于连川村西南方，呈不规则圆形状，其南北两面均为田地，东面与一条小河相连，水库南面有一条略呈弧形东西走向的小路，宽不足 1 米，要走近水库，只能从西面顺这条小路进入，该路正是水库建成后行人行走形成的，多年未变动，现在仍是附近工人上班、学生上学常走的一条路。在水库和小路上空南北走向横跨三条 10 千伏高压线。王某触电倒地地点，经测量与最低一条高压线的垂直距离为 5.7 米。

孙家水库上空的三条 10 千伏高压线系 1993 年 11 月由某市无水柠檬酸厂投资、被告供电公司架设的，产权归属于无水柠檬酸厂，属企业自用线。后无水柠檬酸厂改制为中外合资企业，即被告东亚公司。也就是说，东亚公司为高压线路的产权人。

法院认为，《民法通则》第一百二十三条规定和《触电解释》第二条规定，"因高压电造成人身损害的案件，由电力设施产权人依照民法通则第一百二十三条的规定承担民事责任。但对因高压电引起的人身损害是由多个原因造成的，按照致害人的行为与损害结果之间的原因力确定各自的责任。致害人的行为是损害后果发生的主要原因，应当承担主要责任；致害人的行为是损害后果发生的非主要原因，则承担相应的责任。"该条第一款的规定与《民法通则》

一百二十三条的规定是一致的，因经营高压电力属于高度危险作业，一旦造成他人损害，只要非受害人故意，则由电力设施产权人承担无过错责任。同时该条第二款又规定，如果因高压电引起的损害是由多个原因造成的，则按照致害行为与损害结果之间的原因力大小确定各自的责任，即适用过错责任原则。

根据查明的事实，本院认为，本案应适用《触电解释》第二条第二款的规定，即适用过错责任原则。王某作为一名钓鱼爱好者，明知水库上空设有高压线且所持的碳素鱼竿能够导电，却未对这种危险性加以注意，其在孙家水库钓鱼时，在两个钓鱼地点之间更换两次位置，四次经过高压线，却未将可收缩的鱼竿收回，采取伸竿竖拿的方式使得全长6.35米的鱼竿与高压线接触导致本人触电身亡，王某本人对事故的发生存在很大过错，应当承担主要责任。

被告韩某承包的水库既未办理经营养殖业的工商营业执照，并且在明知水库上空设有高压线的情况下对外开放经营垂钓，也未在水库四周设立任何高压线警示标志，不仅对电力设施构成危害，也威胁着垂钓者的人身安全，其危险性韩某应当知道，因此对事故的发生负有一定的责任。被告连川村委作为水库的发包方，明知水库无营业执照，却在与韩某签订的承包合同中允许韩某发展养殖，亦没有对韩某对外开放钓鱼的行为予以制止，疏于监督管理，对事故的发生亦应承担相应的责任。

被告东亚公司作为电力设施的产权人，在投资架设高压线时对水库、小路等早已形成的周边环境已经了解，《电力设施保护条例实施细则》第九条规定，"电力管理部门应在下列地点设置安全标志：（2）架空电力线路穿越的人员活动频繁的地区；"被告东亚公司的高压线横跨水库和小路，该路是工人上班、学生上学行走频繁的地区，东亚公司却未在该处设置任何安全标志，因此对事故的发生应承担一定的责任。《架空配电线路设计技术规程》规定，交通困难地区导线与地面或水面的最小距离10千伏高压线为4.5米，交通困难地区是指车辆、农业机械不能到达的地区。本案中10千伏高压线横跨水库，属于交通困难地区，现场勘验时测量三条高压线中最低一条与地面距离为5.7米，被告供电公司作为架设高压线的施工人，其架设的高压线符合上述规程的规定，对事故的发生不承担民事责任。后判决原告的各项损失由被告韩某承担20%，被告连川村委承担10%，被告东亚公司承担10%，原告自负60%。各被告之间互负连带责任，同时判决被告供电公司不承担民事责任。

评　析

本案是典型的多原因案件，损害结果的发生有直接原因也有间接原因。王某死亡的直接原因是鱼杆与高压线接触，应当承担主要责任。村委疏于管理、承包人擅自无证对外经营垂钓及未设置钓鱼安全警示标志，都不是必然产生损害后果的直接原因，而是一种条件，这种条件与王某的行为相结合，产生了损害后果，都是具有因果关系，应当承担相应的责任。

其次，被告东亚公司作为电力设施的产权人，但不是电力管理部门，没有设置安全标志的义务。况且附近工人上班、学生上学常走的一条宽度不足1米的小路，也不是《电力设施保护条例实施细则》第九条规定的"架空电力线路穿越的人员活动频繁的地区"。再者，同一地点在认定未尽安全警示义务时，认定为人员活动频繁的地区，在认定线路高度合格时，则认定为"交通困难地区"。两种认定是矛盾的。由此看来，本案电力设施产权人不应承担责任。

再次，本案是多原因案件，判决各被告互负连带责任是错误的。《侵权责任法》第十二条规定，"二人以上分别实施侵权行为造成同一损害，能够确定责任大小的，各自承担相应的责任；难以确定责任大小的，平均承担赔偿责任。"《触电解释》第二条规定，"因高压电造成人身损害的案件，由电力设施产权人依照《民法通则》第一百二十三条的规定承担民事责任。但对因高压电引起的人身损害是由多个原因造成的，按照致害人的行为与损害结果之间的原因力确定各自的责任。致害人的行为是损害后果发生的主要原因，应当承担主要责任；致害人的行为是损害后果发生的非主要原因，则承担相应的责任。"根据以上法律规定，本案不应判决韩某、连川村委会和东亚公司互负连带责任。

第三节 由违章建筑引起的触电案件

电力设施保护区内违章建筑引发的触电事故在各类人身触电事故中所占比例最大。该类事故有的是线路架设在前，有的是房屋建筑在前；有的经过相关政府部门批建手续，有的未经批准；也有电力设施不符合国家标准和技术规定，还有疏于管理维护的原因。但大多是建筑者的违法行为造成的。

一、电力线路保护区的法律规定

1. 第一种电力线路保护区

《电力设施保护条例》第十条规定，"电力线路保护区：

"（一）架空电力线路保护区：导线边线向外侧水平延伸并垂直于地面所形成的两平行面内的区域，在一般地区各级电压导线的边线延伸距离如下：

1—10 千伏	5 米
35—110 千伏	10 米
154—330 千伏	15 米
500 千伏	20 米

"在厂矿、城镇等人口密集地区，架空电力线路保护区的区域可略小于上述规定。但各级电压导线边线延伸的距离，不应小于导线边线在最大计算弧垂及最大计算风偏后的水平距离和风偏后距建筑物的安全距离之和。

"（二）电力电缆线路保护区：地下电缆为电缆线路地面标桩两侧各 0.75 米所形成的两平行线内的区域；海底电缆一般为线路两侧各 2 海里（港内为两侧各 100 米），江河电缆一般不小于线路两侧各 100 米（中、小河流一般不小于各 50 米）所形成的两平行线内的水域。"

当然在电力电缆线路保护区一般不会因建房发生人身触电事故。

2. 第二种电力线路保护区

这种叫法为了区别架空线路保护区，实际上就是《电力设施保护条例》第十条第二款规定的情形（详细参见本套丛书之《电力设施保护与纠纷处理》第89～93 页）。《电力设施保护条例实施细则》第五条规定，架空电力线路保护区，是为了保证已建架空电力线路的安全运行和保障人民生产、生活的正常供电而必须设置的安全区域。在厂矿、城镇、集镇、村庄等人口密集地区，架空电力线路保护区为导线边线在最大计算风偏后的水平距离和风偏后距建筑物的水平安全距离之和所形成的两平行线内的区域。各级电压导线边线在计算导线最大风偏情况下，距建筑物的水平安全距离如下：

1 千伏以下：	1.0 米；	1～10 千伏：	1.5 米；
35 千伏	3.0 米；	66～110 千伏	4.0 米；
154～220 千伏：	5.0 米；	330 千伏：	6.0 米；
500 千伏：	8.5 米。		

二、架空电力线路保护区建房的法律法规规定

《电力法》第五十三条第二款规定，"任何单位和个人不得在依法划定的电力设施保护区内修建可能危及电力设施安全的建筑物、构筑物"，《电力设施保护条例》第十五条第（三）项规定，"任何单位或个人在架空电力线路保护区内，必须遵守下列规定：（三）不得兴建建筑物、构筑物。"《电力法》第五十五条规定，"电力设施与公用工程、绿化工程和其他工程在新建、改建或者扩建中相互妨碍时，有关单位应当按照国家有关规定协商，达成协议后方可施工。"《电力设施保护条例》第二十二条规定,"公用工程、城市绿化和其他工程在新建、改建或扩建中妨碍电力设施时,或电力设施在新建、改建或扩建中妨碍公用工程、城市绿化和其他工程时,双方有关单位必须按照本条例和国家有关规定协商,就迁移采取必要的防护措施和补偿等问题达成协议后方可施工。"

三、由违法建筑引起的触电人身伤亡处理实务

电力线路保护区内建设房屋和构筑物的现象普遍存在,已经成为影响电力线路安全运行、危害人身安全的最大隐患,是电力企业头疼的问题,也是亟待法律法规进一步明确规范的问题。

1. 电力设施保护区未经批准建房、搭建构筑物

在电力设施保护区未经批准违法建设居住房屋的比例小于临时或短期搭建构筑物或简易住房的。在城乡结合部和农村,这种搭建行为尤为严重。如养殖鸡鸭的,在居住区以内会遭到邻居的抗议,就到附近的野外建设养殖鸡鸭的场房和简易住房、搭建种植蔬菜和其他植物的大棚和看护房屋、搭建临时木材厂市场、钢材市场等。这种情况,违法建设人双重违法,一是违反了《电力法》,在电力设施保护区违法建设;二是违反行政法,未经批准违法建筑。电力设施产权人通过己方巡视检修、群众举报或其他渠道获悉该类违法建设的,应予以劝导制止、送达《用电检查通知书》或《安全隐患整改通知书》并由建设者签收,并立即报告电力管理部门并请求处理。建设过程中,发生人身触电事故,受害人是建设者本人责任自担,是其他雇佣、承揽关系,则按照合同关系处理。如果电力设施符合国家标准和技术规程,产权人不承担责任。

2. 电力设施保护区经批准建房

这种情况是电力线路建设在前,建房人或者地产开发商经政府相关部门批准,侵入电力设施保护区违法建房。就电力设施保护而言,不管是否经过政府相关部门批准,都是违反电力法律法规的违法行为。只是承担责任的主体和责任大小不同。违法批建单位应当承担责任。

如果是大片的房地产开发的网点,涉及居住房屋和线路安全距离问题的,应报告政府部门协调处理,或者建设方出资迁移线路或者更改地产开发网点的地基定位或者通过行政诉讼处理得到彻底解决。千万不要在没有政府结论的情况下,为图省事,就睁一只眼闭一只眼,不了了之。实际上,恰恰相反,一旦房屋建设工程竣工后,发生人身触电事故,就麻烦多多。

在土地、城建规划部门批准建房的情况下,如是违反《电力法》侵入电力

设施保护区的话，同样要如同上述第 1 种情形，坚决履行完毕所有的制止措施（包括增加安全警示标识和封堵危险通道的措施），将案情报告电力管理部门和土地、城建规划部门并请求立即处理。至此，问题仍然得不到解决的话，电力设施产权人要与政府批建部门、地产开发商签订安全协议，划分未来人身触电事故的责任承担。在建设过程中和房屋竣工交付使用后，发生人身触电事故的，由违法批建单位和违法建筑人承担触电人身损害赔偿责任。

>>案例 9-12 某供电公司曾在 1996 年架设了一条高压线路，2002 年江某经当地政府规划部门批准在该高压线下建房，并依法取得房屋产权证。江某建好的房顶离高压线不到 2 米，对此，供电公司多次向当地政府提出紧急请示报告，要求拆除电力设施保护区内的房屋，并向江某发出整改通知，禁止其进入高压区。2005 年 9 月，江某雇佣李某为其房顶加盖隔热层，在作业中李某不小心碰到高压线，导致触电死亡。后死者亲属向法院提起诉讼，要求雇主江某及供电公司共同承担赔偿责任。

法院审理认为，供电公司架设高压线在先，且线路架设符合法律规定的标准，江某建房虽经批准，并取得产权证，但江某所建房屋违反了《电力法》的规定。对江某房屋存在的危险隐患，供电公司多次向江某发出整改通知，禁止其进入高压区，也多次向政府提出请示报告要求拆除。供电公司对危险隐患已采取了应尽的措施，故对李某在房顶作业时触电死亡，供电公司没有任何过错，对李某死亡这一损害结果不应承担民事赔偿责任。

评析

在本案中，供电公司架设高压线在先，江某建房在后，供电公司依法向政府部门提出了要求拆除电力设施保护区内建筑物的报告，并且也向江某发出了"禁止进入高压区"的警告通知。我国《电力法》第五十三条规定，"任何单位和个人不得在依法划定的电力设施保护区内修建可能危及电力设施安全的建筑物、构筑物"。第六十九条规定，"违反本法第五十三条规定，在依法划定的电力设施保护区内修建建筑物、构筑物或者种植植物、堆放物品，危及电力设施安全的，由当地人民政府责令强制拆除、砍伐或者清除。"《触电解释》第三条第（四）项规定，受害人在电力设施保护区内从事法律、行政法规所禁止的行为，因高压电造成人身损害的，电力设施产权人不承担民事责任。本案中李某在为江某违法所建房屋加盖隔热层时触电死亡这一损害结果，应由雇主江某承担赔偿责任。供电公司已经采取了措施防止危险的发生，对李某的触电死亡供电公司没有过错，故此不应承担民事责任。

但是，本案值得指出的是，在江某违法建房期间，如果供电公司知情后未尽制止、通知、报告和请求处理的职责，而是任其竣工后方采取措施的话，应属过错，应当承担相应责任。

3. 第二种电力设施保护区内未经批准翻建房屋

这种情形一般是房屋在前，电力线路建设在后。这种情况在架线之初，就不是按照第一种电力设施保护区宽度而是按照《电力设施保护条例实施细则》的第二种线路保护区（安全距离）确定线、屋距离的。因为安全距离远远小于第一种电力设施保护区的宽度，在安全距离范围内建筑施工触电风险更大。因此，电力设施产权人获知建设者没有获得政府相关部门的批建手续翻建、修缮房屋的，应予以劝导制止、送达《用电检查通知书》或者《安全隐患整改通知书》并由建设者签收，并立即报告电力管理部门并请求处理，直至隐患得到根除为止。

值得进一步研究的是，正因为第二种电力设施保护区的距离远远小于第一种，如，10千伏线路，第一种为5米，第二种为1.5米。这样，对于第二种情形，有时候建筑施工人往往并不在第二种电力设施保护区内施工，而是在保护区之外。发生事故一般是由违法施工人手持导电杆件侵入保护区触及高压线所致。这就对于适用《触电解释》第三条第（四）项"在电力设施保护区从事法律、法规所禁止的行为"产生了如下疑问：这种情形算是在电力设施保护区内施工吗？就10千伏架空线路而言，在1.5米之外，就是在保护区之外。如果这时电力设施产权人强调，10千伏线路保护区是5米的话，有违客观事实。因为房屋在前，建设线路在后，架线之初就无法满足5米的要求，而是按照《电力设施保护条件实施细则》的1.5米规定施工的。《电力设施保护条例实施细则》第五条明确规定，在厂矿、城镇、集镇、村庄等人口密集地区，架空电力线路保护区为导线边线在最大计算风偏后的水平距离和风偏后距建筑物的水平安全距离之和所形成的两平行线内的区域（1~10千伏，1.5米）。所以，对于第一种、第二种电力设施保护区应分别按法规、规章规定来确认，不能在承担人身触电赔偿责任时就强调是第一种保护区（大），在房屋拆迁补偿时就强调第二种保护区（小），甚至有的地方政府采用更小距离的设计规范来划定房屋拆迁范围，以达到节约土地，开发房地产的目的。再者，房屋翻建、修缮是在所难免的。在第二种保护区附近（保护区之外）经有关部门批准，并采取了安全措施，翻修房屋是应当允许。在这种情形下，发生了人身触电事故，不应当对电力设施产权人适用免责条款。原因很简单——房屋翻建、修缮人没有在电力设施保护区内施工，而是在保护区外边，在附近。因此，提醒电力设施产权人，遇到这种情形只能安排专人敦促、提醒、监督建设人和施工人采取切实可靠的安全措施，如使用硬质的、密度大的安全防护网，以免施工杆件、材料触及高压线。因为实际上这是《安全生产法》第四十条所规定的情形，"两个以上生产经营单位在同一作业区域内进行生产经营活动，可能危及对方生产安全的，应当签订安全生产管理协议，明确各自的安全生产管理职责和应当采取的安全措施，并指定专职安全生产管理人员进行安全检查与协调。"电力企业不可尽到提醒责任之后就一走了之。

>> **案例9-13** 2010年，被告黄某未经政府职能部门审批，对自己位于老山村民小组的164号房屋拆旧建新，并建成占地70余平方米的砖混结构四层楼房主体工程。房屋主体工程东北边外墙角距被告供电公司所有并经营管理的海景—老山6~7号杆塔之间的10千伏裸体高压线水平距离为3.05米，高压线垂直地面距离为6.96米。

2010年7月14日，被告黄某与何某签订协议，将房屋主体工程的内外墙粉刷等装修工程承包给何某施工，何某雇请原告杨某等人参与施工。2010年8月8日18时许，何某与原告杨某在房屋第二层脚手架上传递钢管时不慎触及空中的10千伏裸体高压线，致何某当即被电击死亡（已另案处理），杨某被电击致伤。原告杨某的伤情经县人民医院诊断：杨某因被电击致右额部、颈背部、臀部、右上肢掌指烧伤深二度，住院治疗36天，住院费7174.7元，出院后在县人民医院门诊外科作康复治疗，治疗费381.83元。2010年10月18日，原告杨某的损伤经司法鉴定中心鉴定，除之前县医院诊断的伤情外，杨某伤情经治疗现右手大、小鱼际肌萎缩，右手呈"爪"形手改变，评定为6级伤残，其损伤需继续对症治疗，后期治疗费约需7000元，鉴定费600元。另经查明，此次触电事故不涉及被告村委会、老山村民小组。

法院认为，《民法通则》第一百二十三条规定，"从事高空、高压、易燃、易爆、剧毒、放射性、高速运输工具等对周围环境有高度危险的作业造成他人损害的，应当承担民事责任，如果能够证明损害是由受害人故意造成的，不承担民事责任。"第一百三十一条规定，"受害人对于损害的发生也有过错的，可以减轻侵害人的赔偿责任。"《侵权责任法》第六条规定，"行为人因过错侵害他人民事权利的，应当承担责任。"第七十三条规定，"从事高空、高压、地下挖掘活动或者使用高速轨道运输工具造成他人损害的，经营者应当承担侵权责任，但能够证明损害是因受害人故意或者不可抗力造成的，不承担责任。"本案中，因原告杨某的触电损害结果与死者何某、被告供电公司、被告黄某之间存在法律上的因果关系，因此，原告要求三被告承担赔偿责任，法院应予支持。被告供电公司提出因被告黄某与何某签订的房屋装修协议系承揽合同，黄某的建房行为系违法行为，且杨某是为黄某装修房屋发生触电事故，其不应承担责任的辩解意见法院不予支持。因为致原告杨某触电伤害的 10 千伏高压线经营权人、所有人系被告供电公司，且杨某无触电的故意行为，依据法律的规定，被告供电公司应承担本案无过错归责的特殊侵权责任。原告杨某系死者何某雇佣参与施工的人员，发生触电事故时，杨某未满 18 周岁，其对安全注意义务认识不足，因此，何某雇佣童工参与施工，应承担相应的民事赔偿责任，因何某已死亡，其应承担的赔偿责任应由其妻子承担；杨某已满 16 周岁，对安全防范未予应尽的注意，对造成损伤，自己也应承担相应的责任；被告黄某建房虽系拆旧建新，但未经相关职能部门审批，其建房与杨某触电造成伤害之间存在法律上的因果关系，应承担导致本案损害结果发生的过错赔偿责任；被告村委会、老山村民小组不是本案触电高压线的所有人和经营使用权人，故原告主张其赔偿无事实和法律依据，其对被告村委会、老山村民小组主张权利的诉讼请求，法院不予支持。

综上，法院判决被告何某妻子承担 30% 赔偿责任，即 16 367.60 元；被告供电公司承担赔偿 35% 责任，即 16 367.60 元；被告黄某承担 20% 赔偿责任，即 10 911.74 元。精神损害赔偿三被告各负担 1500 元。被告村委会、老山村民小组不承担责任。

评 析

本案认定事实有如下错误：

①被告黄某建房虽系拆旧建新，但未经相关职能部门审批，违法建筑仅是过错之一；还有发包工程选任错误和未尽告知承揽人施工环境的安全隐患的过错，未经电力管理部门批准违法施工的过错。

②何某不仅是雇用童工的过错，仅就雇佣关系，何某就应对原告损失承担无过错责任；何某另有未经电力管理部门批准，并未采取安全措施违法施工的过错。

本案房屋主体工程东北边外墙角距 10 千伏裸体高压线水平距离为 3.05

米。电力设施产权人没有过错，但是没有证据证明施工人在距离高压线保护区1.5 米范围内施工，所以没有适用免责规定，而是承担了最大的按份责任。

4. 第二种电力设施保护区内经批准翻建房屋

翻建、修缮房屋是不可避免的，建设者：一要获得政府相关部门的批建手续；二要经过电力管理部门批准并采取了切实可靠的安全措施；三是要保证工程竣工之后，建筑物和线路之间的距离仍然符合第二种保护区（线、屋之间的安全距离）的要求。如果房屋建筑人，取得了规划城建部门的批准，获得了电力管理部门的批准并采取了切实可靠的安全措施，应当允许建设者翻建和修缮。但经过测试确认，竣工后不符合《电力设施保护条例实施细则》安全距离规定的，电力设施产权人坚决予以劝止翻修房屋，尽到所有的管理职责。报告电力管理部门并提请立即处理，报告房屋批建部门，说明批建是违法，应当收回成命并立即作出处理。如上情形，如果电力设施产权人设备完好且没有任何过错的话，在房屋翻建和修缮过程中以及竣工后的日子里发生人身触电事故的，应由建设者和批建部门承担责任。

5. 电力设施产权人免责

在上述 1～4 的任何一种情形，如果产权人的电力设施符合国家标准和技术规定，设置了必要的警示标志，并且尽到了劝止、通知、报告电力管理部门和其他相关部门并请求处理的安全管理义务。就是说产权人的电力设施完好无缺，安全管理行为没有瑕疵。这样，施工过程中，任何施工人造成触电损害的，根据《触电解释》第三条第（四）项之规定，"因高压电造成他人人身损害有下列情形之一的，电力设施产权人不承担民事责任：（四）受害人在电力设施保护区从事法律、行政法规所禁止的行为。"电力设施产权人均不承担责任。可以参考 2004 年《湖北省法院民事审判若干问题研讨会纪要》（二）关于触电人身损害赔偿问题第三条，在设有警示标志的电力设施保护区内的高压电线下垂钓或新建、扩建、改建建筑物遭受电击伤害的，可以认定损害是受害人故意造成，根据《民法通则》第一百二十三条、第一百三十一条的规定，电力设施产权人或供电企业不承担责任。最高人民法院咨询委员会副主任、全国人大法律委员会委员李国光主编的《解读最高人民法院司法解释》认为，在电力设施保护区内钓鱼就是从事一种法律法规所禁止的行为，这实际上是一种间接的故意。《安徽省高级人民法院审理人身损害赔偿案件若干问题的指导意见》（皖高法〔2006〕56 号）第三条规定，在设有警示标志的电力设施保护区内的高压电线下垂钓或新建、扩建、改建建筑物遭受电击伤害的，可以认定损害是受害人故意造成，根据《民法通则》第一百二十三条、第一百三十一条的规定，电力设施产权人或供电企业不承担责任。

实践中，法院审理人身触电案件时，往往绕开《触电解释》第三条第（四）项，仅仅咬住《民法通则》第一百二十三条"如果能够证明损害是由受害人故意造成的，不承担民事责任。"强调受害人的故意是故意触电伤亡，才是法定的也是不具争议的免责条件。那么《触电解释》第三条规定的（二）（三）（四）是否属于故意呢？故意包括两种情形：直接故意，是受害人明知其行为会导致损害后果，而追求或希望损害结果的发生。如《触电解释》的第（二）项"受害人以触电方式自杀、自伤"。间接故意，受害人明知其行为可能导致损害后果，而放任这种后果的发生。如第（三）项"受害人盗窃电能，盗窃、破坏电力设施或者因其他犯罪行为而引起触电事故"；第（四）项"受害人在电力设施保护区从事法律、行政法规所禁止的行为。"

既然《民法通则》没有明确是直接故意，就应该理解为包括间接故意。至此，即使适用《民法通则》第一百二十三条，《触电解释》第三条第（四）项"受害人在电力设施保护区从事法律、行政法规所禁止的行为"也应该成为电力设施产权人的免责条件。况且在民法上，重大过失都被认为等同于间接故意。

>>案例9-14 2001年3月，良格庄村民胡某翻建住宅时，未履行任何报批手续，私自将原房扩展至邻近的高压线下方，产权人某铁路分局多次制止无效。当胡某登上房顶钉板皮时触电身亡。其妻起诉后，一审法院认为，受害人侵入电力设施保护区建房，违反了法律法规的禁止性规定，属于高压电作业人的法定免责事由，依法驳回了原告的诉讼请求，原告未上诉。

评 析

在电力设施保护区内违法建房过程中，触电伤亡，如果产权人的电力设施符合国家标准和技术规定，又多次制止违法建房并采取了一系列防范措施，判决对受害人责任自负争议不大。电力设施产权人，不要妥协退让，要坚持免责抗辩。

6.违法建筑过程中与违法建筑竣工后的责任承担

在违法建筑过程中，施工人触电伤亡，如果电力设施产权人符合免责的条件，可以免责。但是，违法建筑人及其施工人在建设过程中没有发生触电事故，房屋竣工后（尤其是持有政府相关部门批建手续者），就摇身一变成为合法建筑。但是该房屋或者在电力设施保护区以内或者与电力线路之间的安全距离不符合《电力设施保护条例实施细则》的规定遗留下安全隐患。这种情况，以后再发生人身触电事故，受害人不管是违法建房人还是第三人，电力设施产权人都在劫难逃。为什么呢？其一，房子建筑过程中违法，如今合法了（有批建手续和证书），其二线路的安全距离不足。线路是产权人的，至于安全距离不足的原因，自房屋竣工到案发，也许数月也许数年十几年，时过境迁，人去楼空，证据不在，如何弄清这些陈年旧账？难度自然很大。谁来承担责任？根据产权归责原则，当然是电力设施产权人。2010 年 7 月 1 日起施行的《侵权责任法》在第六十九条、七十三条和七十六条中分别提出了"高度危险作业人"、"经营者"和"管理人"的主体概念。其间关系为，经营者一般涵盖高度危险作业人和管理人，但未必是产权人。因此，具体的责任主体，应根据案发时的具体情况依据《侵权责任法》的相关规定具体分析。由此提醒，电力设施产权人、经营者、高度危险作业人和管理人，千万不要吃"悔不当初"的后悔药。一旦发现违法建筑，要态度坚决，用尽浑身解数，让违法建筑者停止侵害，恢复原状。否则，机会稍纵即逝，工程竣工后，拆除与否是政府的权力，结果大多是房屋留下来。这样，不一定哪一天，电力设施产权人就要为自己当初对违法建筑者放过一马或者稍有懈怠而承担一笔巨额的冤枉债！

7. 电力设施产权人没有发现违法建筑的情形

电力设施巡视，如果没有维修消缺或者群众举报，都是按照一定的周期性进行的。如，《架空配电线路及设备运行规程》（SD 292—1988）规定，10 千伏线路的巡视周期为：城镇线路设备每月一次，农村线、专线设备每季度至少一次。这样，很可能出现违法建筑人恰好在两次巡视之间在第一种电力设施保护区内实施违法建筑活动，或者翻建、修缮后的新房不符合第二种电力设施保护区规定的安全距离。违法建筑已经落成，怎么办？

（1）对于未经批准的违法建筑，电力设施产权人应当向电力管理部门和当地政府汇报，要求拆除违法建筑。

（2）对于已经批准的违法建筑，电力设施产权人应当向相关部门，如土地、城建规划部门和当地政府汇报，要求拆除违法建筑。

以上维权活动，直至当地政府有了明确的处理决定，将己方的案情报告、请求拆除违章建筑的文件和政府的处理决定整理归档，以备后来出现人身触电事故，作为已尽安全管理职责之证据。

>> 案例9-15 2002年，原告刘甲和被告刘乙拆除父亲宅基地上的旧房，共同出资建起一幢二层的楼房，同时，在10千伏高压线垂直下方，沿着宅基地的边界修建一条2.5米高的围墙并安装了铁门。原告刘甲和被告刘乙修建房屋和围墙没有办理规划、报建手续，被告供电公司亦没有进行阻止。2006年1月28日下午，被告刘乙把两根铁管捆在一起，再把铁管绑在敞开的东扇铁门上，然后将鞭炮挂在铁管上燃放庆祝除夕，放完鞭炮，被告刘乙未将铁管从铁门上取下。下午6时10分，李某清扫院子，当扫至铁门时，顺手推关东面铁门，此时绑在铁门上的铁管触碰到上方的高压线，致李某当场触电死亡。事故发生后，被告供电公司将该段线路升高至9.25米。死者子女刘甲等向被告供电公司要求赔偿遭拒绝，于是诉至本院。

一审法院审理认为：从事高度危险作业造成人身和财产损害，适用无过错责任原则，承担民事责任，除非具有法定的免责事由。该电力线路属被告供电公司所有，电压等级10千伏，系高压电，被告供电公司在输电作业中，致死李某，造成人身损害。被告供电公司没有证据证明李某的人身损害是不可抗力所致或受害人自己故意造成，或是受害人在电力设施保护区从事法律、行政法规所禁止的行为造成，被告供电公司应对李某的人身损害承担损害赔偿责任。原告刘甲和被告刘乙未经规划、报建审批，擅自在高压线路保护区内修建楼房和围墙，且被告刘乙又在高压电设施保护区内绑架铁管燃放鞭炮，违反了法律、行政法规的禁止性规定。正是原告刘甲和被告刘乙在高压电设施保护区内修建围墙、绑架铁管、燃放鞭炮的违法行为，才致李某死亡。被告供电公司和原告刘甲、被告刘乙违法行为的原因力作用相当，双方应承担同等民事责任，即被告供电公司承担50%的赔偿责任。判决被告供电公司应自本判决生效之日起十日内，赔偿原告刘甲等各项费用合计66 843元。

双方都不服一审判决提出了上诉。

原告诉称，根据《触电解释》第三条规定："因高压电造成他人人身损害有下列情况之一的，电力设施产权人不承担民事责任……（四）受害人在电力设施保护区从事法律、行政法规所禁止的行为。"原审被告刘乙不是本案的受害人，本案的受害人即死者李某。一审法律引用此条，显然是适用主体错误。

供电公司诉称：本案刘乙、刘甲、李某是完全民事行为能力人，应当承担事故的全部责任。第一，所谓我公司对刘乙等人的违法行为"亦没有进行阻止"，电力企业发现的危害电力设施安全的行为应当制止，但电力企业不可能也不应当对他人危害电力设施安全的行为承担责任。同理，交通警察制止危害交通安全行为，但不承担交通事故责任。第二，根据《触电解释》第三条规定，受害人在电力设施保护区从事法律、行政法规所禁止的行为，电力设施产权人不承担民事责任。总之，刘乙在架空电力线路下捆绑加长铁管放鞭炮，刘乙、刘甲、李某在架空线路下违法建房建墙的行为，违反了法律法规的禁止性规定，所以上诉人符合无过错责任的免责条件，不应负赔偿责任。

本院二审审理查明：一审查明的基本事实属实。

本院认为：本案高压电引起的人身损害是由多个原因造成的，因此，应按照致害人的行为与损害结果之间的原因力确定各自的责任。上诉人刘甲与原审被告刘乙未经审批，擅自在高压电保护区内修建围墙，其行为违反了《电力设施保护条例》第十条关于任何单位或个人在架空电力线路保护区内，不得兴建建筑物、构筑物的规定。原审被告刘乙又在高压电设施保护区内绑架铁管燃放鞭炮，违反了《电力设施保护条例》第十五条关于任何单位或个人在架空电力线路保护区内，不得堆放谷场、草料、垃圾、矿渣、易燃物、易爆物及其他影响安全供电的物品的规定。正是原审被告刘乙在高压电设施保护区内修建围墙，特别是原审被告刘乙在高压电设施保护区内绑架铁管、燃放鞭炮的违法行为，导致李某触电身亡。原审被告刘乙虽在主观上不存在故意，但客观上造成该损害结果的发生，理应负有一定责任，即承担50%民事赔偿责任较妥。上诉人刘甲虽与原审被告刘乙一起未经审批就擅自在高压电保护区内修建围墙，但其并非促成损害事故发生的直接行为和责任人，因此，上诉人刘甲并无过错，依法不承担民事责任。李某虽为具有民事行为能力的人，但李某年事已高，预见能力差，对损害后果仅有轻微的过失，一审认定其不应承担民事责任并无不当。

本案涉及的是特殊侵权责任，应按无过错责任原则进行处理。上诉人供电公司是电力线路产权人，该供电线路电压等级10千伏，系高压电。上诉人供电公司在输电作业中，虽然主观上无过错，但客观上造成了李某的人身损害结果，且两者之间存在因果关系，应当承担民事责任；第一百二十三条亦作了特别规定：从事高空、高压、易燃、易爆、剧毒、放射性、高速运输工具等对周围环境有高度危险的作业造成他人损害的，应当承担民事责任。因此，上诉人供电公司对李某触电死亡仍须承担民事责任。上诉人供电公司主张责任免责，但没有证据证明李某的人身损害是不可抗力所致或受害人自己故意造成，或是受害人在电力设施保护区从事法律、行政法规定禁止的行为造成，况且，李某对损害后果仅有轻微的过失，故上诉人供电公司不具备免责条件。另，上诉人供电公司在生产经营过程中，涉案的电杆上及其附近没设立安全警示标志，疏于管理，对上诉人刘甲与原审被告刘乙未经审批，擅自在高压电保护区内修建围墙的行为未予管理和制止，造成损害结果的发生，违反了《电力设施保护条例》的相关规定。一审认定上诉人供电公司与原审被告刘乙的违法行为原因力作用相当，双方应承担同等民事责任，即被告供电公司承担50％的赔偿责任是正确的。驳回上诉，维持原判。

评 析

本案是屋前线后，属于第二种电力设施保护区。原告刘甲和被告刘乙在垂直线下建设2.5米高墙，就是在第二种保护区从事违法行为。这也是事故的祸根。

（1）二审认定上诉人刘甲与原审被告刘乙未经审批，擅自在高压线保护区内修建围墙，其行为违反了电力法律法规的规定，是事故因果关系之一。刘甲应是被告却变成原告，不承担责任，真是搬起石头砸自己的脚。另外，刘甲、刘乙、李某同住一座建筑物，应是共同违法建房人，都应承担责任。

（2）二审认定被告刘乙在高压电设施保护区内绑架铁管燃放鞭炮，违反了《电力设施保护条例》第十五条关于任何单位或个人在架空电力线路保护区内，不得堆放谷场、草料、垃圾、矿渣、易燃物、易爆物及其他影响安全供电的物品的规定是错误的。危害电力设施的行为形形色色，千变万化，不可能列举穷尽。本案应该适用《电力设施保护条例》第十四条第十一项规定"其他危害电力设施的行为"。本案在10千伏高压线第二种保护区内绑架8米长铁管燃放鞭炮之后，并不拆除的行为，让任何完全民事行为能力人都会认定为"危害电力设施的行为"。刘乙身为国家工作人员，应当具有充分的认识。

（3）二审认定，上诉人供电公司在输电作业中，虽然主观上无过错，却又认定没设立安全警示标志，疏于管理，自相矛盾。电力设施产权人并不是天天巡视而是依照周期进行，当违法建筑人在两次巡视之间从事违法活动，产权人无法发现，无从制止。

（4）二审抓住了行为人免除责任唯一的条件就是证明损害是由受害人故意造成的。本案刘乙应属间接故意，承担主要责任。因此，刘甲、刘乙、李某应当承担全部责任。

（5）原审被告的上诉理由：刘乙不是本案的受害人，本案的受害人即死者李某。一审引用《触电解释》第三条第（四）项，受害人在电力设施保护区从事法律、行政法规所禁止的行为，电力设施产权人不承担民事责任，显然是适用主体错误。这一理由很高明，值得深究。首先确定刘乙在电力设施保护区从事法律、行政法规所禁止的行为。尽管刘乙不是受害人，但要承担由于免责而转移的主要责任（刘甲、李某承担次要责任）。根据特别法优于一般法的原则适用《电力法》第六十条第三款"因用户或者第三人的过错给电力企业或者其他用户造成损害的，该用户或者第三人应当依法承担赔偿责任。"原审原告抓住了法院不适用《电力法》的漏洞，搞借尸还魂的把戏。总之，供电公司符合免责条件，李某之死应由刘乙、刘甲和李某承担。如果法院不判决刘甲、刘乙、李某承担全部责任。供电公司可以另案起诉追偿。

（6）本案原告放弃对刘甲的起诉，法院经审理后认为刘甲应当作为被告参诉并承担责任，应向原告释明，原告仍坚持原来起诉的，法院在判决时应对该案刘甲应承担的这部分责任扣减出来，剩余部分责任由被告承担。

启　示

事故发生后，被告供电公司将该段线路升高至9.25米。如果案发之前线路的高度达到规程的要求，这是错误的做法。发生事故后在未作出最后处理之前，千万不要加高线路，这样难免原来线路不合格，"知错改错"以及破坏现场之嫌疑。当然，线路高度就是不符合规程要求，为避免事故再发，应及时加高。本案再次说明，违法建筑，时过境迁，电力设施产权人就难免承担冤枉责任。

第四节　其他行为引起的触电案件

在电力设施保护区从事法律法规所禁止的行为，除了最常见、最主要的保护区内违法建房施工外，还有保护区内其他施工作业、种植、堆积、攀爬电力设施等违法行为。《电力设施保护条例》第十四条至第十八条作了列举和兜底式的规定。本节主要以除了建房以外的施工作业和其他违法行为为例，讨论该类案件的处理实务。

一、在电力设施保护区施工作业的法律法规规定

《电力法》第五十四条规定，"任何单位和个人需要在依法划定的电力设施保护区内进行可能危及电力设施安全的作业时，应当经电力管理部门批准并采取安全措施后，方可进行作业。"第五十五条规定，"电力设施与公用工程、绿化工程和其他工程在新建、改建或者扩建中相互妨碍时，有关单位应当按照国家有关规定协商，达成协议后方可施工。"《电力设施保护条例》第十七条规定，"任何单位或个人必须经县级以上地方电力管理部门批准，并采取安全措

施后，方可进行下列作业或活动：（一）在架空电力线路保护区内进行农田水利基本建设工程及打桩、钻探、开挖等作业；（二）起重机械的任何部位进入架空电力线路保护区进行施工；（三）小于导线距穿越物体之间的安全距离，通过架空电力线路保护区；（四）在电力电缆线路保护区内进行作业。"第二十二条规定，"公用工程、城市绿化和其他工程在新建、改建或扩建中妨碍电力设施时，或电力设施在新建、改建或扩建中妨碍公用工程、城市绿化和其他工程时，双方有关单位必须按照本条例和国家有关规定协商，就迁移、采取必要的防护措施和补偿等问题达成协议后方可施工。"

二、在电力设施保护区施工引起的触电案件

线下施工主要是指在第一种电力设施保护区内违法施工的情形。如高压线下起吊物体，挖掘，堆积砂子、石料等或者在电力设施周围爆炸等引起的人身触电事故。因为第二种电力设施保护区，一般距离建筑物距离比较近，难以在电力设施保护区内施工。

该类案例的处理，作为电力设施产权人，应当注意以下几个方面。

（1）事故发生时电力设施是否符合国家标准和技术规程规定，如果不符合，其原因是什么。如起重机线下作业，触碰电力线，可能造成人身触电、线路损坏并跳闸；线路架设竣工时，对地距离符合规定，发生事故时则已经不符合规定，那就一定要找出线下违法堆积者；线杆倒塌造成人身触电，要追究线下挖掘者的责任。

（2）线下施工引起的人身触电案件，一般会伴随着破坏电力设施，如线路断股、设备烧毁和停电等损失。在处理案件时，电力设施产权人要提出赔偿。

（3）该类案件往往是电力设施产权人没有过错，多由第三人违反电力法律法规施工引起的，处理该类案件需准确地认定赔偿责任主体。

>> 案例9-16　2008年4月某日，某县个体工商户张某在某预制板厂进行吊装作业时，不慎将起重机的起重臂触碰到空中的10千伏高压线造成伤害。张某的作业活动未经某电力管理部门批准，亦未采取安全措施。《民法通则》第一百二十三条规定，"从事高空、高压、易燃、易爆、剧毒、放射性、高速运输工具等对周围环境有高度危险的作业造成他人损害的，应当承担民事责任；如果能够证明损害是由受害人故意造成的，不承担民事责任。"法院依据该条判决某供电公司对张某的违法行为承担赔偿责任，理由是供电公司属于高度危险作业且不能证明受害人故意触电致伤。

▶ **评　析**

　　法院对"故意"一词的理解在司法解释出台前也仅限于直接故意（如使用电力自杀、自残等），而现在也扩大到包括间接故意。在实际发生的因触电引起的人身伤亡事故中，有相当数量的案件是由于受害人在电力设施保护区从事了法律、行政法规所禁止的行为。受害人虽不希望或追求人身伤亡的结果，但其主观心理状态存在间接故意，即放任损害的发生，也属于《民法通则》第一百二十三条中规定的"故意"的一种。

　　《电力设施保护条例》第十七条规定，"任何单位或个人必须经县级以上地方电力管理部门批准，并采取安全措施后，方可进行下列作业或活动：（二）起重机械的任何部位进入架空电力线路保护区进行施工。"本案受害人张某擅自进入电力设施保护区进行起吊作业，属于违法行为。应对遭受伤害的后果承担责任，不能要求电力设施产权人承担所谓的"无过错责任"。

　　《电力法》第六十条规定，"电力运行事故是由于用户自身的过错造成的，电力企业不承担责任。"本案中受害人自身存在间接故意的过错，电力企业应予免责。

▶▶ 案例9-17　2006年7月30日上午11时许，结子乡樊里村在修通村水泥路拓宽路面放炮时，飞起的碎石将被告电力公司所有的位于樊里村峡口处的距10千伏青云线铁铜支线81～83号杆垂直于地面平行距离不足五米的高压线打断。该高压线打断后，结子乡政府在施工现场的领导和樊里村委会的领导及时打电话向结子乡电管员、云镇供电所作了汇报，请求他们组织人员进行抢修，但结子乡电管员及云镇供电所没有及时赶到现场进行抢修。之后，结子乡通村水泥路建设指挥部、樊里村委会决定自己抢修被打断的高压电线，安排罗某和原告杨某上杆维修，安排村民黄某到粟园村闸刀处看守，并请粟园村电管员吕某断开电源。当日下午14时许，粟园村电管员吕某给黄某示范如何开、合闸，就在示范合闸的瞬间导致正在81号电杆上进行接线作业的原告杨某触电，双臂受伤。原告虽经及时抢救得以保住性命，但致双臂截肢，构成一级伤残，完全丧失了劳动能力，现提起诉讼，要求被告结子乡政府、樊里村委会和供电公司赔偿原告各种经济损失共1 355 651.90元。

　　原告认为，被告樊里村在修通村水泥路放炮时，将被告镇安县电力公司的高压线打断，负责水泥路建设的结子乡政府干部给乡电管员打电话要求前来抢修，乡电管员推托不来，后又和被告电力公司的云镇供电所联系，仍无人来抢修。被告村委会即安排原告连接被打断的高压线，在连接高压电线的过程中，原告被高压电打伤，虽然及时抢救得以保住性命，但致使我双臂截肢，构成一级伤残。三被告应当承担赔偿责任。

被告结子乡人民政府认为，通村水泥路是由镇安县人民政府立项，乡政府组织协调，村委会具体实施的村级公路，路产权归村委会所有，公路施工中造成原告触电伤害，应由公路产权人承担相应责任，乡政府既不是公路的投资者，又不是公路的所有人，对公路建设中造成的损害不应承担赔偿责任。原告的损害是由高压电击伤形成的，应由接通高压电的责任方承担赔偿责任。被告电力公司的电管员疏于注意，给别人示范开、合闸致原告被电击伤，村级电管员在履行职务中造成他人损伤，被告电力公司应依法承担赔偿责任。

被告电力公司认为，在本案中，结子乡人民政府和樊里村委会未经批准擅自在高压线路保护区内从事爆破作业，不采取任何保护措施，致使高压线被打断的行为，是法律、行政法规所禁止的行为。原告杨某在结子乡政府、樊里村委会的指示下，擅自攀爬高压电杆从事应属专业作业人员从事的高压线连接工作，亦违反相关法律规定，原告和其余两被告在电力设施保护区从事法律、行政法规所禁止的行为，造成原告伤害的发生，原告和其余两被告应承担责任，我方不应承担任何赔偿责任。电力公司与各村所推举的电管员不具有任何劳动关系，因此谈不上村级电管员开、合电闸的行为就是"履行职务的行为"。原告诉称的村级电管员是我公司员工的说法毫无依据，理由明显不成立。原告本人对此次事故的发生亦有严重过错。原告作为成年人在自己不具备相关专业知识的情况下，听信其他两被告的安排，从而导致被击伤的后果，本人应负一定责任。

法院认为：被告电力公司作为电力主管部门，电力设施的产权人，在属于自己所有的高压电线在修建通村水泥路时被打断（按语：弃置高度危险物行为），乡村电话联系请求抢修后，不积极采取行之有效的措施进行抢修，导致原告方触电受伤事故的发生，应承担相应的赔偿责任。第二被告辩称村级电管员是电力公司职工，电管员履行职务的行为应由电力公司承担责任的理由不成立，法院不予支持。被告结子乡人民政府作为通村水泥路建设的组织、指挥者，安全管理意识不强，在高压电线附近实施爆破，明知有可能破坏电力设施，但不采取任何安全防范措施，在高压电线被打断，存在重大安全隐患的情况下，和村委会一起组织不具备任何专业资质的村民私自上杆接线，导致原告触电受伤事故的发生，应承担一定的赔偿责任。被告樊里村委会作为通村水泥路的产权人和受益人，在施工中忽视安全管理，在高压线附近爆破作业，未采取任何安全防范措施，在高压线被放炮的飞石打断后，私自违规组织村民自行接线，导致原告触电事故的发生，应承担一定的赔偿责任。原告自己作为完全民事行为能力人，明知高压电线作业具有高度的危险，非专业人员不得进行操作，但听信乡政府、村委会安排上杆连接高压线，导致自己触电严重受伤，自己应承担相应的责任。对于已发生的住院医疗费，已分别由三被告付清，各自支付数额庭审中已无争议，本案对此不再涉及。原告属一级伤残，完全丧失劳动能力，精神上受到极大伤害，结合案情和本地经济状况，原告主张5万元的精神抚慰金合理，法院应予支持。赔偿总数额535 226.90元。被告电力公司承担25％的责任，被告结子乡人民政府承担30％的责任，被告樊里村委会承担35％的责任，原告自己承担10％的责任较为合适。

评析

本案政府通村公路施工队违反《电力设施保护条例》第十二条"任何单位或个人在电力设施周围进行爆破作业，必须按照国家有关规定，确误电力设施的安全"，在电力设施附近无防护措施爆破炸断高压线路属于违法行为。又因线路产权人怠于抢修，导致施工队与村委作出自行抢修的愚蠢而鲁莽的决定，强令施工队员冒险作业。其实根据《安全生产法》第四十六条规定，从业人员有权拒绝违章指挥和强令冒险作业。

这是一起多米诺骨牌式的悲剧，抽掉其中的任何一块骨牌，悲剧将立即停止。施工队防护和安全意识淡薄炸断高压线，作为产权人的供电公司，不管是从事故抢修、优质服务抑或是紧急处置高度危险物的各个角度，都应该闻风而动，立即赶赴现场处理事故，没有任何可以怠慢延宕的理由。《供电监管办法》第十四条规定，供电企业应当迅速组织人员处理供电故障，尽快恢复正常供电。供电企业工作人员到达现场抢修的时限，自接到报修之时起，城区范围不超过60分钟，农村地区不超过120分钟。《侵权责任法》第七十四条规定，"遗失、抛弃高度危险物造成他人损害的，由所有人承担侵权责任。"断落的高压线属于危险物，怠于抢修，就是抛弃不管的行为。因为非专业人员没有资质抢修高压设施，非高压线产权人、管理人等专业人员莫属。

政府和村委或许是出于施工急需用电，供电公司又置之不理，才想自己动手，才造成杨某一级伤残，可悲可叹。本案与道路产权人和收益人关系不大，村委会承担比例过高。本案政府施工队作为工程承包单位应与供电公司承担主要责任。

案例9-18 2009年元宵节那天下午4点左右，陈某和他的两个伙伴，趁着工人不注意，到了黄沙场，3个小伙伴选择黄沙堆的南侧，开始比赛谁最先攀上顶峰。胜利攀顶的陈某其实已经处于危险边缘，因为距离他水平方向不到一米开外，南北向平行分布着3道10千伏的高压电线。面朝西站在七八米高的沙堆上，陈某感觉很刺激，沿着沙坡呼喊着往下冲。几秒钟后，两个小伙伴爬到了沙堆顶部，发现陈某脸贴在电线上，双脚陷进黄沙，整个人一动不动了。其中一名男孩子很快反应过来，转身原路冲下沙堆，跑去沙场叫工人。陈某已经滚下沙堆，一动不动地躺在地上，双手、双脚、脸部被电击严重灼伤。

该沙场的港区岸线使用证和港口经营许可证的有效期限均为2008年1月1日至2008年12月31日，证件过期。沙场转承包人说，黄沙场面积这么小，每年转包费却要11万元，实在太亏了，所以要把沙场面积扩大并堆高。

供电公司说，电力线路建设是严格按标准的。原告在沙场触电这一事故，绝对是沙场违反规定，在高压线走廊堆放沙子造成的。对于10千伏的高压电线，供电公司按照规定，派专人每季度巡视一次。最近一次巡视是在2008年12月底，当时沙场没有出现在高压线下围沙的行为。

最终，法院判决沙场承担60％的责任，供电公司承担30％的责任，监护人承担10％的责任。

评 析

从本案受害人从沙堆顶上往下俯冲触电可知，沙子堆得比电力线还要高。沙场老板为了赚钱，不惜扩大地盘，加高沙堆，违反《电力法》和《电力设施保护条例》禁止在电力线路下堆积的规定，应当承担主要责任。

线路产权人从2008年12月最后巡视到事故发生仅一个半月，沙子平地而起就堆积到七八米高，显见是疏于管理，没有及时消除隐患，与事故的发生有因果关系，应当承担相应责任。

三、其他作业引发的人身触电事故

1. 在第一种电力设施保护区的其他作业行为

如线下载货汽车升厢卸货、打井、植树、移动较高的设备或其他物体等作业行为，容易引发人身触电事故。

这些作业行为违反《电力法》第五十三条第二款"不得种植危及电力设施安全的植物"，和《电力设施保护条例》第十七条之规定，"任何单位或个人必须经县级以上地方电力管理部门批准，并采取安全措施后，方可进行下列作业或活动：（一）在架空电力线路保护区内进行农田水利基本建设工程及打桩、钻探、开挖等作业；（二）起重机械的任何部位进入架空电力线路保护区进行施工；（三）小于导线距穿越物体之间的安全距离，通过架空电力线路保护区；（四）在电力电缆线路保护区内进行作业。"

其他作业在法律法规中没有做出明确的规定，《触电解释》（法释〔2001〕3号）也未明确规定，只是在法律权威人士对司法解释的解读中偶有例举。为了避免这些作业漏网，1998年1月7日《国务院关于修改〈电力设施保护条例〉的决定》修正后，在第十四条中增加一项，作为第十一项："其他危害电力线路设施的行为"。这是兜底式的拉网条款——只要危害电力设施，就是本条例所禁止的行为。

如果电力设施产权人符合国家标准或者行业规定并且尽到了安全管理义务的，电力设施产权人不负责任，由进入电力设施保护区违法作业人承担责任。

>>案例9-19 原告徐某诉称：2008年5月25日原告徐某驾驶私家大货车，受雇于第三人黄某家拉砖到上映乡温江村路口公路边时，在黄某夫妇前后指挥下，升起车厢卸砖时车厢碰到跨越公路的高压线，致使黄某丈夫赵某触电当场身亡，原告触高压线身受重伤。经天洞县有关部门现场勘察发现，被告供电公司架空跨越公路高压线不符合行业标准，没有安全警示标志，造成触电高压线事故发生。经司法鉴定中心进行鉴定为九级伤残，根据有关法律规定，为维护原告合法权益，诉至法院，请求判令被告赔偿各种费用76 688.36元，被告承担本案诉讼费。

被告供电公司辩称：原告未经电力主管部门批准并未采取措施，在电力保护区内违章机械作业，在温江村路口公路边卸砖时车厢刮碰到路面上空的高压线，导致原告在驾驶室内触电受伤，赵某欲救原告时触电死亡，原告违反《电力法》规定，实施了禁止性作业行为。被告按《66kV及以下架空电力线路设计规范》进行架线，事故发生地的高压线路距地面垂直距离为6.1米，该处虽然时常有人、车辆或农业机械经过，但未建有房屋，仅有八户村民且有50多米田地相隔，显然属非居民区。规程规定，高压线在非居民区导线与地面的最小距离为5.5米，完全符合标准。被告不必在事故发生地点设安全标志，该处属非居民区，不属于必须设置安全标志的地段。原告应对事故停电损失负责，因为原告在电力保护区内从事法律、法规所禁止的行为，原告违章作业造成停电损失3644.70元，现被告不予反诉，但保留诉讼权利。综述原告在电力保护区内违反行政法规的禁止规定，在高压线下擅自卸砖所造成的损失，被告依法免责，原告的诉讼请求及事实与理由违背本案客观实际，有悖法律规定，请法院判决驳回原告诉讼请求。

法院经审理认为：原告徐某驾驶自家大货车在路边卸砖时，车厢触碰架空的高压电线触电，致使自己身体受到损害及赵某在欲救原告时身亡的事实存在。原告徐某擅自在高压电线下使用机械作业，将车厢不断升高自卸砖块，具有危险性，违反了《电力设施保护条例》第十七条的规定。原告的行为应认定为《触电解释》第三条第四项的规定的行为，即"受害人在电力保护区从事法律、行政法规所禁止的行为"，故供电公司对原告触电的损害具有免责事由。被告供电公司按《66kV及以下架空电力线路设计规范》，导线与地面或水面的最小距离的规定，非居民区为5.5米，而被告架空跨公路的高压电线与地面距离为6.1米，符合规定。在事发地点，虽然时常有人、车辆往来或农业机械到达，但未建房或房屋稀少的地区属于非居民区。不须设立安全警示标志。被告供电公司在事故发生地点架设符合《架空配电线路设计技术规程》的相关规定，没有过错，不应承担民事赔偿责任。根据《民法通则》第六条、最高人民法院《触电解释》第三条第四项，参照《电力设施保护条例》第十七条的规定，判决如下：驳回原告徐某的诉讼请求。本案受理费770元，由原告负担。

评 析

本案应当适用无过错责任，但是供电公司具备免责事由，就是原告徐某高压线下升起车厢卸砖行为属于在电力设施保护区从事法律行政法规所禁止的行为。本案免责的关键是被告水利供电公司证明了事发地点非居民区，且线路高度6.1米符合《66kV及以下架空电力线路设计规范》5.5米的规定，证明了事故地点该处属非居民区，该处线路不属必须设置安全标志的电力设施。

如果本案原告与黄某之间是雇佣关系或是发包承包关系，由黄某夫妇指挥卸车有误而致触电，原告可以另行起诉请求赔偿。如果是雇佣关系，《人损解释》第十一条"雇员在从事雇佣活动中遭受人身损害，雇主应当承担赔偿责任。雇佣关系以外的第三人造成雇员人身损害的，赔偿权利人可以请求第三人承担赔偿责任，也可以请求雇主承担赔偿责任。雇主承担赔偿责任后，可以向第三人追偿。"徐某可以起诉雇主之妻黄某请求赔偿；如果是承揽合同，《合同法》第十条"承揽人在完成工作过程中对第三人造成损害或者造成自身损害的，定作人不承担赔偿责任。但定作人对定作、指示或者选任有过失的，应当承担相应的赔偿责任。"本案发包人指挥倒车明显有错误，并疏于履行告知卸货地点有高度危险的义务，应当承担相应的赔偿责任。

2. 在第二种电力设施保护区的其他作业行为

在违章建筑房屋部分已经讨论过，第二种电力设施保护区比较狭窄（即安全距离），而且一般是房前线后。除了翻建、修缮房屋外，还有更换门窗、粉刷内外墙的作业。这些作业一般不会在保护区内（安全距离）作业，而是在附近。作业时稍有不慎，工具或材料就会侵入保护区，造成人身触电事故，从相邻关系上讲给房屋所有人造成了不便。如果线路产权人没有尽到安全管理义务应当承担相应责任自不待言；即使尽到义务，从公平原则出发也应承担相应责任。

当然，线前房后的情形，违法建设、翻建、修缮房屋时，则侵入了电力设施保护区，应由违法批建部门和违法施工单位承担责任。

四、其他行为引发的触电案件

除了生产作业行为还有生活方面的行为，如，在第二种电力设施保护区附近或在保护区内架设天线、晾晒衣服、在楼顶玩耍等行为突破了安全距离，造成人身触电事故。这种情况多发生在 10 千伏线路旁边的居民，应该按照本节的三、"2. 在第二种电力设施保护区的其他作业行为"处理。

>> 案例 9-20　2005 年 10 月 10 日，柳某在自家院内竖立电视天线，找到邻居赵某、王某二人帮忙，架设天线用的杆子是 15 米的镀锌钢管，在竖立的过程中，由于用力不均导致钢管倾倒在院墙外的 10 千伏线路上，导致赵、王二人触电死亡。二人家属以高压线属于供电公司管理，线路架设水平距离不符合要求为由，起诉供电公司和房主柳某。

庭审中主要针对导线距离建筑物的水平安全距离、剩余电流动作保护器等问题展开调查、辩论。

原告认为如果线路高出建筑物的话，计算导线与建筑物的水平距离，应该先把导线垂直平行下移到地面，然后测量距离。

供电公司则认为计算边线距离建筑物的水平距离的前提是建筑物与线路等高或高于线路，且建筑物可能影响到线路安全运行，本案中线路远高于房屋，在这种情况下，原告认为的线路垂直落地后计算水平距离的测量方式是不符合逻辑和常理的。本公司架设的 10 千伏线路符合技术规程要求，不存在水平距离不符合要求的情况，且在目前的技术状况下，高压线路尚不能安装剩余电流动作保护器，原告及第二被告柳某违规在电力设施保护区内从事架设天线作业，供电公司不应承担赔偿责任。

在法院调解下，原被告最终达成调解协议，被告柳某赔偿死者家属各2万元，供电公司也从人道主义角度给予适当的经济帮助。

评 析 -------->

本案涉及《电力设施保护实施细则》第五条规定的第二种电力设施保护区的距离问题，即在厂矿、城镇、集镇、村庄等人口密集地区，架空电力线路保护区为导线边线在最大计算风偏后的水平距离和风偏后距建筑物的水平安全距离之和所形成的两平行线内的区域，1～10千伏为1.5米。请参见本套丛书之《电力设施保护与纠纷处理》第191～192页。本案受害人不是在电力设施保护区内作业，而是在附近，只是操作失误，天线侵入了保护区触及了电力线。供电公司的高压线路经过房屋产权人的上空，给产权人带来危险和不便，应当承担相应责任。

>> **案例9-21** 2001年4月22日下午3时许，原告朱某与同学康某等一同到黄某所建楼顶上玩耍，康某爬上蓄水池后被10千伏高压电击倒在蓄水池上，朱某见状后上去拉康某，头部不慎触到高压电线，被击倒摔在蓄水池下。朱某、康某被救至医院抢救，康某经抢救无效死亡（康某损害赔偿另案处理）。朱某之伤情经法医技术鉴定室鉴定，朱某截瘫属2级伤残，肺功能损害属7级伤残。另胸膜增厚、粘连，肺部感染，尿路感染，褥疮和胸内固定物取出需继续医治。为此，原告要求判令被告电力公司赔偿各种损失1 563 191.70元。

原告起诉后，被告电力公司于2001年5月29日向本院提出追加建环局、黄某、李某为本案被告的申请，法院审查后同意追加了建环局、黄某、李某为本案被告。法院依法追加方某为本案被告。经审理查明，被告黄某以集资建房申请经被告建环局批准，于1997年10月修建5层楼砖混结构住宅房，1998年3月完工后，黄某将房屋分别出售给李某、方某等10人。李某、方某分别购买该楼的第5层各一套。李某现住房屋及楼顶已由李某购买，朱某触电的楼顶蓄水池位于楼梯间之上，蓄水池顶端距楼顶4.15米。

被告电力公司辩称，朱某触电受伤是事实，但触电受伤原因是黄某违章建房，导致与该高压电线的垂直安全距离不够所致，黄某应承担主要赔偿责任。县建环局批准黄某在电力设施保护区内建房，未征得电力行政主管部门同意，黄某、李某又未做好安全防范工作，朱某的监护人未尽到应有的监护职责，也应承担相应的赔偿责任。

被告建环局辩称，朱某被高压电击伤的发生地，属规划区，不属电力设施保护区。建环局批准黄某等10人建房是合法的行政行为，电力公司对该线路疏于检查、维护，导致高压电线严重下垂，距楼顶水池顶端不足一米，是造成朱某受伤的主要原因，电力公司应承担主要赔偿责任。朱某的监护人监护不力，也应承担相应的责任。建环局在本案中没有任何民事侵权行为，不应作为被告承担民事赔偿责任。

被告黄某辩称，其建房是经建设部门合法批准。1999年发现高压电线下垂时，我已通知电力公司，但电力公司未采取任何安全防范措施，且所建房屋已全部卖出，我没有任何责任。

被告李某辩称，朱某的受伤是电力公司高压电线下垂所致。电力公司明知而不采取防范措施，电力公司应承担主要赔偿责任。朱某受伤的楼顶所有权和使用权属方某，虽然方某未搬入居住，但其疏于对楼顶的管理，与朱某触电受伤之间有必然的因果关系，因此，方某应承担一定的赔偿责任。朱某受伤，我没有责任。

被告方某辩称，楼顶的蓄水池所有权、使用权不属我，购买黄某房屋后一直未居住。

朱某触电受伤的高压电线系电力公司于1986年架设。1999年，黄某发现高压电线距楼顶蓄水池距离较近，曾向电力公司反映。电力公司于1999年7月派人测量高压电线距楼顶蓄水池顶端1.5米。电力公司即向黄某发出《安全检查通知书》，黄某认为安全防范措施应由电力公司采取而拒收。朱某受伤后，电力公司又派人到现场测量，其高压电线与楼顶蓄水池顶端垂直距离为0.88米。

原告朱某主张电力公司负全责，当庭提供电力公司高压线电杆拉线已断，使电线杆倾斜高压线下垂的照片，以及证人证实黄某房屋建好后，楼顶蓄水池离高压线的距离有3米多高的证词。电力公司质证时，以电线杆拉线断开与高压线下垂没有关系，照片上的电线杆只有杆脚，没有参照物而辩解。同时，电力公司主张被告黄某、建环局承担赔偿责任，当庭提供朱某的受伤现场图和照片，证实蓄水池距楼顶高度为4.15米以及该线路系1986年架设的文件，证实高压线下多处建房的情况。被告建环局主张电力公司承担赔偿责任，当庭提供照片及该线两端电杆分别向内倾斜2°6′和2°13′37″的草图证明高压线下垂。同时出示县人大常委会批准的〔1987〕7号文件和县城总体规划，证明其批准黄某建房合法。电力公司对该证据辩解为架线在前，县城总体规划在后和拉线断开、电线不一定下垂。被告李某主张电力公司和方某承担赔偿责任。当庭提供证人证言，证实楼顶蓄水池建好后与高压线的距离有3米多高；蓄水池由黄某管理，方某在楼顶上建有水泥桌、砌有鱼池；对此证据电力公司认为证人证言有矛盾。被告方某为了证实其无责任，当庭提供证人证实房屋是向黄某购买和未买楼顶的证言。法院认为，朱某触高压电线击伤致残的事实，原、被告无异议。朱某触电受伤致残系多因一果，被告电力公司对高压线路疏于管理、维修。根据原告提供证人证词和被告建环局提供高压线路两电杆向内侧倾斜，以及出事后电力公司人员两次测量，高压线下垂0.62米的证据证明，高压线年久失修线路下垂致不满足3米安全距离是造成损害的主要原因，对此，电力公司应负主要赔偿责任。被告黄某是房屋楼顶蓄水池的管理者，被告李某是楼顶实际使用人，发现高压线下垂虽告知了电力公司，但对楼顶之门未采取加锁防范措施，也是造成损害原因之一，黄某、李某应负次要责任。被告建环局批准黄某建房的行为与朱某触电受伤无直接因果关系，被告方某是顶楼使用人，买房后未实际使用，无管理之责。因此，建环局和方某无责任，不应赔偿。根据我国《民法通则》第一百二十三条规定，受害人朱某无过错，朱某的监护人不承担民事责任。

朱某受伤致残的损失应依照2001年1月10日《触电解释》进行计算，费用合计525 140.58元。以上损失由电力公司承担85%，李某承担10%，黄某承担5%进行赔偿。

评 析

本案是在第二种电力设施保护区发生的。受害人在保护区玩耍致伤的主要原因力为电力公司线路垂落不足安全距离怠于加高维修；次要原因力为黄某管理楼顶水池、李某实际使用楼顶阁楼，在明知线路垂落存在危险却没有及时采取加锁防范措施。根据《侵权责任法》第十二条"二人以上分别实施侵权行为造成同一损害，能够确定责任大小的，各自承担相应的责任；难以确定责任大小的，平均承担赔偿责任。"电力公司应当承担主要责任，即高度危险作业的无过错责任和疏于安全管理的过错责任。黄某和李某则承担次要的过错责任。

启 示

该案在建房之初，电力公司没有彻底消除隐患，其后又怠于对线路采取加高加固措施，最终自食恶果。

法律不能使人人平等，但是在法律面前人人是平等的。

——英国法学家波洛克

低压触电案件处理法律实务

低压用电客户处于电网的末端，尤其在城乡结合部或者在农村，点多面广，管理到边边角角实属不易，加之部分客户缺乏安全知识，安全用电意识淡薄，为图省事，私拉乱接用电，忽视安全用电保护措施等原因，这些地区成为低压触电事故的多发地带。本章将着重讨论低压触电事故中与产权分界点、私拉乱接和剩余电流动作保护器有关的低压触电案件。

第一节　低压电力设施产权分界点案件

产权归责原则在触电人身损害赔偿案件的审理中占有举足轻重的地位。而产权分界点正是区分产权归属的物理标记。也就是在电源和客户的受电设施之间，双方的产权分界存在一个划开的位置，这就是产权分界点。产权分界点两侧的电力设施分属电源一方和客户一方。因此，产权分界点对于产权归责原则之重要性无异于两国国界的分水岭。产权归责原则既是高压触电的归责原则之一，也是低压触电的归责原则。尽管经过两次农网改造，产权分界点后移，但毕竟还是存在的，再者仍有专户的产权分界点没有发生变化，因此，电力设施产权分界点对于处理低压触电案件仍有重要意义。

一、低压电力设施产权分界点

1. 低压电力设施产权分界点的意义

根据《物权法》的原理，财产所有权属于绝对权，即对世权，是任何不特定人不得侵夺的权利。财产所有人对其财产拥有占有、使用、收益、处分的权利。如《物权法》第四条规定，"国家、集体、私人的物权和其他权利人的物权受法律保护，任何单位和个人不得侵犯。"当然所有物致人损害也应当承担特殊侵权责任。如《民法通则》第一百二十六条规定，"建筑物或者其他设施以及建筑物上的搁置物、悬挂物发生倒塌、脱落、坠落造成他人损害的，它的所有人或者管理人应当承担民事责任，但能够证明自己没有过错的除外。"同样，在电力设施上发生人身损害的，所有人也应当承担侵权责任。《供电营业规则》第五十一条规定，"在供电设施上发生事故引起的法律责任，按供电设施产权归属确定。产权归属于谁，谁就承担其拥有的供电设施上发生事故引起的法律责任。"

　　2. 低压设施产权分界点

　　农村电网改造以前，供电企业将电能供到村、小区或专户，产权分界点设在跌落式熔断器处，跌落式熔断器上端属供电企业，以下属于村委会、小区或专户。网改以后这些供电设施产权发生了变化，供电企业与村委会达成资产转让协议，原来属于村委会和小区的电力设施划归供电企业所有。村民和小区居民成为供电企业的直供客户，享受供电企业"五统一，四到户"的服务模式。农网改造的结果，使得产权分界点发生了变化。《供电营业规则》第四十七条中"最后支持物"的概念不再具有普遍适用性。目前供电企业与低压客户的产权分界存在如下几种情形。

　　(1) 居民客户

　　随着农网改造和低压电力资产的上划和接管，供电企业开始与低压居民用户签订居民供用电合同，通过供用电合同约定产权分界点。约定的依据一般是根据"谁投资，谁有权，谁管理"的原则，如果电能表是供电企业投资，分界点就是电能表出线处；如果是客户投资，分界点就是电能表的进线处。分界点以上设施产权属于供电企业，以下属于客户。约定各自负责己方电力设施的管理维护，并承担事故的责任。

　　(2) 专线客户

　　专线客户的分界点依照《供电营业规则》第四十七条相关规定来划分。①10千伏及以下公用高压线路供电的，以用户厂界外或配电室前的第一断路器或第一支持物为分界点，第一断路器或第一支持物属供电企业。②35千伏及以上公用高压线路供电的，以用户厂界外或用户变电站外第一基电杆为分界点。第一基电杆属供电企业。③产权属于用户且由用户运行维护的线路，以公用线路分支杆或专用线路接引的公用变电站外第一基电杆为分界点，专用线路第一基电杆属用户。④在电气上的具体分界点，由供用双方协商确定。

3. 存在问题

由于产权分界的类别多样化，其分界的形式也难以统一，管理要求细密，难度大。从而造成了产权分界模糊不清，或者压根儿就没有明确的产权分界协议。特别是农网改造后，上划和无偿移交给供电企业的电力设施产权，没有手续和证据，或者证据遗失，都会造成产权不清的状态。事实表明，一旦发生人身触电伤害纠纷，受害者甚至其代理律师往往不问青红皂白就把电力企业推上被告席，这不仅影响了正常经营活动，也败坏了企业声誉。很显然，原告企图利用发生事故的电力设施产权不清的事实，让电力企业承担赔偿责任。

因此，应当与低压客户签订供用电合同来确认双方的产权分界点，明确各自产权的管理和承担民事责任的范围。不过这也是一项工作量很大的工作。譬如，一个100万人口的县级供电企业，营业区内大约有30万低压居民用户，如此众多的用户要全部签订居民供用电合同，并保证所有的合同具有效力，绝非易事。现实中有的不配合签订合同，有的常年在外务工，找到不到户主，有的空巢老年人不识字，还有代签无效等种种情形。一旦出现责任纠纷，没有合同或者合同无效，供电企业就会面临赔偿的风险。从这个角度说，不管如何困难，合同还是要签的。

>>案例 10-1　2001年7月的一天，李某与几个同伴在本村赵某某家门口玩耍，无意中触摸到电信局在本村电力杆上设置的拉线，不料拉线上竟然有电，李某当即被电击，幸好被在场人用木棒救下。经两次法医学鉴定，李某被电击成九级心脏病伤残。而导致地面拉线带电是因为在事发地不远处一根低压电力线与固定通信电缆的钢拉线经常剐蹭，造成电力线绝缘皮脱落，向钢拉线漏电，致事故发生。因此，李某及其法定代理人将该村村委会、电信局、供电公司一并告上法庭，共索赔60多万元。通过几次庭审，某供电公司代理人反复论证导致李某触电受害的漏电电力线和地面拉线的产权并非供电公司所有，而是由另两方被告分别所有；原告起诉供电公司毫无法律依据，法庭应动员原告撤回对供电公司的诉讼请求或依法驳回原告的诉讼请求。最终法庭听取了供电公司代理人的意见，说服原告撤回了对供电公司的起诉，并判令村委会和电信局承担对原告各50%的责任。

评析

从案情来看，本案供电公司与村委会之间没有通过合同明确划分涉案的电力设施产权，否则，不须反复论证，一纸合同的一个条款即可搞定。产权分界的合同，可以帮助你摆脱不必要的纠结。

二、低压触电人身伤亡的民事责任承担

本书第七章第二节已对低压案件的法律适用有过详细论述。主要有过错责任原则，产权归责原则和根据各个原因力大小划分责任原则，即《触电解释》第二条第二款，"但对因高压电引起的人身损害是由多个原因造成的，按照致害人的行为与损害结果之间的原因力确定各自的责任。致害人的行为是损害后果发生的主要原因，应当承担主要责任；致害人的行为是损害后果发生的非主要原因，则承担相应的责任。"电力设施产权人对电力设施负有维护、管理义务，发生触电人身损害赔偿纠纷后，电力设施产权人应当承担民事责任。

>> 案例 10-2   2008 年 10 月 30 日 20 时许，村民赵某骑摩托车行驶至某省某州市一私立中学附近时，撞在府东路东侧非机动车道电线杆拉线上，造成全身多处骨折。住院治疗后，经鉴定为 9 级伤残。后来，赵某以电线杆及拉线的所有人和管理者未设置任何警示标记，应对自己的摔伤承担民事责任为由，将私立中学和该市供电企业告上法庭，要求共同赔偿其医疗费、误工费、护理费等各项费用共计 41 192.76 元。

法院受理此案后，供电企业提交了与被告私立中学签订的高压供用电合同及事故现场照片，说明线路产权分界点位于城北线支线 7 号杆。分界点电源侧供电设施属供电方，由供电方负责运行维护；分界点负荷侧供电设施属用电方，由用电方负责维护管理。作为分界点的 7 号杆位于府东路西侧支线上，而造成原告伤害的拉线位于府东路东侧，位于私立中学支线第一基电杆上，由用电方私立中学负责维护管理。

2009 年 2 月 19 日，法院开庭审理此案。此时，该私立中学另起诉讼，请求法院确认其与供电企业签订的高压供电合同中第 8 条第 1 项及第 5 项为无效条款。理由为：双方在签订供用电合同时，供电企业不仅没有明示加重其责任的条款，而且合同的约定也违反了相关法律的规定，应属无效条款，故提起确认之诉。依照法律规定，法院裁定中止前案的审理，先审理确认之诉。

供电企业称，双方所签合同是依照《合同法》、《电力法》、《电力供应与使用条例》、《供电营业规则》所签订，是双方真实意思的表示，合法有效。并向法院出示了相关证据：供用电合同一份及照片 7 张，用以证明该合同是在双方协商一致情况下签订的，双方不仅以书面形式约定了产权分界点，并且以示意

图的方式，对产权分界点作了进一步明确。双方也对线路的维护管理作出明确约定，且双方的约定符合法律规定。

法院审理后确认，高压供电合同是双方协商一致签订的，私立中学没有提供证据证明供电企业存在欺诈、胁迫等导致合同无效的行为，故驳回原告的诉讼请求。

依据上述判决，法院在审理赵某诉私立中学和供电企业一案时认为，根据两被告签订的供用电合同，线路产权分界点明晰，应由电力设施产权人——私立中学承担赔偿责任，供电企业不承担任何责任。

■ 评　析 ----------►

本案供电公司摆脱责任承担的关键是，双方电力设施产权分界的重要证据——高压供电合同，被法院确认为双方协商一致签订的有效合同。私立中学先行确认之诉，应为高明之举。他们利用供用电合同一概被误解为格式合同的传统偏见，诉求确认该案中供电企业提供的合同无效。

触电人身损害责任承担的前提是，谁的产权设施引起事故发生，谁就承担赔偿责任。实践中，在发生低压触电事故时，如果供用电双方没有合同条款来划分产权分界点的话，让法官来理解"最后支持物"这一概念，囿于专业知识，随意性就很大。因为对于低压客户，电能表前有进户杆、接户杆和室外第一支持点都可能理解成"最后支持物"。怎么办？只能依据网改投资协议，按投资来确定产权归属。

电力企业运用电力法律和专业知识对产权分界进行深入细致的举证就至关重要。通常以跌开式熔断器为分界点，是比较直观的。但是如果以大负荷客户计量箱进线上距离箱体 20 厘米的一点为产权分界点，则分界点以上产权属于电力企业，以下归客户。如果现场认定的话，法官就难以确认，尤其是通过套管接线。在案例 10 - 1 中，电力企业的举证就是比较艰难的。

三、低压触电案件的赔偿责任主体

在低压触电人身损害赔偿案件中，电力企业承担赔偿责任适用过错责任原则，而不应适用无过错责任原则或过错推定原则，即只有电力企业具有对其电力设施有维护管理不当的过错而导致触电伤害时才应承担赔偿责任。

1. 电力企业用电检查的责任

《用电检查管理办法》第六条规定，"用户对其设备的安全负责。用电检查人员不承担因被检查设备不安全引起的任何直接损坏或损害的赔偿责任。"该条款明确规定了供电部门不承担在用电检查中对用户设备存在安全隐患所引起的法律责任，无论是否发现安全隐患，无伦是否提出整改意见，在被检查供电设施发生损害事故后，都不能以供电企业没有尽到检查、纠正等义务来要求供电企业承担责任。案例审理的实践并非如此。因此，在低压设施用电检查中的合同条款中要明确产权归属和安全事故的责任划分。

>> **案例 10-3** 2009 年 8 月，9 岁的陈某和其他几个小朋友在马路边的枣树下摘枣。在摘枣的过程中，陈某被旁边的配电箱电击受伤。事故发生后，陈某被送到医院紧急抢救，陈某下颌、双膝及左手烧伤，至起诉时还有受伤部位未痊愈。陈某的父亲认为，电力公司没有对配电箱尽到管理义务，因此代儿子诉至法院，要求电力公司赔偿医疗费、精神损害抚慰金等 3 万元。

法庭审理过程中，电力公司辩称，发生事故的配电箱属于某城建公司所有。因该公司施工期间在周围堆放渣土，陈某踩着堆土爬上配电箱摘枣，才会受伤，城建公司应该为这次事故负责。电力公司对此次事故不存在任何过错，且他们是按国家标准规定安装的配电箱并且已经对施工现场进行过安全巡视，因此他们不应承担任何责任。

法院经审理认为，造成陈某触电受伤的直接原因是电表箱箱体异常带电所致。城建公司作为事故设备所有人疏于安全管理，应当承担主要责任；电力公司进行安全检查并未发现配电箱漏电的安全隐患，应当承担安全检查不力的责任；受害人的监护人未尽到监护责任，承担相应责任。据此，法院判决城建公司承担 70% 的责任；电力公司承担 20% 的责任；监护人承担 10% 的责任。

评 析 ------------➤

法院既然认定配电箱的产权人为城建公司且在设备周围堆放施工垃圾，怠于安全管理，却依然判决供电公司承担 20% 的赔偿责任就是错判。实际上法院仍然落入了行民不辨，"检查不力"的老套。电力公司对用户所有的电力设施没有维护管理义务，用户对其产权设施有民事维护义务，并且自己承担设施产生的民事责任。

2. 产权人与管理人共同责任

基于电力设施的产权和维护权不一定是同一人的情况，在产权人将电力设施委托他人管理维护时，发生触电损害事故的由管理维护人承担民事赔偿责任，产权人没有过错的不承担责任。但有时电力设施产权人与其他单位签订协议，约定由其他单位承担维护管理义务，但对安全事故责任承担约定不明，发生触电人身损害赔偿纠纷后，法院并不免除电力设施产权人的民事责任。这种情形如果受托管理方不依据合同条款主动包揽责任的话，往往判决电力设施产权人与维护管理人一起承担连带责任。因为法院难以也没有必要给产权人和管理维护人划分按份责任，最终导致委托方和受托方之间的追偿另案处理。因此，电力企业不论作为电力设施管理维护的委托人还是受托人，一定要依法在管理协议中明确安全事故的法律责任承担。总之，对涉案电力设施承担维护管理职责的单位或个人未尽协议范围内维护、监管义务的，应承担民事责任。至于第三人的原因造成损害事故的，该第三人是案件的责任人。

第二节　私拉乱接案件

低压客户私拉乱接，是城乡结合部和农村地区引发人身触电的重要原因之一。私拉乱接有哪些情形，如何处理，发生人身触电如何处理，是本节要讨论的问题。

一、私拉乱接

何谓私拉乱接？电力法律法规没有明确的规定。可以这样认定，客户未经与供电方协商，改变最后一次经供用电双方共同认定的用电线路和设施布局的行为，就是私拉乱接。如私自增加开关、插座，引入、引出线路等，以及《农村安全用电规程》（DL 493—2001）列举的禁止性行为。另有私设电网防盗、捕捉禽、兽等的违法行为导致他人误触电伤亡。具体的情形如下。

（1）使用不合格的导线，导线接头多，长久使用，频繁收放，在地上将导线"绾、放、拖、拉"，导线已严重破损，存在漏电、触电的潜在危险，用户一不小心就会被电。如在浇灌菜地、临时施工过程中放线、收线或者接触漏电设备等原因触电伤亡。

（2）使用破旧的用电设备，如废旧导线、开关、水泵、电钻、电机、简易起重设备等质量不合格或者年久失修。

（3）无专业人员施工，架设不规范，或使用简易木杆支撑，或拴接在树上，或拖拉地爬线、拦腰线等；对电的知识了解不多，布线混乱，接头多、裸露处多，在接头处挂钩用电。

（4）思想麻痹，安全意识差，对隐患视而不见。认为"只要能用就行，用的时候注意点"，实际上根本没有重视安全问题，也是酿制触电悲剧的原因。

（5）违反规定使用一线一地制照明，拔接地线时触电。

（6）临时用电时，直接用导线挂、勾架空线路上用电。

（7）私设电网电鱼、电鼠、捕兽等。

（8）电源电压不符，在380伏的电源上使用220伏的串联灯照明。

（9）不用插头将导线直接插在电源插座上，或将插头用导线直接接在电源线上用电。

（10）私自制作危险电器，比如用两根钢筋或铁条自制简易热水器，私接非标准电炉取暖等。

>> 案例 10-4　老彭，四川人，家里有老婆和女儿，老彭和堂弟在海口打工。2009年6月15日早上，包工头指示老彭等人搬防盗网，才刚开始干活老彭就被电击了，经抢救无效死亡。现场距老彭两米远的地方，竖着一张长约3米，宽约2米的防盗网，垂直距离防盗网不到50厘米，便是错综复杂的电线，有很多线路都是村民自己拉的，有电线距地面约2.5米。周围跟事发现场一样"电线位置低、线路错综复杂"的现象很多，非常危险。当日上午10时许，供电公司的工作人员来到现场。经过检查，公司工作人员当场表示，老彭触电位置的线路确属供电公司架设，但村民又在供电公司架设线路的基础上私自拉设了另外几根电线，并表示，"我们也负有一定责任，等警方认定结果出来后，我们会承担相应赔偿，绝不推卸责任。"供电公司还表示，触电事件的发生，他们也重视，即日起将对辖区内的线路进行改造，如果居民个人私拉乱接的线路违规，将给这些住户下达通知书，限期进行整改，拒不配合者将做停电处理。

评析

本案承担赔偿责任的主体包工头与老彭是雇用关系，应当承担无过错责任；肇事低压电压线路产权人疏于管理致人伤害，应当承担过错责任，如果分不清是供电公司的线路还是居民私拉乱接的线路，供电公司应与私拉乱接者承担连带赔偿责任。私拉乱接危及供电公司线路安全运行，属于侵权行为，供电公司应当予以制止，供电公司的整改举措已属亡羊补牢。

>> 案例 10-5　2003年8月27日，刘某父母因其儿子触电身亡到新北区法院起诉，要求辖区供电所承担赔偿责任。因供电所不具备法人资格，刘某父母申请将供电公司变更为该案被告参加诉讼。

刘某父母认为，由于供电公司对其电力设备没有尽到监管、维护义务，致使儿子刘某在接电源时不幸触电身亡，所以，他们要求供电公司赔偿儿子的死亡赔偿金147 000元，丧葬费3000元，并承担该案的诉讼费用。

供电公司辩称，原告刘氏父子擅自接用动力电源，属私拉乱接，违章用电，是导致刘某触电身亡的直接原因，供电公司不应对刘某的死亡承担任何责任。为此，该公司请求法院依法驳回两原告的全部诉讼请求。

法院经审理查明，原告刘某所接用的动力配电箱是被告在进行农网电力改造时统一安装，供农户使用的三相动力电源。农户须交纳相应的费用。供电公司在刘某家所在地配电箱内，按南北方向分别安装了剩余电流动作保护器。

2003年上半年，和原告同村组的村民家中经常停电，辖区供电所的电工对此线路进行勘察，未发现线路有障碍，估计是村民家中有漏电情况，电工将配电箱内的剩余电流动作保护器的电线解除，剩余电流保护动作保护器处于不工作状态。原告用电给鱼塘增氧，收费标准是由电工按照其鱼塘水面面积计算的。

法院认为，公民享有生命健康权，侵害公民身体造成死亡的，应当依法承担赔偿责任。本案中，被告安装电力配电箱和剩余电流动作保护器后，未能充分履行监督管理责任；在遇到漏电的情况，其工作人员没有仔细勘察，将用于防止漏电的剩余电流动作保护器予以解除，使剩余电流动作保护器处于不工作状态，对刘某死亡，作为该电力设施产权人的被告理应承担主要赔偿责任。刘某在具体操作接电时，也未能充分注意自身安全，应承担次要责任。

关于刘某的死亡赔偿金，法院认为，由于他还是在校大学生，应对照其身份按照某州市城镇居民人均生活费支出计算。被告认为刘氏父子使用三相动力电属窃电行为，因证据不足，法院不予采信。

2004年2月24日，新北区人民法院判决供电公司赔偿刘某的死亡赔偿金140 000元，丧葬费3000元，合计143 000元的70%，计100 100元。

供电公司不服一审判决，向中级人民法院提起上诉。

供电公司认为一审判决认定事实错误，刘氏父子私接电线导致刘某死亡，该责任应由刘某父亲全部承担。而且这一行为属于窃电行为，刘某之死是其父过失致人死亡，责任是显而易见的。按产权归属，在供电设施上私接三相动力电源后所产生的一切后果，应由用电人承担全部责任

中级人民法院认为，该案纠纷的造成并非供电公司所致，而是李氏父子违反国家规定，私拉乱接电源，又违规操作造成刘某死亡。我国法律以及《触电

解释》规定，受害人在电力设施保护区从事法律、行政法规所禁止的行为，电力设施产权人不承担民事责任。李氏父子私拉乱接电源的行为本身属于违法行为，应当承担全部责任。原审法院查明事实清楚，但定性错误，致适用法律错误，判决不当，应予纠正。作出终审判决：撤销新北区人民法院作出的一审判决；驳回原告的诉讼请求。

评 析

本案终审判决错误。原因如下。

（1）从原审法院查明的事实"原告刘某所接用的动力配电箱是被告在进行农网电力改造时统一安装，供农户使用的三相动力电源。农户须交纳相应的费用。"可以看出，被告供电公司对事故设施负有管理义务。未查明漏电缘由解除剩余电流动作保护器是明显的过错行为。根据《民法通则》第一百零六条第二款"公民、法人由于过错侵害国家的、集体的财产，侵害他人财产、人身的应当承担民事责任"和第一百一十九条"侵害公民身体造成伤害的，应当赔偿"之规定，被告供电公司应当承担相应责任。该案在《侵权责任法》实施后，根据第六条"行为人因过错侵害他人民事权益，应当承担侵权责任"也应当承担赔偿责任。

（2）本案判决供电公司免责，是基于刘某父子窃电的认定。依据《触电解释》第三条，"因高压电造成他人人身损害有下列情形之一的，电力设施产权人不承担民事责任：（三）受害人盗窃电能，盗窃、破坏电力设施或者因其他犯罪行为而引起触电事故。"判决受害人与其父亲实施窃电过程中触电死亡，应当责任自担。

（3）尽管根据《电力供应与使用条例》第三十一条规定，"禁止窃电行为。窃电行为包括：（一）在供电企业的供电设施上，擅自接线用电。"判断应属窃电。但不可否认在农村的养殖、种植等行业不乏自接动力电的现实。供电所只须按表计费。

综上，即使原告确有窃电行为，对事故设施负有管理义务的被告未尽管理职责，存在明显过错，根据我国民法关于侵权责任承担的法律规定，被告也应当承担相应的侵权责任。

此外，中级人民法院引用《触电解释》的规定，认定受害人在电力设施保护区从事法律、行政法规所禁止的行为，电力设施产权人不承担民事责任是明显错误的。因本案是低压触电事故，不存在电力设施保护区，也就不存在"在电力设施保护区从事法律、行政法规所禁止的行为"的情形。双方的责任只能从产权归责、管理责任和过错方面予以认定。

二、解决措施

除了做好安全用电宣传教育之外，不能仅仅是通知整改或者简单劝告禁止了事，从承担社会责任上讲还应当从管理和服务角度，帮助或指导客户解决安全用电问题。譬如，对于事关客户生产急用而客户又无法解决的私拉乱接问题，供电企业应该从优质服务的角度给予技术上协助、指导、处理，而不是仅仅下发《用电检查通知书》。如，农村养殖户相对集中区，蔬菜大棚区，海产品养殖区等，客户无力自行处理的，应给予及时指导，帮助他们架设规范的线路，彻底解决。在管理上，应通过签订安全用电协议的附件，如采用客户用电线路布局图来定格客户的用电布局的初始情形，以后判断是否私拉乱接以此为凭。

》》案例 10-6 原告诉称，2007 年 7 月 17 日，被告供电公司突然停电对我家鸡舍门前的输电线路进行改造施工。因我家饲养了 7000 只蛋鸡，停电无法对鸡进行降温。经请示供电公司管片电工同意并在其指挥下，临时架设了电线，从我家住宅接通电源供鸡舍。当天下午，我家亲属陆某在鸡舍喂鸡时触电死亡。陆某触电死亡的这一时段，供电公司安装的剩余电流动作保护器曾经跳闸，但供电公司没有进行安全检修即强行送电。另外，事故发生当日，供电公司派出多名电工在事故地段检修、施工，对我们家鸡舍临时架设低压线路的事实是明知的，但却没有采取任何措施阻止事故的发生。综上所述，供电公司对陆某的死亡存在过错，现请求法院判决供电公司赔偿陆某的死亡赔偿金、丧葬费、处理丧事人员误工费、交通费、蛋鸡损失及精神损害抚慰金185 032.02元。

被告供电公司辩称，陆某死亡原因未经权威部门检验，目前原告方提供的陆某死亡原因的证据是当地医院及派出所联合签署的死亡证明，这一证据认定陆某死亡系触电所致的依据不足。事故发生当日，陆某鸡舍门前低压线路停电经过事先公示。陆某临时架设低压线路，未经我公司同意，我公司亦不知情，我公司更未派人为其接通临时低压线路的电源。陆某住宅楼内没有按照我公司的要求安装有效的剩余电流动作保护器。陆某在从未安装有效剩余电流动作保护器的电源下引入电源，且绕过了鸡舍内的安全有效的剩余电流动作保护器，是发生本起事故的原因，我公司不存在过错。根据我公司与陆某签订的供用电合同，陆某剩余电流动作保护器撤装及私拉乱接点均在陆某产权范围内，应当由陆某承担安全责任，与我公司无关。据此，请求法院判决驳回原告对我公司的诉讼请求。

本案审理中，对双方当事人争议颇大的事实进行了重点举证、质证、认证。①陆某能否认定触电死亡问题。对于当地派出所所拍摄的尸体照片，供电公司没有异议，但对于当地卫生所及派出所联合出具的死亡证明，供电公司有异议，认为陆某的死因不明。法院要求供电公司限期申请对陆某的尸体进行检验，供电公司未在期限内申请。②管片电工有无参与陆某临时线路架设问题。原告声称，陆某从住宅楼向鸡舍架设临时线路，管片电工不仅知道，而且得到其首肯；同时临时线路住宅楼一端是由管片电工接通或在其指挥下接通的。对此，不仅供电公司质证时否认，而且管片电工到庭作证时亦予以否认。原告当庭提交了他们与管片电工的谈话录音，其他未提供证据。但在录音中，管片电工否认其参与接电的事实。③供电公司人员对陆某私拉乱接是否知情问题。证人时某、陆某后邻居、帮助供电公司施工人员、管片电工本人证明：看见供电公司在施工和陆某在鸡舍附近施工。关于跳闸后未经检查直接合闸供电问题。双方对事实陈述一致，多个证人也证明了这一情况的存在，只是对发生原因存在一定争议，陆某家人认为系供电方违规强行送电；供电公司所给出的解释是该剩余电流动作保护器有自动合闸（跳闸后自动恢复供电）的功能。

法院审理后认为，有关陆某的死因问题，原告已经提供证据证明其系触电死亡，被告供电公司对原告方所提供的证据提出反驳，但未搜集并按期提供反驳证据，故被告供电公司有关陆某之死非因触电的抗辩，不予采纳。关于事故双方当事人的过错问题。尽管原告方努力地提供证据，试图证明陆某从住宅楼向鸡舍引入电源系被告供电公司的电工所为或在其指挥下所为，但从原告方提供的证据综合分析，原告方未能完成这一事实的举证。陆某违反供电合同的约定，在住宅楼内的剩余电流动作保护器损坏后，不及时安装新的安全有效的剩余电流动作保护器；停电后，其没有通过合法有效的渠道申请安装临时电源线路；从住宅楼内引入的电源，绕过了鸡舍内的剩余电流动作保护器。陆某的上述种种行为，均是对其生命安全的漠视，具体到本案中，应当认定陆某对其自身触电死亡存在过错。

电能具有高度危险性，安装剩余电流动作保护器，对避免触电伤亡具有重要意义。《农村安全用电规程》（DL 493—2001）规定："电力使用者必须安装防触、漏电剩余电流动作保护器"，"用电设备安装应符合 DL/T 499 规定的要求，验收合格方可接电。"同时规定，供电公司对用户安全用电有定期巡查的责任。本案中，陆某住宅楼内安装的剩余电流动作保护器损坏被拆除后未重新安装，陆某住宅楼内长期剩余电流动作保护器缺失，被告供电公司定期巡查均未能发现这一安全隐患，被告供电公司的上述行为违反其应尽义务。事故当日，陆某曾要求被告供电公司电工为其临时接电，其没有答应陆某的要求，但当陆某提出自己回去接电时，电工没有劝阻，只是交待陆某自己接电，安全由自己负责，其行为违反了其职责所规定的义务。事故当日，多名电工在事故地段施工近一天，陆某架设的临时线路穿越了施工线路，根据日常生活习惯，难以得出陆某临时架设线路不被供电公司的专业电工发现的结论。提供陆某临时电源的线路在事故当日下午连续跳闸，未经检查排除隐患后又连续供电，被告供电公司所给出的解释是该剩余电流动作保护器有自动合闸送电的功能。如果被告供电公司解释属实，该剩余电流动作保护器起不到防漏电、防触电的作用，有违安装保护器的初衷，被告供电公司作为专业部门难以推卸责任；如该保护器不具备自动合闸的功能，则在线路连续跳闸后，供电单位应当对线路进行巡查，查明原因后再行送电，但本案被告供电公司同样没有举证证明其在连续跳闸后对线路进行了巡查，在确认安全后送电的事实，故其存在责任。

据此，被告供电公司的过错主要存在于以下几方面：①未按照供用电合同的规定，对陆某的用电安全进行有效的安全管理，对于陆某住宅楼内没有安装有效的保护器，没有及时发现并督促其安装，违反了合同的约定；②对陆某私拉乱接明知而未劝阻，发现陆某私拉乱接后，亦未进行有效的劝阻；③对陆某的输电线路未安装有效的防漏电、防触电装置并在线路跳闸后，未经安全巡查即送电。

综合上述分析，陆某应承担事故的主要责任，供电公司应承担事故的次要责任，双方可按 7：3 划分事故责任，判决供电公司赔偿原告 53 349.45 元。一审判决后，被告供电公司不服，提出上诉。中院审理后认为，上诉人的上诉请求欠缺事实和法律依据，不予支持。一审判认定事实清楚，适用法律正确。遂判决驳回上诉，维持原判。

评　析

关于供电公司的过错问题，虽然根据供用电合同及有关规定，供电公司只应管理产权归其所有的电力设施，但这不表示其对已知悉的违反安全用电规定的行为可以不予劝阻，或者默认。供电公司明知用户存在此类行为，负有敦促用户排除危险后再予供电的义务。供电公司职工对陆某私拉乱接的行为是知情的，并且对其行为给予配合，供电公司的过错是明显的。但陆某自身漠视用电安全是造成本起事故的主要原因，故法院判决供电公司承担三成责任，合理合法。

启 示

当客户遇到紧急用电困难时，供电公司施以援手，规范接电，或许其成本远远小于 5 万元吧。

三、案件处理

1. 产权归责

产权归责同样适用低压触电案件，农村网改之后电力设施产权分界点后移，扩大了电力企业承担责任的范围。这就要求电力企业勤于安全管理，减少触电事故，降低运营成本。当然，电力企业作为电力设施产权人并非唯一的赔偿责任主体。在低压触电事故审理中，适用过错责任原则。不论是谁，只要在低压触电案件中施以事故形成的原因力都要承担相应的责任。注意不应遗漏第三者和受害人本身的过错责任。

2. 管理义务

除了电力设施产权引发的触电事故以外，电力法律法规对电力企业规定的安全检查义务，国家一些电力行业标准对电力企业规定的安全管理义务，也会将电力企业拖进案件的被告席位。如《农村安全用电规程》（DL 493—2001）规定电力企业的职责，"4.2.5 依法开展安全检查工作。"检查对象、检查范围没有具体说明，这些笼统规定为法院所利用，扩大了电力企业承担责任的范围。再如《农村安全用电规程》5.4 规定"用电设施安装应符合 DL/T 499 规定的要求，验收合格后方可接电，不准私拉乱接用电设备。"是为电力使用者规定的禁止性行为，其意思是说，用户的用电设施要符合 DL/T 499 规定的要求，经电力企业验收合格后方可接电，不得私自接电，不准私拉乱接用电设备。但是有些法院却反过来把客户自己私拉乱接用电，认定为电力企业不经检查就给私拉乱接的客户送电，应当承担责任。关于这些行业标准的应用，电力法律工作者在法庭上应作出准确的释义，纠正误用。

案例 10-7 2006 年 7 月 31 日早上 6 点，村民徐某到自家大棚干活，当她准备起动潜水泵抽水浇地时，被电击倒地，在送往医院后不治而亡。事后其家属以供电线路系供电公司农电工架设，没有安装剩余电流动作保护装置为由，将供电公司告上法庭，要求赔偿死亡补偿费、抚养费、赡养费等共计 18.7 万元。

现场调查，通往大棚的线路先是自村民王某的屋山墙上电表箱中接出沿墙铺设到家里，进入一计量电表，这段线有 5 米左右，然后再从家里拉出到大棚，导线或缠绕在树上、或用木棍支撑，沿途有 2 千米左右。因为王某与死者徐某的大棚毗邻，两家合伙架的这条线路，并约定电费按照王某家中的计量电表数由两家平摊。王某出具书面证明。

一审过程中供电公司辩称：徐某在私拉乱接的用电线路上触电，因线路的产权不属于供电公司，故其死亡与供电公司没有因果关系，应驳回其诉讼请求。庭后供电公司提交追加王某为被告的申请，一直没有得到法庭答复，数月后法官更换，称卷中没有追加被告申请，随后下达一审判决：《农村安全用电规程》（DL 493—2001）中对安全用电有明确的规定，用电设施的安装应符合要求，验收合格后方可接电，不准私拉乱接用电设备。事故线路系供电公司电工在未对该用电设施安全进行验收合格后给予接电使用，致人电击死亡，应承担过错责任；死者徐某未在使用用电设备前进行安全检查，亦应承担过错责任，分别承担 80％、20％ 的责任。

供电公司上诉称，一审法院：①对上诉人的追加被告申请未作任何答复而径直下判决书，属不当行为。②认定事实不清，徐某死亡未经公安部门法医鉴定，仅依据证人的推断认为徐某电击死亡。③大棚用电线路非农电工所为，是徐、王两家架设。④判决依据不足，事故线路、设施产权及维护权不属于供电公司，而是属于徐、王两人。

二审法院认为：上诉人的"电击死亡证据不足"的理由不能成立；足以认定事故线路系上诉人单位电工在未对该用电设施安全进行验收合格后给予接电的，因此认定一审判决正确，予以维持。

再审查明，本案用电设施先由王某之房屋山墙上的电表箱接出，后入王某之房屋的室内电表，经闸刀开关接出室外，用于徐、王两家浇园。供电公司主张在一审时曾要求追加王某为被告，但没有证据。其他事实与二审查明一致。再审认为：王某房屋山墙上的电表箱归供电公司所有和管理，平时加锁控制，负有管理和检查之责任，而发生事故的线路系从该表箱接出，显然，没有供电公司同意无法从该表箱接电。根据《农村安全用电规程》（DL 493—2001）规定，浇园所用线路应由供电公司对该用电设施安全进行验收合格后方能给予接电，但供电公司没有证据证明对发生事故的线路进行了验收。供电公司有过错，原判正确，予以维持。

评析

如果本案违章线路非电工所为，法院的判决就颠倒主次，混淆是非。本来徐某和王某私拉乱接在前，是引发触电的主要原因。线路产权、管理义务均归原告。供电方只是检查和制止的义务。本案供电方怠于制止，被判承担80%的责任，极不公平。

《农村安全用电规程》5.4规定，"用电设施安装应符合DL/T 499规定的要求，验收合格后方可接电，不准私拉乱接用电设备。"这是对客户的要求和限制，要求客户经申请批准后找具备施工资质的单位施工后，向供电方申请竣工验收后才能接电。否则，就属于私拉乱接。本案徐某、王某是典型的私拉乱接，主要过错在于原告。被告供电方仅有怠于检查并制止的过错。因此，徐某、王某私自架设的线路未经验收就自行接电使用所致后果应自行承担主要责任。法院把本应该由用电户承担的责任，反过来强加给供电企业，是对规程文意的颠倒歪曲。例如，警察有制止杀人的职责，但不会因为其怠于制止，就把杀人罪加于他的头上。况且供电公司是企业不是行政部门，用电检查、制止违章用电是其义务。

启 示

对于私拉乱接的线路，坚决不予接电，否则会自吞苦果。

3. 第三人责任

如果电力企业不是引发人身触电的设施的产权人，也没有管理义务，也没有导致触电发生的其他过错，而事故是由第三人引起的，电力企业就不应当承担责任，应由第三人承担责任。这既符合《触电解释》第二条第二款的规定，也符合《电力法》第六十条的规定。

案例10-8 2007年6月27日，程某（死者的母亲）向法院递交诉状，诉称：2006年8月15日，陈某的家长私自在水泵房接电抽水灌田，由未成年人陈某看守电线。陈某到学校门邀约我儿去河边电鱼，在电鱼过程中，我儿不慎跌入河中被电击身亡。程某以电力公司疏于安全检查和管理为由，把电力公司列为第一被告。

2007年11月21日，法院第一次开庭审理此案。因发生事故的水泵房的产权属所在地村委会所有，电力公司根据《供电营业规则》第五十一条"在供电设施上发生事故引起的法律责任，按供电设施产权归属确定；产权归属谁，谁就承担其拥有的供电设施上发生事故的法律责任"的规定，据理力争，并阐明产权所有人有对自己设施进行维护管理的义务，要求法院把所在地村委会追加为本案共同被告。此要求被法院采纳。

2008年1月2日，法院继续开庭审理此案。电力公司通过质证，使法院确认发生事故的水泵房的产权属所在地村委会所有。引用《触电解释》第三条第（三）项免责规定和《贵州省反窃电条例》（2002 年 7 月 30 日贵州省第九届人民代表大会常务委员会第二十九次会议通过，自 2003 年 1 月 1 日起施行）第二十四条"因窃电行为造成供用电设施损坏、停电事故或者导致他人人身伤害、财产损失的，窃电的用户应当依法承担赔偿责任"的规定，进行免责抗辩。最终被法院采纳，判定电力公司不承担本案的法律责任，驳回原告要求电力公司赔偿的诉讼请求。

评　析

本案的涉案设施产权人和管理人是村委会，窃电者是第三人，利用中午窃电，供电方无法发现，没有任何过错，不应承担任何责任。《电力法》第六十条第三款规定，"因用户或者第三人的过错给电力企业或者其他用户造成损害的，该用户或者第三人应当依法承担赔偿责任。"

启　示

地方性法规对于供用电管理往往有更明确细致的规定，有利于电力设施保护和触电人身损害赔偿案件的处理。在电力法律法规没有修改之前，加强电力法立法，不失为一项有利和有力的举措。

第三节　剩余电流动作保护器不安装、不投运、不动作案件

近年来发生的低压触电案件，凡是遇到没有客户安装剩余电流动作保护器或者触电时保护器不跳闸，受害人就起诉电力企业，要求承担赔偿责任，使得电力企业遭受了不应有的讼累，承担了不该承担的冤枉赔偿责任。其原因在于，客户和法院对于剩余电流动作保护器的原理、功能、产权和管理维护责任不清，造成了诸多误判。

一、剩余电流动作保护器的工作原理

1. 工作原理

如图 10-1 所示，当系统没有漏电或触电时，通过剩余电流动作保护器主回路电流的矢量和，即剩余电流 $i_u + i_v + i_w + i_N = 0$。此时，零序互感器 TA 二次绕组中电流为 $i_o = 0$。当线路漏电或者有人单相触电时，如图 10-1 所示，V 相触电，上述 TA 中的四个电流的矢量和不为零，穿过铁芯的合成磁势就不为零，二次绕组就会产生感应电流 i_o，经过放大器后，就会启动

脱扣机构跳闸，切断电路，起到保护作用或者提示运行人员查找线路的接地故障点。

同理，三相对称负荷的剩余电流动作保护器，则有 $\dot{I}_u + \dot{I}_v + \dot{I}_w = 0$，如图 10-2 所示。

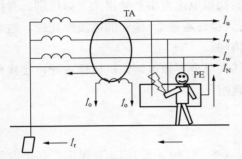

图 10-1　剩余电流动作保护器工作原理　　图 10-2　三相对称负荷的剩余电流
　　　　　　　　　　　　　　　　　　　　　　　　　　动作保护器

单相剩余电流动作保护器则有 $I_u + I_N = 0$，如图 10-3 所示。

2. 误动、拒动或不能投运的原因

由上述工作原理可以推出，有许多原因可以导致剩余电流动作保护器误动、拒动或不能投运。

（1）不保护的情形：①同时触及相线和中性线；②同时触及两条火线。上述两种情形，零序互感器二次线圈内仍然没有感应电流，所以保护器拒动。《农村低压电力技术规程》（DL/T 499—2001）之 5.1.2 规定，"剩余电流动作保护器对被保护范围内相—相、相—零间引起的触电危险，保护器不起保护作用。"

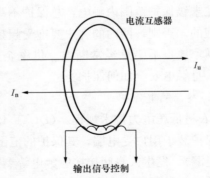

图 10-3　单相剩余电流动作保护器

（2）错误接线：从接线原理图至少可以确定，只要流进、流出电源的线路不同时穿过零序互感器 TA 的铁芯，剩余电流动作保护器就会误动、拒动或不能投运。据此，可以推出 10 多种错误接线。

（3）线路故障：①当中性线产生重复接地时，会使剩余电流动作保护器产生分流拒动，而中性线重复接地点是很难查找的；②当电源缺相，所缺相又正好是剩余电流动作保护器的工作电源时，会产生拒动。

（4）触电电流达不到整定值：因为各级剩余电流动作保护器的整定值不同，所以低压电网末端客户触电，中级保护和总保护就拒动。

（5）人体的抗电击能力差异：人的摆脱电流大小差异很大（如性别、身体素质、皮肤干湿、角质层厚度等）。有人也许触碰 25 毫安的电流即毙命，这时保护器一般不会跳闸，还没达到整定值呢。

（6）怠于维护：维护不到位，损坏失灵也不知道，如机械性卡死，接线松开、人为的别住保护器（为避免频繁跳闸）等。

二、剩余电流动作保护器的作用

1. 线路故障报警并切断故障线路

《农村低压电力技术规程》（DL/T 499—2001）5.1.1 a）规定：剩余电流总保护和中级保护的范围是及时切除低压电网的主干线和分支线路上断线接地等产生较大接地电流的故障。可见，剩余电流总保护和中级保护不是保护网络末端客户人身触电安全的。近些年来，以人身触电时总保护不跳闸为由，状告电力企业要求赔偿，是名副其实的"越级"上告。

保护器在主干线和分支线路上的主要作用是切除故障电源，提示供电企业巡视线路找出接地点，排除故障。该电流大小是危及人体生命电流的 10 倍左右，在末级保护范围内触电，总保护不跳闸是正常的，证明动作电流值的整定是合理的。否则，网内的客户要饱受频频跳闸断电之苦而怨声载道，包括受害人及其家属也不愿意经常断电。供电企业也无法向客户保证供电可靠率。那么，人身触电安全如何保护？

2. 人身触电保护

《农村低压电力技术规程》（DL/T 499—2001）5.1.1 b）规定：剩余电流末级保护装于用户受电端，其保护的范围是防止用户内部绝缘破坏（按：发生电流泄漏）、发生人身间接接触触电等剩余电流造成的事故，对直接接触触电，仅作为基本保护措施的附加保护。这就是说，客户的末端保护器才是作为人身触电保护之用的，中级保护和总保护不保护末端人身触电。如果客户不安装、私自拆卸、损坏不修理而闲置、怠于试跳和维护等原因，致使其末端保护器没有起到保护作用，客户责任自负。《农村低压电力技术规程》（DL/T 499—2001）之 5.7 规定，各级保护的技术参数见表 10 - 1。由表 10 - 1 可以看出，各级跳闸电流的整定值差异非常大。

表 10-1   额定剩余动作电流、分断时间表

三级保护	总保护	中级保护	末级保护
额定剩余动作电流（毫安）	200～300	60～100	≤30
最大分断时间（秒）	0.5	0.3	≤0.1

《农村低压电力技术规程》（DL/T 499—2001）5.5.2 规定，选用二级保护：总保护 100～200 毫安；末级保护 30 毫安。5.5.3 规定，选用三级保护时：总保护 200～300 毫安；中级保护 60～100 毫安；末级 30 毫安。很明显，各级保护器的保护范围是各负其责的，末级触电总保护就是不应该跳闸。

3. 保护设备并防止火灾

电气设备和电气线路（特别是室内电气线路）由于绝缘损坏引起的单相接地故障，当接地故障长期存在，局部发热，使温度升高，导致设备损坏，引燃设备周围易燃物发生火灾。剩余电流动作保护器可以切断漏电故障线路，防止设备损坏和电气火灾事故。

三、剩余电流动作保护器的安装、产权与运行维护

1. 安装与产权

（1）安装与产权

《农村安全用电规程》（DL 493—2001）4.3 规定了电力使用者的职责：4.3.5 必须安装防触、漏电的剩余电流动作保护器，并做好运行维护工作。明确规定保护器由客户安装，产权自然也归客户所有。现实中，绝大部分客户的保护器是安装在客户电表出线以后的线路上的。这从网改后以电能表箱体前后作为产权分界点来划分也应属于客户的所有权。保护器的产权归属决定应由电力使用者自行负责雇用具备电气作业资质的专业人员安装。

在网改中，一般由供电企业代为安装。初始安装完毕后，在竣工验收时，当场进行试跳试验，直至跳闸动作准确灵敏并应做好记录，由客户签字认可，以免以后说安装质量不合格或者以后自行拆除不认账，反说线路改造时没有安装。最好在供用电合同中注明产权归属和维护管理责任划分，如何维护保护器以及损坏报告修换等事项。

（2）安装过程电力企业的义务

1）供电企业作为公用企业，应向客户提供优质专业服务，并防范客户以供电企业不履行合同附随义务为由追究供电企业责任，遵循诚实信用原则，尽

量采取多种形式对客户进行宣传，告知其应当安装保护器。根据《农村安全用电规程》5.4规定，"用电设施安装应符合 DL/T 499 规定的要求，验收合格后方可接电，不准私拉乱接用电设备。" DL/T 499 之 5.3.1 规定，"采用 TT 系统方式运行的，应装设剩余电流总保护和剩余电流末级保护。对于供电范围较大或有重要用户的农村低压电网可增设剩余电流中级保护。" 不安装，则不送电。

2）规范购置程序，不要统一组织为客户采购（代购）、统一安装保护器的做法，以避免"三指定"之嫌和发生触电事故追究电力企业提供产品的质量责任。在客户没有委托的情况下，供电企业没有任何权利，也没有任何义务为客户采购（代购）。如果受客户委托代为安装，要签订委托合同，明确法律关系和义务责任，特别是产品质量责任。

2. 运行与维护

《供电营业规则》第四十七条规定，"供电设施的运行维护管理范围，按产权归属确定。"第四十八条规定，"供电企业和用户分工维护管理的供电和受电设备，除另有约定者外，未经管辖单位同意，对方不得操作或更动；如因紧急事故必须操作或更动者，事后应迅速通知管辖单位。"第五十二条规定，"供电企业和用户都应加强供电和用电的运行管理，切实执行国家和电力行业制订的有关安全供用电的规程制度。"第六十一条规定，"用户应定期进行电气设备和保护装置的检查、检修和试验，消除设备隐患，预防电气设备事故和误动作发生。用户电气设备危及人身和运行安全时，应立即检修。"这一系列规定说明供电方无权管理维护产权属于客户的保护器。保护器的运行维护责任由客户自己承担。《剩余电流动作保护器农村安装运行规程》（DL/T 736—2000）9.1规定，"产权所有者应对剩余电流动作保护器建立运行记录和试验记录。""9.7.1 总保护每月至少检查接地试跳一次。""9.7.2 末级家用（或单机）保护每月至少试调一次。"

客户应根据规章规定，对自己的保护器做好运行维护工作。

>> 案例 10-9　2009 年 4 月 17 日，赵桥村村民陆某在自己家门前修理搅拌机时，不慎触电死亡，陆某家中的剩余电流动作保护器系农电改造时由供电公司提供并安装的，陆某在取电之前没有对剩余电流动作保护器开关进行试跳检查，没有发现剩余电流动作保护器开关已经失效，造成受害人陆某碰触带电体而触电死亡。事故发生后，供电公司聘用的电工赵某某闻讯赶到现场，随后又

多次与该村村民一起进行漏电保护测试，发现该村台区的剩余电流动作保护器不跳闸，原告家用的剩余电流动作保护器经过更换后自动跳闸。2009年12月31日，死者的妻子、儿子和父亲到法院请求立案，法院进行了立案预登记后委托司法所进行调解，后因调解无效，司法所于2010年1月19日出具了终止调解函。2010年1月20日被告供电公司作出了关于该触电事故的技术报告，内容为：事故发生地的赵桥村裴庄配电变压器台区是经过农村电网改造后的配电台区，按农村电网改造标准，安装了两级剩余电流动作保护器，即总体剩余电流动作保护和家用剩余电流动作保护；总剩余电流动作保护定值设定为300毫安，居民家用剩余电流动作保护器统一按30毫安运行，由于搅拌机没有安全接地，当人体碰触带电体后，通过人体的电流在220～110毫安之间，小于总剩余电流动作保护定值300毫安，所以总保护器不动作，符合规程，供电企业无责任。原告对此结论不服，认为被告安装的家用剩余电流动作保护器没有正常工作，被告的安全管理和教育责任缺失，应当承担赔偿责任。

本院认为，第一，受害人陆某无电气操作证，对电气知识了解甚少，在自行修理电器过程中因疏忽大意，在没有确定电源切断的情况下徒手作业导致触电死亡，对此事故有一定过错，应负该事故的主要责任。第二，死者所使用的家庭剩余电流动作保护器系被告供电公司所提供，在受害人修理电器过程中由于剩余电流动作保护器功能丧失，剩余电流动作保护器形同虚设，没有起到基本的保护作用，未能在通过电流超过30毫安的情况下自动断电，导致陆某触电死亡，对此，被告应承担事故40%的赔偿责任为宜。于是判决被告供电公司赔偿原告死亡赔偿金、丧葬费、抚养费、精神损失共计63 597元。

评析

（1）《农村安全用电规程》（DL 493—2001）4.3规定，"电力使用者的职责：4.3.5必须安装防触、漏电的剩余电流动作保护器，并做好运行维护工作。"供电公司答辩没有指出保护器的日常试跳、记录等维护和失效报告修换的责任由客户承担，是本案抗辩的重大缺陷。

（2）任何产品都有使用寿命，年岁日久特别在缺失维护的使用情况下，总有一天必然要失灵的。本案供电公司给客户提供保护器后，缺少法律作为，没有签订协议，载明后来的事故责任分担。

四、末级保护器案件

在涉及末级剩余电流动作保护器的触电案件，受害人或其亲属，往往不问青红皂白，就把供电企业推上被告席。常常有如下情形。

1. 没有保护

私自拆除；年久失修，跳闸失灵；私自退出运行。一旦发生事故，客户就状告供电企业，没安装或没维修，要求承担责任。这时，最初安装保护器的验收试跳记录和供用电合同中关于保护器的维护义务和责任分担等条款才是最好的证据。

2. 拒动

拒动的原因在原理部分已经叙述。当然除了那些原因之外的常见原因还有，发生人身触电时，不符合保护器的动作条件，或者说按照原理就不应动作。

3. 产品质量缺陷责任

实践中有的供电企业统一购买剩余电流动作保护器后，并负责为客户统一安装。这种情况多发生在农网改造过程中。统一购买和安装的优点是保证保护器的产品质量和安装质量，但并非所有保护器都像说明书所宣传的"在发生触电事故时可以保护人身和设备安全"。在实际发生触电事故时并不是在所有情况下都能断电，这样，受害者往往依据民法、产品质量法、消费者权益保护法等法律规定，把供电企业视为产品销售者，要求供电企业承担产品质量责任。

总之，在涉及末端保护器触电案件中，因为法官限于对保护器的产权归属、安装责任、运行维护管理义务和跳闸保护原理的知识欠缺错判供电企业承担责任。这就有待于电力法律工作者充分利用自己的电力知识和法律知识，对如上问题与法官沟通交流，使之清楚明晰。

从另一方面讲，人身触电事故的发生与剩余电流保护器安装与否、动作与否没有直接必然的因果关系，即使安装了保护器，并不能杜绝所有人身触电事故的发生。保护器只是一种在不影响正常供电状态下的附加保护措施，在发生人身触电时并不是100%动作，《剩余电流动作保护器农村安装运行规程》3.1明确规定，"安装保护器后仍应以预防为主，并应同时采取其他各项防止触电和电气设备损坏事故的措施。"即使安装了保护器后仍应以预防为主，绝不可麻痹大意，忽视安全用电。正是由于保护器在使用过程中存在失灵的可能性，"剩余电流保护器动作与否"不能作为划分事故责任的依据。如果供电方没有过错的话，按产权归责和维护管理责任也应该由客户自担责任。

4. 客户必须安装保护器

对于末端保护器安装问题，如果由电力企业统一改造客户的线路，电力企业一定要给客户安装保护器，产品尽量由客户自己提供，但一定是有资质的厂家的产品。如果客户不安装保护器，电力企业送电就属于违反规章的行为。不妨看一下规章的逻辑关系。

（1）客户必须安装。《农村安全用电规程》（DL 493—2001）4.3 规定，"电力使用者的职责：4.3.5 必须安装防触、漏电的剩余电流动作保护器，并做好运行维护工作。"

（2）不安装，不予接电。《农村安全用电规程》（DL 493—2001）5.4 规定，"用电设施安装应符合 DL/T 499 规定的要求，验收合格后方可接电，不准私拉乱接用电设备。"反之，不符合规定予以接电，就属违章供电。那么，DL/T 499 规定的要求是什么呢？

《农村低压电力技术规程》（DL/T 499—2001）5.3.1 规定，"采用 TT 系统方式运行的，应装设剩余电流总保护和剩余电流末级保护。对于供电范围较大或有重要用户的农村低压电网可增设剩余电流中级保护。"

提高剩余电流动作保护器的安装率和投运率是防止人身触电的一项重要措施。如果要兼顾到设备保护，防止三相四线制总中性线发生断线或者套户线错接成 380 伏线电压时烧毁家用电器，则宜选用高灵敏度、快速型并具备带漏电、过压、过载短路保护功能的保护器。

案例 10-10 2002 年 4 月 30 日，二原告之子唐某到邻村的舅家（柳某）去玩，下午 5 时许，唐某因手抓的晾衣铁丝带电而触电身亡。涉案线路系从被告柳某家西间三相表盘引出的通往水泵的电线，触电事故发生时，该村剩余电流动作保护器未动作，电路上电源未断开。该村家庭用电线路普遍存在架设不规范，缺装剩余电流动作保护器的情况。

原告认为，唐某在被告柳某家玩时，由于被告柳某的用电设施存在未安装剩余电流动作保护装置等隐患；被告电力公司疏于管理，违章供电，且其所有的供电设备剩余电流动作保护器也未起保护作用，致唐某触电身亡。被告电力公司后河供电所仅赔付原告 3500 元损失后拒赔，二原告遂于 2002 年 7 月向某市人民法院提起诉讼。请求判令二被告赔偿死亡赔偿金 76 614.2 元，丧葬费 3000 元，共计 79 614.2 元，并承担本案一切诉讼费用。

被告电力公司辩称，①涉案电力设施的产权不属电力公司所有，依产权归责原则，谁拥产权谁负责。②涉案线路的安装系产权人自己架设、与电力公司无关。③是否安装剩余电流动作保护器取决于产权人，与电力公司无关。④因剩余电流动作保护器不工作而追究供电部门的责任没有法律依据而且也违背了产权归责原则。⑤没有证据证明电力公司在本案中存在违章供电的过错。⑥后河供电所出于道义对受害家属进行了补偿，原告方已保证不再追究电力公司的责任。综上所述，电力公司不应承担赔偿责任。

被告柳某辩称，二原告之子在我家玩时触电身亡，责任不在我，完全是第一被告违章供电所致。理由有二，一是2000年农网改造时，所需费用我已交上，但电力公司没有按规定给我安装剩余电流动保护器，也没有给我做任何说明；二是原告之子触电身亡是因电线漏电时第一被告的剩余电流动作保护器未起保护作用所致，责任完全在第一被告。

某市人民法院认为，公民享有生命健康权，任何组织和个人均无权以任何形式剥夺或侵害他人的生命健康权。唐某触电后，柳某之妻将打水的闸刀关掉后，受害人唐某随即倒下，说明电的来源应属取水电机线路漏电造成。被告柳某的陈述及某市创伤医院的居民死亡医学证明书也印证了这一结论，加之被告电力公司在举证期间内又没有提出鉴定申请，故二原告请求赔偿应予支持。被告电力公司辩称，电力设施产权不属电力公司，不应承担责任，因该事故电压等级系1千伏以下属低压，故不应简单适用产权归责原则，应依照《电力法》的有关规定，适用过错归责原则，故此辩于法无据，不予支持。被告辩称，涉案线路系产权人自行架设，在举证期间并未提供有力证据证明；辩称是否安装剩余电流动作保护器取决于产权人，电力公司不存在违章供电，没有过错。依照《农村安全用电规程》6.22项"农村用户应安装漏电保护器"和《农村低压电力技术规程》4.6条"电力部门应对剩余电流动作保护器定期或不定期检查和测试并制作记录"之规定可知，此抗辩无理，不予采信。被告柳某辩称，"我已将所需费用交上，电力公司没有按规定给我安装剩余电流动作保护器，且被告电力公司在变压器房的剩余电流动作保护器在事故发生时未起保护作用，故其责任由第一被告电力公司承担，我没有责任。"因被告柳某未提交此项费用的直接证据，故对应安装剩余电流动作保护器未安装也有过错，且对其水井用电线路不符合标准，存在漏电现象，未能及时发现，应承担相应的责任，故此辩不予支持。受害人唐某已年满14周岁，系限制民事行为能力人，对事故隐患不可能产生注意义务，其自己去舅家玩耍，系行为能力之内的行为，二原告不存在未尽监护职责的问题，故二原告对此事不承担责任。被告电力公司疏于管理，违章供电，对此事故有过错，被告柳君不按规定安装剩余电流动作保护装置，对其用电设施疏于管理从而产生事故隐患，对事故的发生也有过错，二者相比，被告柳某对事故发生的原因力较大，应承担主要责任。二被告责任以 4∶6 为宜。被告电力公司已给付原告的 3500 元应从承担的份额中扣除，故依照《民法通则》第一百零六条第二款、第一百一十九条及《触电解释》第四条、第六条之规定，判决如下：

一、被告某市电力公司承担 40％ 的责任，应赔偿二原告丧葬费、死亡补偿费共计31 845.68元，扣除已付 3500 元，再付28 345.68元。

二、被告柳某承担 60％ 的责任，应赔偿二原告丧葬费、死亡补偿费共计47 768.52元。

评 析

（1）本案是低压触电，适用过错责任原则，按照原因力大小来划分责任。本案法院按照旧规程来划分的责任，供电公司的责任比例偏高。第二被告私拉乱接，线路漏电才是引发触电的重要原因。按照新的《农村安全用电规程》4.3.5 规定，剩余电流动作保护器的运行维护责任应属于第二被告。

（2）供电公司与第二被告共同的过错是没有给第二被告安装剩余电流动作保护器。因为根据现行的规程规定，安装剩余电流动作保护器是必须的，不仅仅取决于客户的意志。其依据为《农村安全用电规程》（DL 493—2001）4.3.5 和 5.4 以及《农村低压电力技术规程》（DL/T 499—2001）5.3.1 之规定。

（3）供电公司在管理上的缺陷是，法院认为的"在举证期间并未提供有力证据证明涉案线路是被告柳某自行架设"。线路改造完工，竣工验收后，对客户家用线路布局结构，应绘图、拍照定格，作为供用电合同附件，让客户签字认同。并说明在此图之外，私自拉扯线路属于违法行为以及应承担的责任。

（4）监护责任。本案受害人唐某已年满 14 周岁，系限制民事行为能力人，得以从事与其年龄、智力状况相适应的民事活动，本案中作为已年满 14 周岁受害人只身赴邻村的舅舅家玩耍，应属与其年龄、智力情况相适应的行为，但其对漏电隐患不可能唯心的预知并顿生安全注意义务。因此，原告也不存在未尽监护职责的问题，没有承担责任。这是有别于多数随大流，判决监护人承担责任案件的一个亮点。

五、总保护器案件

农村低压电网大多是 TT 系统，根据《农村低压电力技术规程》（DL/T 499—2001）5.3.1 的规定，"采用 TT 系统方式运行的，应装设剩余电流总保护和剩余电流末级保护。对于供电范围较大或有重要用户的农村低压电网可增设剩余电流中级保护。"目前一般采用总保护和末级保护，当网络覆盖区大且有重要客户或者有负荷密度较高的工业区时，采用三级保护。

总保护器在正常情况下，末端发生人身触电事故时不应该跳闸。即使末级保护失灵，人身触电电流一般也达不到总保护器的跳闸定值 200～300 毫安，所以一般不应该跳闸。除非遇到巧合，人身触电与接地事故绝对同时发生。因此，客户末端触电，受害人及其亲属纠结总保护器不跳闸，要求电力企业承担民事责任，是没有科学依据的。既然明白了总保护器正常情况都不保护末端人身触电，受害人也不必再以总保护器不跳闸为由追究供电方的责任。即使有时巧合了，末端人身触电发生在总保护器因损坏拆除维修期间，受害人也不必再以总保护拆除为由要求供电方承担责任，总保护器拆除只会影响到网络主干线的保护，如，出现接地事故不能切断线路。

>>案例 10-11 2003 年 7 月 7 日早上 7 点左右，马某到自家养猪场用水泵抽水时触电身亡，经法医鉴定为电击死亡。马某家人以配电室未安装保护器为由状告供电公司，要求赔偿死亡补偿费等各种费用68 411.6元。原告诉称，2003 年 7 月 6 日下午，马家庄村停电，傍晚时供电所三名工作人员到村配电室维修，向围观的群众称是剩余电流动作保护器烧了，便把保护器拆下直接用铝丝连接，至第二天早上马某触电死亡后才安装上新的保护器。供电公司私拆保护器是造成发生人身触电死亡的主要原因，依法应承担赔偿责任。

供电公司辩称：第一，马某之死系其自身私拉乱扯、违章用电造成的；第二，在供电过程中供电公司已尽足够义务，不存在任何过错；第三，总保护器不保护客户末端触电。综上，原告之诉缺乏事实依据与法律依据，应依法予以驳回。

审理查明，发生事故的养猪场位于村西北 500 米的河东岸，电线是从马某家北窗未经剩余电流动作保护器接出，沿房子后屋檐东西走向到其养猪场，连接至水泵；另查明，经法医鉴定死者尸斑呈暗红色，右手腕有明显电流斑，属电击死亡。

法院认为：事发前一天晚上村配电室剩余电流动作保护器烧坏，供电公司工作人员用铝丝连接，因原告提供的证人均未目击农电工维修过保护器，不予采信。死者马某养猪场的供电线路未经申请批准，绕过室内剩余电流动作保护器直接接出，属违章用电，对事故的发生应负主要过错责任。被告供电公司管理不善，未能及时发现、纠正死者的违章用电行为，对事故发生负有一定的责任，对于原告损失应承担赔偿责任。判决供电公司负担40%（合计人民币45 287.6元）的责任。

供电公司不服一审判决，向中级人民法院提起上诉。诉称，死者马某未经允许私拉乱扯线路，属于违章用电，并且对私接用电设施未尽足够维护管理和注意义务是导致本次事故的唯一原因。"管理不善，未及时发现、纠正死者违章用电行为"不应成为供电公司承担责任的依据。供电公司不是电力管理部门，行政管理部门行政不作为不能让民事主体供电公司承担民事责任。

在二审过程中，供电公司递交代理词，以事故线路设施产权和维护权不属于供电公司，供电公司对自己维护管理的用户电表箱以上低压线路恪尽维护之职责等理由，说明不应承担责任的依据；同时绘制剩余电流动作保护器原理与人身触电保护图解，积极与法官沟通，意在说明总保护器的保护范围不覆盖客户末端。二审法院法官接受了供电公司的观点，并进行了调解，供电公司出于人道主义给予原告经济帮助款1.8万元。

评 析

本案一审法院以"管理不善，未及时发现、纠正死者违章用电行为"为由判决供电公司承担赔偿责任，苛求供电方时时刻刻盯着每一个客户的违章用电行为，一旦哪家客户发生事故就以没能及时发现违章用电并加以制止为由判决供电公司承担赔偿责任。这无异于驾车人违章驾驶发生交通事故，法院以"交通警察没有及时发现违章驾驶并予以制止"为由判决交管部门承担事故责任！同理，供电公司也不能对私拉乱扯、违章用电者承担触电伤害的责任。

启 示

该类案件要向法官提交保护器的工作原理、动作条件、保护范围、安装要求等专业知识，让法官们依据科学判案。不能一味地过分强调是否安装投运了总保护器，是否正确动作。这也是本案二审胜诉的关键举措。

综上，保护器的简单归责如下。电力企业不承担责任的情形有：总保护器不跳闸；初装调试正常；客户私自拆除；损坏或其他原因失灵未及时报告或者修换。下列情形电力企业应承担相应责任：线路改造时应装未装；电工职务行为给客户拆除未及时安装；未告知客户保护器的产权与维护管理责任。

在低压人身触电伤害案件的诉讼中，受害者、某些律师和法官认为，安装了保护器，安全就有了保证。所以一旦发生触电案件，就紧紧抓住剩余电流动作保护器的安装和动作与否不放，让电力企业承担责任。其实保护器只是一种间接触电的辅助保护措施而已，不是万能的"保命器"。

因此，电力企业要预防为主，加强供电安全管理，减少触电事故，降低法律风险，保证安全可靠供电。作为客户和其他人，要珍视健康，善待生命，遵章守纪，依法用电，让神奇的电力，为生活增添色彩，为人生造就福祉。

本书结语

关爱生命，远离危险，让生命如夏花般绚烂！

参 考 文 献

[1] 山东电力集团农电工作部. 农村供电所人员岗位技能培训教材. 北京：中国电力出版社，2007.

[2] 刘振亚. 电力设施保护法律风险防范. 北京：中国电力出版社，2008.

[3] 李显冬. 侵权责任法条文释义与典型案例详解. 北京：法律出版社，2010.

[4] 姜力维. 电力设施保护与纠纷处理. 北京：中国电力出版社，2011.

[5] 王胜明. 中华人民共和国侵权责任法释义. 北京：法律出版社，2010.